高等学校教材

军事运筹学基础及应用

何晓光　主编

西北工业大学出版社

西　安

【内容简介】 本书系统地介绍了军事运筹学的基本概念、理论和方法,共 13 章,主要内容包括绪论、军事活动中的搜索理论、军事活动中的线性规划方法、军事活动中的动态规划方法、军事活动中的评价分析方法、军事活动中的决策分析方法、军事活动中的博弈方法、军事活动中的排队方法、军事活动中的图与网络分析方法、军事活动中的统筹法、军事活动中的存储方法、作战模拟基础以及遗传算法简介等。

本书是武警院校本科专业军事运筹学课程的基础教材,同时也可作为基层部队日常决策的参考用书和提高军队人员决策素养的读本。

军事运筹学基础及应用 / 何晓光主编. — 西安 :
西北工业大学出版社,2024. 11. — ISBN 978 - 7 - 5612
- 9618 - 9(2025.8 重印)

Ⅰ. E911

中国国家版本馆 CIP 数据核字第 2024YM4173 号

JUNSHI YUNCHOUXUE JICHU JI YINGYONG

军 事 运 筹 学 基 础 及 应 用

何晓光　主编

责任编辑：朱晓娟		**策划编辑**：杨　军	
责任校对：张　友		**装帧设计**：高永斌　李　飞	

出版发行：西北工业大学出版社

通信地址：西安市友谊西路 127 号　　　　邮编：710072

电　　话：(029)88491757,88493844

网　　址：www.nwpup.com

印 刷 者：陕西向阳印务有限公司

开　　本：787 mm×1 092 mm　　　　1/16

印　　张：19

字　　数：474 千字

版　　次：2024 年 11 月第 1 版　　　2025 年 8 月第 2 次印刷

书　　号：ISBN 978 - 7 - 5612 - 9618 - 9

定　　价：77.00 元

《军事运筹学基础及应用》
编委会

主　　编　何晓光

副主编　林　原　刘　佳

编　　者　何晓光　林　原　刘　佳　暴洪涛

　　　　　　陆忠鹏　李定辰

前　言

在军事活动中,往往会遇到很多决策问题。对于复杂的决策问题,仅借助于经验进行决策已不能满足实际需求,还需借助科学的方法做出正确的决策。军事运筹学是为军事活动的科学决策提供定量辅助支撑的一门军事学科。为了提高武警院校学员的科学决策能力,满足军事运筹学的教学需求,需编写符合课程教学实际的教材。

本书加入了笔者近年来在军事运筹学方面的一些研究成果;同时为了提高学员借助于计算机解决问题的动手能力,克服以往同类图书偏重理论、缺少实践操作的不足,笔者加入了 Lingo 软件应用的相关内容,并将其作为本书的重要内容。

本书共 13 章内容。第一章,绪论,主要讲述军事运筹学概念、形成和发展以及主要内容等;第二章,军事活动中的搜索理论,主要讲述基本搜索模型、搜索的效率指标以及搜索方法等;第三章,军事活动中的线性规划方法,重点讲述线性规划单纯形法、对偶规划理论以及运输问题等;第四章,军事活动中的动态规划方法,重点介绍动态规划的基本原理、模型的建立以及解法等;第五章,军事活动中的评价分析方法,重点讲述德尔菲法、层次分析(AHP)法、模糊综合评价法以及数据包络分析(DEA)法等;第六章,军事活动中的决策分析方法,依据决策分类对非确定型决策、风险型决策的决策方法进行阐述,并对效用度量以及贝叶斯决策进行重点讲述;第七章,军事活动中的博弈方法,其是第六章延续,重点讲述二人有限零和博弈以及二人有限非零和博弈;第八章,军事活动中的排队方法,主要讲述排队论的基本概念、$M/M/1/\infty/\infty$ 与 $M/M/c/\infty/\infty$ 排队模型分析、$M/M/1/N/\infty$ 与 $M/M/c/N/\infty$ 排队模型分析等;第九章,军事活动中的图与网络分析方法,主要讲述图的基本概念、树图以及最短路问题等;第十章,军事活动中的统筹法,重点介绍统筹图的绘制、时间参数的计算和统筹计划的优化等;第十一章,军事活动中的存储方法,重点介绍确定型以及随机型存储模型;第十二章,作战模拟基础,主要讲述作战模拟概述和兰彻斯特战斗模型;遗传算法是一种人工智能算法,是学科前沿,为突出前沿性,第十三章对遗传算法做了简要介绍。

本书由何晓光担任主编,由林原、刘佳担任副主编。何晓光编写了第一、五、十三章,陆忠鹏编写了第二章以及各章 Lingo 软件应用;暴洪涛编写了第三、九、十二章,林原编写了第四、七、十一章;刘佳编写了第六、十章,李定辰编写了第八章。

在编写本书的过程中,笔者参考了一些专家、学者的文献著作,在此表示真挚的谢意。

由于水平有限,书中难免有纰漏和不妥之处,恳请读者批评指正。

编　者

2023 年 11 月

目　　录

第一章 绪 论

"运筹"一词,本意为"运作筹划",起源于《史记·高祖本纪》:"夫运筹帷幄之中,决胜于千里之外。"最早出现英文词 Operational Research(在美国称为 Operations Research)的时间是 1938 年,它是由英国的波德塞雷达站负责人罗威(A. P. Rowe)在作战研究中提出的,时称"作战研究"。随着时代的变迁,在第二次世界大战后,用于作战研究的理论、方法广泛应用于民用领域,原词 Operational Research 更多地被理解为"运用研究"。

在我国,1956 年学术界通过我国科学家的介绍,在了解了这门学科后,才将原词译为"运筹学"。随着这门学科在我国军事部门的广泛应用,形成了一门新的学科——军事运筹学(Military Operations Research)。

第一节 军事运筹学概述

一、军事运筹学的概念、研究对象和特点

(一)军事运筹学的概念

运筹学是在军事、经济、科研等活动中,对于能够用数量来表达的有关运用、筹划、管理与指挥等方面的问题,为了达到既定目的,从整体出发,采用定量分析方法,根据客观约束条件,选择最优方案的专门学科。

运筹学的研究领域、内容众多,相关例子众多。

1."齐王赛马"

"齐王赛马"亦称"田忌赛马",出自《史记·孙子吴起列传》。战国齐将田忌与齐威王赛马,双方约定:比赛分三场;每一场比赛只能从自己上、中、下三个等级的马中各出一匹且每匹马只能出场一次;每一场比赛负者需付千金。已经知道,在同等级的马中,田忌的马不如齐王的马,如依次按同等级的马比赛,田忌必连负三局。在已知齐王的上、中、下马顺序的情况下,田忌根据孙膑的建议,以自己的下、上、中马分别与齐王的上、中、下马比赛,结果是二胜一负。

田忌为什么最终获胜? 这是一个对抗中选择最优方案的问题,可以建立起"齐王赛马"

的模型(见表 1-1)。

表 1-1 "齐王赛马"模型

齐王	田忌					
	$B_{1(上,中,下)}$	$B_{2(上,下,中)}$	$B_{3(中,上,下)}$	$B_{4(中,下,上)}$	$B_{5(下,中,上)}$	$B_{6(下,上,中)}$
$A_{1(上,中,下)}$	3	1	1	1	1	-1
$A_{2(上,下,中)}$	1	3	1	1	-1	1
$A_{3(中,上,下)}$	1	-1	3	1	1	1
$A_{4(中,下,上)}$	-1	1	1	3	1	1
$A_{5(下,中,上)}$	1	1	-1	1	3	1
$A_{6(下,上,中)}$	1	1	1	-1	1	3

依据模型,可以求出对抗双方最优策略。在随机的情况下,对于对抗双方,双方的最优策略是一个混合策略。然而,在一方策略固定的情况下,另一方最优策略相对固定,是一个纯策略。对于田忌而言,负数益损值对应的自身策略为其最优策略;对于齐王而言,正数益损值对应的自身策略为其最优策略。因此,对于对抗双方而言,策略保密至关重要,否则会因泄密导致对抗失败。

这是对策论的最早渊源,是最为朴素的选择最优方案问题,是运筹学研究领域中博弈论的内容。

2.装备分配

某总队保障部现采购 4 套现代化装备,目前有 3 个分队对这种装备需求度最高,而每个分队采用不同套数的装备取得的战斗力增加值是不同的(见表 1-2)。问如何分配这 4 套装备,使 3 个分队整体产生的战斗力增加值最大?

表 1-2 不同套数的装备分配给不同分队战斗力的增加值表

分队	装备				
	0	1	2	3	4
第1分队	0	3	7	11	13
第2分队	0	4	8	12	14
第3分队	0	5	7	9	12

这是一个装备分配的问题。可以建立起此类决策问题的动态规划模型:

$$\begin{cases} f_k(s_k) = \max_{0 \leqslant u_k \leqslant s_k} \{g_k(u_k) + f_{k+1}(s_{k+1})\}, & k = n, \cdots, 1 \\ f_{n+1}(s_{n+1}) = 0 \end{cases}$$

式中:$k=3,2,1$;s_k 表示分配给第 k 分队到第 3 分队的装备套数,u_k 表示分配给第 k 分队的装备套数,$s_{k+1}=s_k-u_k$;$f_k(s_k)$ 表示 s_k 套装备分配给第 k 分队到第 3 分队的最大战斗力增加值;$g_k(u_k)$ 表示 u_k 套装备分配给第 k 分队产生的战斗力增加值。

分阶段最优:当 $k=3$ 时,$f_3(s_3)$ 是把 s_3 套装备全部分配给第 3 分队的情况,使其产生的战斗力增加值最大,求得最优分配方案;当 $k=2$ 时,$f_2(s_2)$ 是把 s_2 套装备分配给第 2 分队和第 3 分队的情况,求得最优分配方案;当 $k=1$ 时,$f_1(s_1)$ 是把 s_1 套装备分配给第 1 分队、第 2 分队和第 3 分队的情况,因为问题本身就是考虑 4 套装备分给 3 个分队,所以只需要计算 $f_1(4)$,使其产生的战斗力增加值最大,求得最终最优分配方案。

这是典型的资源分配问题,是多阶段决策问题确定最优方案的例子,是运筹学研究领域中动态规划的内容。

军事运筹学是解决现代条件下国防建设和军事活动中军事问题的一整套科学方法体系。就我国而言,从某种意义上可以说,军事运筹学,是运筹学方法在军事领域的应用,是为军事活动的科学决策提供定量辅助支撑的一门军事学科。

军事运筹学在我国学科领域中属于军事学学科门类中军队指挥学一级学科下的二级学科。军事上需要进行定量分析以及优化的军事问题和对象很多,根据研究军事问题以及对象的不同形成了军事运筹学不同的研究领域。军事运筹学的研究领域涉及军事战略、作战指挥、军事训练、武器装备、军队组织编制与干部管理、后勤保障等方面。

军事运筹学概念众多,在相关文献中,军事运筹学有如下表述:军事运筹学是为达到一定军事目的而进行的军事资源运用活动中,综合运用现代科学技术和数学方法,为决策部门寻求合理、有效的军事资源运用方案以达到决策优化目的的一门军事学科。

结合当前科学技术的发展,可以将军事运筹学定义为,军事运筹学是运用现代科学技术和数学方法,从整体出发,对涉及军事战略、作战指挥、军事训练、武器装备、军队组织编制与干部管理、后勤保障等问题,进行运算筹划,选取最优方案的一门军事学科。它是应用数学工具和现代计算技术对军事问题进行定量分析,为决策提供数量依据的一种科学方法,是一门综合性应用学科,是现代军事科学的组成部分。

(二)军事运筹学的研究对象和特点

1. 军事运筹学的研究对象

由于军事运筹学是从整体出发,对涉及军事战略、作战指挥、军事训练、武器装备、军队组织编制与干部管理、后勤保障等方面问题,进行运算筹划,选取最优方案的学科,所以它研究对象是涉及军事战略、作战指挥、军事训练、武器装备、军队组织编制与干部管理、后勤保障等方面的决策问题。此类问题涉及军事战略、作战指挥、军事训练、武器装备、军队组织编制与干部管理、后勤保障等各个方面和各个层次的人员、物资、经费以及时间等资源。军事运筹学主要是对此类决策问题进行定量化分析,为决策提供量化依据。

2. 军事运筹学的特点

(1)目的性

在解决军事决策问题时,军事运筹学需围绕军事目的确定分析的目标,制定分析标准,并利用标准来衡量达成目的的程度。只有目标明确,才可能发挥军事运筹学的作用。

(2)系统性

万事万物是由系统组成的。军事运筹学要解决军事决策问题,需以系统分析的思想方法考察所研究的军事对象,寻求系统的整体性指标,力求避免局部、片面地分析问题。只有从整体上实现军事系统的结构优化和运行优化,才能最大限度地实现系统资源的充分利用和系统功效的最大化。

(3)有效性

人们在解决实际的军事决策问题时,总是在满足一定的客观约束条件下,谋求最大限度地发挥各类军事资源及其整体的实际作用。因此,军事运筹学必须立足于解决实际的军事决策问题,既要抓住问题的本质,确定影响问题的关键要素,又要考虑问题所处的环境,用量化分析寻求解决问题的可行方案,取得有效的分析效果。

(4)科学性

军事运筹学是在分析研究决策问题的基础上,建立其数学模型,通过模型分析求解,为决策者科学决策提供参考和依据。建立的数学模型不是靠"想当然",不是靠"拍脑袋"想出来,是在科学想定、科学分析的基础上建立的,同时模型的分析、计算都是建立在科学推理基础之上的。

(5)辅助性

军事运筹学所得结果,只能作为决策的参考依据,起辅助决策作用,不能取代决策。参谋人员在借助军事运筹学解决军事决策问题时,往往要建立模型,模型是在假设的基础上建立的,模型是对军事决策问题的简化和抽象,所以既要重视定量分析的精准性,也要重视定性分析的方向性,决策者进行决策时既要重视定量分析的结果,也要重视基于个人经验得到的结论。

二、军事运筹学的过去、现在和未来

(一)中国古代军事运筹思想

军事运筹思想最为经典的典籍就是我国春秋末期军事家孙武(见图 1-1)的《孙子兵法》。《孙子兵法》包含了最为丰富的运筹思想,是中国古代杰出的一部兵书。

图 1-1 孙武

《孙子兵法》共十三篇,分五大部分。

1)《孙子兵法·始计篇》是兵书的开篇。"计"是预计、计算。这篇对孙子的战争观、战略观以及战术观进行了阐述,提出了出兵前的运筹帷幄,即庙算。《孙子兵法·作战篇》主要阐述了作战与经济的关系、作战方针以及后勤保障原则,提出了"兵贵胜,不贵久""因粮于敌""胜敌而益强"的观点。《孙子兵法·谋攻篇》讲的是作战用兵谋略,以智谋攻城,提出了"上兵伐谋""不战而屈人之兵""知彼知己,百战不殆"的观点。这三篇说的是战略运筹。

2)"军形",即排兵布阵。《孙子兵法·军形篇》主要讲的是如何通过谋划使自己立于不败之地。"兵势",即造势。《孙子兵法·兵势篇》和《孙子兵法·军形篇》类似,主要讲述如何通过"奇正""虚实"等创造有利态势。《孙子兵法·虚实篇》是《孙子兵法》中最精彩部分,主要讲述如何谋优势转化、摸透敌方实力、占据主动权。这三篇讲的是作战指挥。

3)"军争",即两军争胜。《孙子兵法·军争篇》,主要讲述如何抢占有利之地和有利之机。"九",即多。《孙子兵法·九变篇》,主要讲述作战过程中特殊情况的灵活处理。《孙子兵法·行军篇》,主要讲述不同地形、地貌条件下如何处军、相敌而立于不败之地,以及如何治军。这三篇讲的是战场机变。

4)《孙子兵法·地形篇》主要讲述在六种不同的作战地形下如何行军作战、军事作战失败的六种原因以及作战指挥员如何治军统兵。《孙子兵法·九地篇》主要讲述不同地势下的战略行动方案。这两篇讲的是军事地理。

5)《孙子兵法·火攻篇》讲的是以火助攻以及慎战思想。"间",即间谍。《孙子兵法·用间篇》主要讲述使用间谍的重要性、间谍分类,以及如何使用间谍。这两篇讲的是特殊战法。

在《孙子兵法》中具有代表性的体现军事运筹思想的有:

1)《孙子兵法·军形篇》中有"兵法:一曰度,二曰量,三曰数,四曰称,五曰胜。地生度,度生量,量生数,数生称,称生胜。故胜兵若以镒称铢,败兵若以铢称镒。胜者之战民也,若决积水于千仞之溪者,形也。"它将度、量、数、称等引入军事领域,通过双方对比计算,对战争胜负进行预测分析。

2)《孙子兵法·始计篇》中有"夫未战而庙算胜者,得算多也;未战而庙算不胜者,得算少也。多算胜少算,而况于无算乎!"这里的"算"就是计算筹划之意。它阐述了运筹的作用。

3)《孙子兵法·谋攻篇》中有"用兵之法,十则围之,五则攻之,倍则分之,敌则能战之,少则能逃之,不若则能避之。故小敌之坚,大敌之擒也。"说的是:用兵的原则和方法,有十倍于敌的绝对优势的兵力,就要四面包围,迫敌屈服;有五倍于敌的优势兵力,就要进攻敌人;有一倍于敌的兵力,就要设法分散敌人;同敌人兵力相等,就要善于设法战胜敌人;比敌人兵力少,就要善于摆脱敌人;各方面条件均不如敌人,就要设法避免与敌交战。弱小的军队如果只知坚守硬拼,就会成为强大敌人的俘虏。这体现了宏观兵力分配的思想。

除了《孙子兵法》,《尉缭子》也是军事运筹思想较为经典的典籍,它是战国晚期论述军事、政治的一部兵书。在《尉缭子·守权》中,守权,即守城的谋略。关于守城的运筹有"夫守者,不失险者也。守法,城一丈十人守之,工食不与焉。出者不守,守者不出。一而当十,十而当百,百而当千,千而当万。故为城郭者,非妄费于民聚土壤也,诚为守也。千丈之城则万人之守,池深而广,城坚而厚,士民备,新食给,弩坚矢强,矛戟称之。此守法也。"也就是说:防守的军队绝不能放弃险要的地形,守城的方法,城墙每一丈,需要十人防守,勤杂人员还不计算在内。出击部队不担任守备,守备部队不担任出击。守城一人可当敌十人,十人可当敌百人,百人可当敌千人,千人可当敌万人。可见,建筑城郭并不是耗费民力去堆土,而是为了加强防御。通常千丈之城需要万人防守,同时要求城壕深而宽,城墙坚而厚,人力充足,柴粮丰富;弓矢坚强,矛戟也同样锋利。这就是守城的方法。其中含有守城的兵力运算。

此外,还有《孙膑兵法》《百战奇法》等历代军事名著及有关史籍,都有不少关于运筹思想的记载。

正是有了这些运筹思想,才有了在古今中外战争史上,应用运筹思想而取胜的著名战例和伟人。例如:齐鲁长勺之战中曹刿对反攻时机的运筹,齐魏马陵之战中孙膑对出兵时间、决战时机、决战地点的运筹,等等。在中国历史上有不少善于运用运筹思想的人物,如张良、曹操、诸葛亮等。

军事运筹思想和军事运筹学,其目的虽然一样,但其实质还是不同的。过去决策,常常是依据个人经验,因此军事运筹思想还不能算真正意义上的军事运筹学。军事运筹学是随着自然科学、科学技术及武器装备发展而形成的一门军事学科。

(二)军事运筹学的形成和发展

军事运筹学,是伴随着人们对近代战争的参与和认识而形成和发展的。学术界一般认为军事运筹学起源于第一次世界大战、第二次世界大战期间,它的形成和发展可以分为三个阶段:

第一阶段是从第一次世界大战至第二次世界大战结束,这是军事运筹学的萌芽和兴起的时期。1909 年,厄兰格(A. K. Erlang)首先用概率论来研究电话服务系统,解决了电话排队问题,形成了运筹学中的排队论。1914 年,兰彻斯特(F. W. Lanchester)首次使用微分方程数学模型来预测交战双方兵力变化,解决了交战双方兵力预测问题,其建立的模型被称为 Lanchester 方程。人们将用其对双方兵力进行预测的方法称为 Lanchester 作战预测分析方法。

在第二次世界大战中,由于英国国土狭小,距离德国较近,因此极易受到德机的轰炸。虽然有雷达这样的先进探测仪器,但怎样才能使雷达发挥它的最好效益来更早地发现德军战机是英国军队一直的追求。1935 年,英国空军部建立了防空科学调查委员会。这个委员会推动了英国雷达的运用和研究,它不仅为英国建立有效的防空体制做出了重大贡献,而且为空军在雷达情报指引下用战斗机拦截敌人轰炸机的基本战术奠定了基础。该部的主任罗威(A. P. Rowe)称科学家的工作为"Operational Research"。这就是运筹学名称的由来。1938 年,在英国防空科学调查委员会的领导下,由诺贝尔奖获得者布莱克特(P. M. S. Blackett)牵头成立了名为"运筹"的小组。这个小组共有 11 人,其中 1 名为军官,其余都是科学家。在科学家中,除了布莱凯特以外,还包括 2 名数学家、2 名理论物理学家、1 名测量员、1 名天体物理学家、3 名生理学家。正是成立的这个小组,成功地解决了对德国潜艇进行反潜的问题。这个运筹小组在实战中出色的表现,得到了英国、美国、加拿大、苏联这些国家的认可,从 1940 年开始,在这些国家军队中相继成立了运筹学组织,运筹学家在两次世界大战中解决了一系列作战急需的问题。众多的战果显示了运筹学方法在军事上的巨大作用。

从第二次世界大战后到 20 世纪 60 年代中期,是军事运筹学发展的第二阶段,是军事运筹学理论和学科形成的时期。这一阶段众多的学者,根据实际问题以及经验总结,提出了众多军事运筹学理论和方法。1947 年,为了解决资源分配问题,丹齐格(G. B. Dantzig)提出了单纯形法;1956 年,为了解决多阶段决策问题,贝尔曼(R. Bellman)提出了动态规划理论;1956—1957 年,美国学者库普曼(B. O. Koopman)根据第二次世界大战期间美英海军对德反潜搜索的经验,连续发表了搜索理论的 3 篇论文;1958 年,为了解决特殊的资源分配问题,戈莫里(R. E. GoMory)提出了解决整数规划的割平面方法;等等。这一阶段最杰出的代表是,1951 年,美国运筹学家莫尔斯(P. M. Morse)和金博尔(G. E. Kimball)出版了《运筹学方法》,它是军事运筹学的第一本奠基性著作。

这些工作奠定了军事运筹学乃至运筹学的理论基础。在应用方面,这一时期军事运筹应用的重点从战术问题转向更为广泛的军事决策问题,包括选择和设计未来战争的武器系统,论证合理的兵力结构、军事指挥和军事训练中的决策问题、国防经费预算中的效费比分析问题以及武器装备建设的管理问题等。另外,从事军事运筹工作的科学家回到高等学校和民用部门,把他们的实践上升为理论,并不断对其进行完善和深化,使其成为解决国民经济问题的有力工具。随着运筹学在理论和应用方面的发展,运筹学学科逐步建立。从 1951 年起,美国哥伦比亚大学和海军研究生院等高等学校先后设置了运筹学专业,培养本科和硕士人才。运筹学会在西方各国相继成立,国际运筹学联合会也于 1959 年成立。

第三阶段是从 20 世纪 60 年代至今,这是军事运筹学蓬勃发展的时期。这个阶段最大的特点是解决问题手段的智能化,借助于计算机智能,进行智能决策。20 世纪 70 年代,美国的霍兰(J. Holland)教授及其学生,创造了基于生物遗传的进化机制——遗传算法,通过计算机智能算法进行决策,解决实际问题。

在第三阶段,除了理论方法的完善和系统化外,这一时期军事运筹学理论方法方面一个具有里程碑式的事件是定性和定量相结合的综合集成方法体系建立。综合集成方法的建立,3 名科学家功不可没,他们是我国的科学家钱学森、顾基发和华裔科学家朱志昌。综合集成方法的一个显著特点是综合运用运筹学的各种理论方法,从系统的角度综合考虑物理、事理、人理,考虑系统中各方的博弈关系,依据专家群体的经验智慧和计算机的超算能力进行决策。正是这 3 名科学家的努力,促进了军事运筹学理论的进一步发展。

这一阶段,另一个理论上的深刻变化是作战模拟理论方法体系的建立。作战模拟是计算机在军事上的应用产物。作战模拟理论方法是军事运筹学中的另一重要理论和方法,对军队作战决策产生深刻影响。作战模拟借助于计算机对作战环境和作战过程进行仿真,可以评估作战方案的质量,评估作战效果,以及预测作战结果。

随着计算机技术的不断发展,运筹分析方法的应用走向软件化,出现了众多的优化软件,如 MATLAB,Lingo,WinQSB,Excel 等。它们使得一些传统的量化分析和优化方法在军事问题的各个领域得到了广泛应用,解决问题的效率得到了提高。20 世纪 90 年代以来,世界各国相继建立了作战实验室,通过作战实验室来研究战争。作战实验室主要借助计算机仿真模拟技术,通过计算机仿真,虚拟构建全维战场环境,精确模拟由各种武器系统组成的作战体系和各种作战规模、作战样式的军事对抗行动,为作战决策提供平台支撑。

我国军队是军事运筹学方法的应用者和军事运筹学学科推动者。我国军事运筹学起始于 20 世纪 50 年代,具体是从军队院校开设武器射击使用课程开始的。1958 年,在钱学森的推动下我国第一个运筹学研究机构建立,并在此基础上组织翻译了我国最早的军事运筹学著作;1978 年,我军利用军事运筹理论与方法研究反坦克作战效能,首次建立了反坦克作战模拟模型,采用计算机进行反坦克作战效能评估,并归纳、总结出军事运筹学解决军事问题的步骤和原则;1979 年,军事科学院率先成立了作战运筹分析研究室;1981 年,国防科技大学成立了系统工程系,并开始招收军事运筹学硕士学位研究生;1983年,各级指挥院校设置了军事运筹学课程;1984年,我国成立了军事运筹学学会,开始研究运用军事运筹学的理论与方法,解决武器装备发展、作战运筹分析、部队训练和后勤保障等军队现代化建设中的重大问题;1987年,军事科学院创办了《军事系统工程》(现《军事运筹与评估》),它是军事运筹学的专刊;1990年,军事运筹学被列为军事学的二级学科;1994年,我军开始招收军事运筹学博士学位研究生,自从我军军事运筹学这样一个学科专业的建立,全军培养了众多的军事运筹学的专业人才,为军事运筹学学科发展奠定了人才基础;在广泛研究的基础上,人们相继出版了一批有代表性的教材,如张最良的《军事运筹学》,董树军、张庆捷的《军事运筹学教程》,徐培德、余滨、马满好等的《军事运筹学基础》,黄立伟的《军事运筹学》,等等。数十年来,我军军事运筹学工作者紧跟时代发展,结合我军实际,取得了令人鼓舞的研究成果,在运筹学学科建设、人才队伍建设、教材建设和实验室建设都取得了长足的进步和发展。

武警部队是党领导的人民武装力量的重要组成部分,自成立以来一直紧跟国内外、军队形势发展进行军事运筹学学科研究和人才培养,学科实践研究活跃。2003年,武警部队瞄准部队实际,在武警广州指挥学院进行了武警部队军事运筹学教员集训,以此提高军事运筹学教员教学能力,为军队人才培养奠定基础;自2018年以来,武警部队每年举办"运筹"参谋业务比武,提高机关参谋人员打胜仗的能力。除此之外,近年来武警部队根据改革和人才培养需要,相继出版了《军事运筹学基础》《军事运筹学简明教程》等教材,同时紧跟军事运筹学学术前沿不懈研究,形成了众多研究成果。

第二节　军事运筹学的主要内容

军事运筹学最显著的特点是定量分析,主要通过建立军事决策问题的数学模型,得到其最优策略或者最优解,为指挥员和决策机关提供决策建议。根据军事问题建立的模型的不同以及研究方法的不同可以将军事运筹学内容进行分类,就本书而言,主要有以下内容。

一、搜索理论

搜索理论是研究在寻找某个目标的过程中,如何合理使用人员、物资、资金和时间等,以便取得最好搜索效果的理论。搜索目标是搜索理论的研究对象,为各种不同环境中搜索的物体。搜索活动是由搜索目标、手段以及方案组成的系统。解决某一具体搜索问题,首先应根据有关信息,确定搜索的大致范围(即搜索空间);其次依照效益与代价综合优化的标准,建立数学模型解决问题,这是定性分析和定量分析的过程。

二、数学规划

数学规划是研究在军事活动中如何适当地组织人员、武器装备、物资、资金和时间等要素,以便有效地实现预定军事目的的理论和方法。

数学规划,可分为线性规划、非线性规划、整数规划和动态规划。若问题建立的模型,其约束条件、目标函数均为线性的,且决策变量非负,则这样的规划称为线性规划。若问题的模型,其约束条件或目标函数为非线性的,则这样的规划称为非线性规划。人们在实际应用中为计算方便,常把非线性问题近似地处理成多级线性规划问题。整数规划是数学规划的特殊形式,要求决策变量取值为整数。(0,1)规划——最为特殊的整数规划,其决策变量的取值为 0 和 1。现实的军事活动中,解决实际问题用得最多的是整数规划,这是因为人员、武器装备等只有整数才有意义。解决多阶段决策问题常用动态规划方法,此方法将一个复杂的问题看成各个阶段需要决策的多阶段决策问题,通过各阶段决策,达到问题整体的最优,即是决策过程的最优化。动态规划多用于求解最短行军路径问题、作战装备分配问题等。

三、评价分析理论

评价亦称评估。评价分析,是依据评价目标对评价对象进行客观、定量计算的过程。评价分析包括评价目的、评价主体、评价对象、评价指标体系、评价方法以及评价程序等要素。军事评价分析,主要是对军事方案进行分析,是军事决策的一个重要环节,是军事科学决策的基础,是军事决策分析的重要内容。

评价分析方法众多,有德尔菲法、层次分析(Analytic Hierarchy Process,AHP)法、模糊综合评价(Fuzzy Comprehensive Evaluation Method,FCE)法、数据包络分析(Data Envelopment Analysis,DEA)法、ADC 法等。

四、决策论

决策论是研究如何选择最佳方案进行有效决策的理论和方法。在军事运筹学中,决策论最大的特点是定量分析。

决策一般分三大类:第一类是确定型决策,即决策问题的自然状态和目标都是明确的;只需要建立问题的数学模型,求解数学模型,根据希望达到的目标(收益最大或损失最小)在两个或两个以上的方案中选择一个与模型结果相一致的最佳方案。第二类是风险性决策,亦称"随机决策",即已知决策的目标,且知道决策问题每一种状态发生的可能性(概率);其选择最优方案的准则有最大可能准则、最大期望准则;方法为决策树法、矩阵法。第三类是不确定型决策,即已知决策的目标,但不知道自然状态发生的概率的决策问题;最优方案的确定一般采用乐观主义准则、悲观主义准则、等可能准则、乐观系数准则以及最小/最大后悔值准则等进行分析选择。

五、博弈论

决策是运用科学的理论和方法,在众多方案中选择最佳(或最满意)方案的过程。对策论就是研究对抗情况下局中人选择最优策略的理论。对策论模型中,一般有三个要素,即局中人、策略和赢得函数(支付函数)。局中人是有权决定己方行动方案的人或群体,策略是可供局中人选择的行动方案,赢得函数是局中人的策略组合与其得失的一一对应表述。由于对策论来源于弈棋,所以亦称"博弈论"。

六、排队论

排队论亦称"随机系统服务理论"。它是研究系统的排队和拥挤现象的运筹理论,目的是研究服务系统的工作规律,克服忙闲不均,充分发挥服务系统的潜能,使"顾客"(被服务对象)获得最佳流通。在军事活动中的排队现象很多,如军车在加油站排队加油、医院病人等待治病,以及武器装备的修理等。这些军事活动在排队论中称为"服务",而服务系统则为加油站、医院,以及修理系统等。其中"顾客"是军车、病人以及需要修理的武器装备等。当"顾客"要求服务的数量超过服务系统的能力时,就会出现排队现象。

排队论可以用来解决下列问题:研究排队系统的概率规律性和对排队系统进行最优设计。

七、图与网络分析

从某种意义上讲,系统是由点和线(边)组成的。点表示系统中的对象,线(边)表示系统中对象之间的关系。点和线(边)组成图,可以通过图的研究,达到研究系统的目的。图论是研究由节点和线(边)组成图形的数学理论和方法。图是网络分析的基础。网络分析,是对网络进行定性和定量分析达到对网络结构和流量优化的目的,其包括求最短路和最大流问题。

八、统筹法

在日常的指挥决策工作中,会遇到各种紧急情况,若指挥不当,便会造成混乱。统筹法是一种帮助制订和实施工作进度计划的科学方法。这种计划方法能够使某一由众多工作组成的任务在最短时间以最经济的量得以完成。军事上,如果要将一项任务按期完成,需用统筹法。例如,要压缩完成任务的工期:首先可以将此任务分解成一系列的工作,并将这些工作的名称、工作的时间、紧前工作与紧后工作用一张表列出来;其次根据这张表中工作之间的关系,画出此任务的网络图,找到完成任务的关键线路;最后根据非关键线路上的机动时间,进一步调整或安排好关键线路,缩短整体任务完成的时间,达到按期且有条不紊地完成任务。它具有简明直观、通俗易懂的特点,便于指挥员统观全局、抓住关键、组织协同。

九、存储论

存储问题是军事保障管理中经常遇到的一类问题。如果需求与供应、消费与存储之间存在不协调,必然带来经济损失。为了使经济损失达到最小或者收益实现最大,就需要研究在供应与需求之间对于存储这个环节,寻求原料、物资的合理存储量以及合适的存储时间来协调供应与需求之间的关系。对于存储论,主要研究需求类型一定的情况下,以怎样的方式进行供应和订购,以实现存储管理的目标。它对国防物资采购、军用物资的储备管理等有重要作用。

十、作战模拟

作战模拟,是计算机与现代作战发展的产物,是借助于计算机对作战环境和作战过程进行仿真,进而为军事问题决策提供依据的方法,它不同于仅用数学模型解决军事问题的方法,需要建立军事问题的模型并进行计算机作战仿真。

过去依据沙盘、图上作业对作战环境和作战过程进行模拟,以及借助于实兵演习对作战环境和作战过程进行模拟,进而对作战进行决策,都可以看成作战模拟。

作战模拟从某种情况上看是作战环境和作战过程借助于计算机的复现,使作战成为一种"实验",通过作战模拟使决策者从数量上加深对作战问题的认识,为决策者作战决策提供依据。它的最大特点是对于作战问题可以反复进行,节省人力、物资、财力,是军事研究方法的一次飞跃。

十一、遗传算法

遗传算法是美国密歇根州(Michigan)大学的霍兰(J. Holland)教授及其学生受到生物模拟技术的启发,创造出的一种宏观意义下的仿生优化算法,通过模拟达尔文的"优胜劣汰、适者生存"的进化原理及遗传变异理论,求解难以用传统算法解决的目标函数、约束条件非线性,或决策变量多个、目标函数不唯一的决策优化问题。它首先将解决问题的可行解转化为计算机可以识别的编码,形成一定规模的初始种群可行解集或染色体集;其次依据算法控制参数对初始种群进行选择、交叉、变异使种群不断进化;最后依据算法终止条件使种群收敛,得到问题的最优解。遗传算法主要涉及遗传编码、初始种群的生成、适应度函数的设计、遗传算子的设计、控制参数的选择等主要因素。遗传算法提供了一种求解复杂决策优化问题的通用框架。它不依赖于问题的具体领域,有很强的稳定性,广泛应用于众多学科。

遗传算法为借助于计算机解决复杂问题,特别是复杂军事决策问题提供方法。近年来,遗传算法在军事领域得到了广泛的关注和应用。

第三节 军事运筹学解决实际问题的一般步骤

军事运筹学是借助于科学方法,建立决策问题数量关系模型,通过研究数量关系模型,得到决策问题最优方案的理论。它通过"描述问题—提出假设—使假设最优化",得到假设条件下问题本质规律。因此,军事运筹学是应用数学工具和现代计算技术对军事问题进行定量分析,为决策方案的选优提供数量依据的一种科学方法。

一、军事决策问题中的有关概念

军事决策问题的最一般提法就是在给定行动的条件下,寻求决策方案或确定决策变量的值,使行动按决策准则而言达到最佳。

行动是为达到一定军事目的而进行的一种活动(措施)。它是军事运筹研究预期加以改进或影响的具体行动过程。

行动条件是必须考虑且给定的运行条件,包括想定条件、约束条件等。

效能指标是用以评价行为效果的数量指标。

决策准则是衡量决策方案优劣,并以此为根据做出最终选择的定量尺度。

决策方案是军事运筹研究要得到的结果,是方案或表示行动方案特征的变量数值。这些方案或变量称为决策方案或决策变量,它们应在限定的条件范围内,使行动按某个或某些决策准则而言达到最佳。

二、解决军事决策问题的一般步骤

(一)提出决策问题,明确目标函数

解决问题,首先提出问题。决策问题提出需要依据解决的军事问题,将所要解决问题明确,提出军事问题目标。一般而言,军事问题的目标与效能指标相关。对于一个军事决策问题,其目标可能不止一个。根据决策问题目标,可以建立起军事决策问题目标的函数——目标函数。

目标函数一般是决策变量的函数。

(二)收集基础资料,拟制军事想定

拟解决的军事问题的数据是建立模型的基础,是进行运筹分析的支撑。要解决军事决策问题,需建立军事决策问题的模型,而模型的建立往往需要收集问题的原始数据。模型量化是依据军事想定,将拟解决的军事问题数据和问题行动用数量表示出来。可见,基础资料的准确性和可靠性十分重要。数据的准确度和可靠性,不仅直接影响着模型以及模型计算结果的精确度和可靠性,还直接影响到军事决策问题方案的可靠性。因此,收集基础资料至关重要。

军事想定,亦称军事假设。拟解决的军事决策问题模型的建立除收集基础资料之外,还需军事想定。军事想定,是拟解决的军事问题模型建立的另一重要条件。军事想定与行动条件相关。设定的军事想定不一样,以此为基础建立的军事决策问题的模型是不一样的,由此导致的模型计算结果以及拟解决的军事决策问题方案是不一样的。军事想定的拟制,通常是由参谋人员承担。拟解决的军事问题的想定涉及军事问题中意图、目的、要求、原则,环境条件,时间、物资、人员编成等,它是建立模型的条件。

(三)建立数学模型

在军事运筹学中,建立数学模型,某种意义上,是在收集的基础资料和军事想定的基础上,利用适当的数学工具将组成军事决策问题的相关因素,以及问题决策变量与问题目标的效果衡量指标的关系描述出来的。建立数学模型是军事运筹学解决军事决策问题关键一环。数学模型反映军事决策问题的相关因素或相关变量之间的规律。依据收集的基础资料和军事想定,建立起的数学模型可以是数学式子、图形或者表格等。当然,建立数学模型,不能单纯苛求面面俱到,在建立数学模型时,要着重考虑与军事决策问题相关的主要因素,建立军事决策问题的主要因素相互关系的数学模型。由此可见,数学模型是用数学语言和数字对研究对象或系统的模仿和抽象。

(四)求解数学模型

求解数学模型是军事运筹学解决军事决策问题的另一关键环节。拟解决的军事问题数学模型不一样,其求解方法是不一样的。在军事运筹学中很多数学模型,它们的计算方法是固定的。一般而言,对于简单数学模型可以通过一般方法手算加以解决;较复杂的可以借助于软件来解决,常用软件如 Lingo,Excel,WinQSB,MATLAB 等;对于一些复杂的模型,应

根据相应算法,如蚁群算法、遗传算法等,编制问题数学模型的计算机程序,借助于计算机加以解决。

(五)分析结果,提出决策建议

对军事决策问题的模型进行求解,即可得到问题的最优解,但实际上有求出来的最优解不止一个的情况,此时就要结合实际情况对最优解进行分析、评估,进而选择出符合实际的方案。通过分析结果,为指挥员和决策机关选择方案提供依据。

军事运筹学是借助于模型,通过科学分析解决军事决策问题的理论和方法,其主要工具是现代科学技术和数学方法,目的是寻找解决问题的方案。近年来,虽然军事运筹学学科不断发展,与各学科不断相互交融,但它并不是包罗万象,什么都可以解决的。实质上,在解决军事决策问题的过程中还会遇到影响决策而又无法量化的重要因素,对于这些不能定量描述的重要因素,还缺少有效的解决办法。此外,它解决实际问题的一般思路是"描述问题—提出假设—使假设最优化",因此定量的分析方法不是军事研究的唯一有效方法,这也就是军事运筹学的局限性。可见,在日常的军事决策中,决策者必须将军事运筹学定量分析的结果和决策者的定性分析的结论综合运用起来,结合客观实践和经验,做出正确的决策。

习　　题

1. 什么是运筹学?什么是军事运筹学?
2. 简述军事运筹学的发展历程。
3. 简述军事运筹学解决实际问题的一般步骤。

第二章　军事活动中的搜索理论

搜索理论以最大的可能或最短的时间找到特定目标为目的,主要内容包括基本概念、搜索的基本模型以及搜索方法。在第二次世界大战期间,为了满足军队有效利用飞机和军舰发现敌方潜艇的紧迫需要,搜索理论开始逐步形成。第二次世界大战战后,库普曼(B. O. Koopman)系统地发表了搜索理论的 3 篇文章,全面总结了一些常用的方法和理论。现阶段搜索理论更是广泛地应用于海上维权执法、捕歼战斗等各个方面。

第一节　搜索理论概述

一、搜索理论的发展历史以及分类

(一)搜索理论的发展历史

搜索理论的发展,按照时间经历了四个时代,即经典时代、数学时代、算法时代和动态时代。

经典时代(1942—1965)的主要代表人物是库普曼。他系统地研究了静态目标的搜索,在静止目标具有二元正态分布和观测函数具有指数函数形式的假定下研究了如何最大化发现目标的概率,并提出了在连续目标空间中的搜索方法。

数学时代(1965—1975),主要研究最优搜索问题的数学本质,特别是静态目标的搜索问题。这个时代的主要成果是《最优搜索理论》(*Optimal Search Theory*),主要思想是用拉格朗日算子将搜索力配置模型转换为无约束条件的优化问题。

算法时代(1975—1985),随着计算机的逐步应用,大量研究人员将精力转向致力于解决运动目标的搜索问题,把搜索理论的研究重点逐渐从数学和分析转向从算法设计上解决搜索问题。

动态时代(1985 年至今),主要的特点是在搜索过程中引入反馈机制,搜索过程中根据获得的信息及时改变搜索计划,直到发现目标。

(二)搜索理论的分类

搜索理论按照研究问题的不同划分为静态目标搜索理论和动态目标搜索理论。

静态目标搜索问题的研究成果基于库普曼、多比(J. M. Dobbie)等的工作之上。库普曼最早提出了静态目标最优离散搜索模型。之后,居宁(J. De Guenin)将静态目标最优离散搜索模型推广到了连续空间中具有正规探测函数的搜索问题,给出了使得搜索函数达到最大值的正规探测函数须满足的必要条件。

斯塔罗韦罗夫(O. V. Staroverov)研究了离散空间中具有正态探测函数的搜索问题。与库普曼和居宁的搜索模型不同,斯塔罗韦罗夫使用优化标准来最小化查找目标的预期时间。

20世纪70年代中期至80年代中期,在军事需求实用化的推动下,搜索理论进入了动态目标搜索算法的研究。到目前为止,与动态目标研究相关的工作和论文可分为以下两类:一类是讨论目标做某种特殊类型的运动,搜索运动目标的问题可以转化为一种分析方法来解决;另一类是基于布朗(S. S. Brown)的观测报告,该报告旨在为一般动态目标的搜索问题建立充要的条件。在针对动态目标相关的搜索问题的文献中,有学者常常将动态搜索问题简化为关于静态目标的一个等价问题,并最终可以用求解静态目标搜索问题的方法加以解决。

二、搜索理论的基本概念

搜索是指搜索者在事先不知道被搜索目标具体位置的前提下,在相对的空间区域内通过一定的运动形式,应用某些探测手段(雷达、声呐及其他器材)进行寻找,试图建立起某种形式的接触(声、光),以获取其位置等信息的行动过程。

搜索理论(Search Theory)是军事运筹学的分支之一,是研究利用探测手段寻找某一目标的优化方案的理论和方法。搜索理论的研究对象是搜索的过程。搜索过程是搜索者通过某些搜索方法寻找目标的过程。参与搜索过程的对象可分作两方,一方是被搜索的目标,另一方是搜索者。其中任一方都可能有多个成员。在搜索过程中,涉及的人员、对象、时间和移动路线统称为搜索力(Search Effort);在研究过程中搜索有三个基本要素,即搜索目标、搜索者(探测函数)以及搜索策略。

(一)搜索目标

搜索过程中所要搜寻的对象称为搜索目标。在搜索理论中,通常把目标看作离散空间或连续空间中的点(有些特定目标则需要用有限区域来描述),它对搜索者而言,是不能预知的。如果目标是静止的,那么一般用均匀的、正态的或其他合适的概率分布函数(简称分布)来描述。如果目标是运动的,那么当目标运动与搜索者行动无关时,可用马尔可夫过程、维纳过程来描述;当目标运动依赖于搜索者的行动策略时称为对抗搜索,可用对策论来描述。

一般情况下,被搜索的目标与其所处的环境总是在某些方面具有不同的特征,从而存在被发现的可能性,搜索的任务就是要能及时地探测出这种不同,及早地发现目标,提高搜索的成功率。

(二)搜索者(探测函数)

一方面搜索者是用于获得目标存在信息的观察器材,包括光学、雷达、声呐及其他器材,也包括这些器材与目标之间的物理性接触和化学接触性质,探测能量的传递规律以及探测目标分辨力等。另一方面探测函数给出了将投入某个区域的搜索资源的数量与搜索目标位于该区域时成功探测到该目标的可能性联系起来的函数关系。

(三)搜索策略

搜索过程中为发现目标,搜索者运用探测手段进行搜索的方式方法,涉及搜索者探测手段运用、时间运用等。

搜索理论的研究内容基本有两类。一类是搜索效能评估,即根据已知的搜索策略来评估搜索效果。另一类是最优搜索问题,即根据已知的搜索策略,在最小损耗的基础上力求获得最大的搜索效果。

为了便于描述,引入以下概念及结论:

(1)发现势:某时间区间内发现目标次数的期望。

(2)发现率:离散观察时,给定距离对目标观察 1 次,发现目标 1 次的概率;连续观察时,单位时间发现目标的平均次数。

(3)发现概率:离散观察时,给定距离对目标观察 n 次,至少发现目标 1 次的概率;连续观察时,给定搜索时间内至少发现目标 1 次的概率。

设 $N(t)$ 为搜索过程 (t_0,t) 中发现目标的次数($t_0 \geqslant 0$ 表示初时时刻),则 $N(t)$ 是随机过程,且取值为非负整数,称 $N(t)$ 为发现流。

第二节　基本搜索模型

在目标区域对目标进行打击,首要是及时搜索和发现目标。在搜索过程中,为了提升搜索效率,往往会考虑提升搜索设备的性能和优化搜索方式。

根据观察器材的结构特点及使用方式,搜索过程对空间的观察在时间上可分为连续的和离散的。

一、离散观察

设 g 是在给定距离上对目标 1 次观察的发现率,假设在进行的 n 次观察中发现目标的事件是相互独立的,依据概率性质,则对目标进行 n 次观察,至少发现目标 1 次的概率为

$$P_0(n) = 1 - (1-g)^n \tag{2-1}$$

由式(2-1)可知,当观察次数 n 足够大时,$P_0(n)$ 趋近于 1。也就是说,当观察者观察次数增加时,可最终发现目标。

设 ξ 为随机变量,其值 $\xi = n$ 表示 n 次观察中恰好是在第 n 次观察时发现目标,则

$$P_{0\delta}(n) = P\{\xi = n\}$$

故

$$P_{0\delta}(n) = (1-g)^{n-1} g$$

这说明 ξ 服从几何分布。

ξ 的期望值为

$$M(\xi) = \sum_{k=1}^{\infty} k P_{0\delta}(k) \tag{2-2}$$

表示发现目标所需的期望观察次数。而

$$M(\xi) = \sum_{k=1}^{\infty} k (1-g)^{k-1} g$$

$$= -g \frac{\mathrm{d}}{\mathrm{d}g} \left[1 + (1-g) + (1-g)^2 + \cdots + (1-g)^k + \cdots \right]$$

$$= \frac{1}{g} \tag{2-3}$$

所有期望观察次数是一次观察发现率之倒数。如已知 $g=0.2$,则需要观察 5 次才能发现目标。

ξ 的方差 $D(\xi)$ 为

$$D(\xi) = M(\xi^2) - (M(\xi))^2 = \frac{1-g}{g^2} \tag{2-4}$$

说明了探测效果的稳定性。

二、连续观察

除离散观察外,对目标观察还有连续观察。采用连续观察时,对搜索效率进行评价仍需借助于单位时间内的发现率 g。

由于搜索过程中发现目标的次数为发现流,因此经推理可知 $(0,t)$ 时间内发现目标的概率(至少发现目标 1 次的概率)为

$$P_{0\delta}(t) = 1 - \mathrm{e}^{-gt}$$

式中:g 为常数。

若 $t \to \infty$,则 $P_{0\delta}(t) \to 1$。

设 $f(t) = g\mathrm{e}^{-gt}$ 是发现时间的分布密度函数(为指数分布),由此可知,发现目标所需的平均时间(期望时间)$T_{0\delta}$ 为

$$T_{0\delta} = \int_0^{\infty} tf(t)\,\mathrm{d}t = \frac{1}{g} \tag{2-5}$$

方差为

$$D(t_{0\delta}) = \int_0^{\infty} t^2 g\mathrm{e}^{-gt}\,\mathrm{d}t - \left(\frac{1}{g}\right)^2 = \frac{1}{g^2}, \quad \sigma_{0\delta} = \sqrt{D} = \frac{1}{g} \tag{2-6}$$

第三节　搜索的效率指标

搜索的主要目的是要找到被搜索者(搜索目标)。搜索过程中采取的每一种方式消耗的搜索力和时间等通常是不相等的,因此搜索的核心包括发现被搜索者、确定合适的搜索方式等。

一、搜索的效果衡量

搜索的效果衡量,主要借助于理论搜索率和实际搜索率。搜索率表示搜索者单位时间搜索面积的度量,是衡量搜索效率的关键指标。

(一)理论搜索率 W_T

设有效发现宽度为 M_K，相对搜索速度为 V_P，则 W_T 表示为

$$W_T = M_K V_P \qquad (2-7)$$

式(2-7)中使得 W_T 最大的运动速度是观察者最有利的搜索速度。

例 2.1 设观察者速度为 $V_{H1} = 24$ km/h，$M_{K1} = 2.9$ km 或为 $V_{H2} = 29$ km/h，$M_{K2} = 1.1$ km。试确定这两个速度中哪个更好。

解：设目标速度 V_0 是不变的，而且设 $V_P \approx V_H$，则由 $W_T = M_K V_P$ 可知

$$W_{T1} = (24 \times 2.9) \text{ km}^2/\text{h} = 69.6 \text{ km}^2/\text{h}$$

$$W_{T2} = (29 \times 1.1) \text{ km}^2/\text{h} = 31.9 \text{ km}^2/\text{h}$$

故取 V_{H1}。

(二)实际搜索率 W_R

设 C 为给定搜索时间内发现目标次数，S_P 为搜索面积，T_N 为搜索时间，S_P 中的平均目标数为 N_0，则 W_R 为

$$W_R = \frac{C S_P}{N_0 T_N} \qquad (2-8)$$

例 2.2 设在面积 $S_P = 60\,000$ km² 的区域内进行搜索，已知该区域内有 19 个目标，有 20 个观察者经过 1 个月（30 天）的搜索，共发现目标 280 次，试求实际搜索率 W_R。

解：由题设知

$$T_N = 30 \text{ 天} \times 20 = 600 \text{ 天}, \quad C = 280 \text{ 次}, \quad N_0 = 19 \text{ 个}$$

故

$$W_R = \frac{C S_P}{N_0 T_N} \approx 1\,473.68 \text{ km}^2/\text{天}$$

(三)搜索效果判断

用实际搜索率与理论搜索率之比 $\eta = W_R / W_T$ 表示搜索的效果指标，它可以用来评价在搜索结束后所选择的搜索方式的质量。

因为理论搜索率表示的是在最理想条件下搜索的能力，而实际搜索率取决于所采取的具体搜索方式，所以总有 $W_R \leqslant W_T$，即 $\eta \leqslant 1$。

二、搜索的概率判断

由于搜索的随机性，所以常用以下指标描述搜索的可能性：

(1)在指定期限内发现目标的可能性 $P_0(t)$；

(2)在指定期限内发现目标的期望数 M_0；

(3)发现目标所需的期望时间 $\bar{t}_0$。

由于搜索过程中，发现目标的次数为发现流，依据概率论知识得单个观察者在时间 t 内

发现目标的概率为

$$P_0(t) = 1 - \mathrm{e}^{-V(t)} \qquad (2-9)$$

式中：$V(t)$ 是发现势。

另外，可以得到 N_n 个观察者进行独立的搜索，发现目标的总概率为

$$P_0^{N_n} = 1 - \prod_{i=1}^{N_n} \left[1 - P_{0i}(t)\right] = 1 - \mathrm{e}^{-\sum\limits_{i=1}^{N_n} V_i(t)} \qquad (2-10)$$

式中：$P_{0i}(t)$ 是第 i 个观察者发现目标的概率。

发现目标所需期望时间 $\bar{t}_0$ 一般由下式求得：

$$\bar{t}_0 = E(t) = \int_0^{\infty} t P_0(t) \mathrm{d}t = \int_0^{\infty} t \left[1 - \mathrm{e}^{-V(t)}\right] \mathrm{d}t \qquad (2-11)$$

期望时间 $\bar{t}_0$ 也是一个重要的搜索效率指标，表示期望发现目标平均所需的时间。

三、达到给定搜索效果的发现期望时间的计算

(一)发现率固定的搜索

在现实的搜索过程中，观察者常以随机方式重复搜索同一个可能发现目标的地方，这样的搜索称为发现率固定的搜索。此时的发现率 g 是一个常数。

对于发现率 g 的计算，假设：

(1)搜索区域的面积为 S_P；

(2)在搜索区域确实存在静止目标；

(3)目标位置服从均匀分布；

(4)观察者的轨迹是随机的。

单位时间内观察者所搜索的区域面积为 $2R_0 V_H$，同时目标位置服从均匀分布，从而有

$$g_0 = 2R_0 V_H / S_P \qquad (2-12)$$

式中：R_0 是观察器材的发现距离；V_H 是观察者的速度。

目标的最终发现还与观察器材的能量接触相关，设 P_K 为器材接触率，得

$$g_c = \frac{2R_0 V_H}{S_P} P_K \qquad (2-13)$$

式中：P_K 称为接触率。

由于 $\bar{t}_{0\delta} = \dfrac{1}{g_c}$，依据发现期望时间与发现概率之间的关系，因此得 $P_0(t) = 1 - \exp\left(-\dfrac{t}{\bar{t}_0}\right)$。

(二)发现率待定的搜索

在搜索问题中，存在发现率并未给出的情况，需从发现概率角度，确定达到搜索效果的搜索时间。连续搜索时 g 为常数的发现概率为

$$P_0 = 1 - \mathrm{e}^{-g t_0}$$

故

$$t_0 = -\ln(1-P_0)/g$$

由前文的推导可知,由于

$$g = \frac{2R_0 V_P}{S_P} P_K$$

可求得搜索时间为

$$t_0 = -\frac{\ln(1-P_0)S_P}{2R_0 V_P P_K}$$

故得搜索面积,即

$$S_P = \frac{2R_0 V_P P_K t_0}{-\ln(1-P_0)} \qquad\qquad (2-14)$$

例 2.3 假设观察者在如下条件下对目标进行搜索:$S_P = 6\,000\ \text{km}^2$,$R_0 = 20\ \text{km}$,$V_P = 35\ \text{km/h}$,$P_K = 1$,$P_0 = 0.7$。试求:

(1)所需的搜索时间 t_0;

(2)在给定的发现概率条件下,如面积 S_P 增加 3 倍所需的搜索时间;

(3)在给定的发现概率条件下,当搜索时间缩减为原来的 1/2 时所应搜索的面积;

(4)当其他条件不变,发现概率为 $P_0 = 0.8$ 时,需要搜索的区域面积;

(5)当其他条件不变,发现概率为 $P_0 = 0.9$ 时,所需的搜索时间 t_0。

解:(1)由所给的条件可知搜索时间为

$$t_0 = \frac{-\ln(1-P_0)S_P}{2R_0 V_P P_K} = \frac{-\ln(1-0.7)\times 6\,000}{2\times 20\times 35\times 1}\ \text{h} \approx 5.16\ \text{h}$$

(2)此时 $S_P = 6\,000\ \text{km}^2 \times 3$,故

$$t_0 = (5.16\times 3)\text{h} = 15.48\ \text{h}$$

(3)搜索时间为 $t_0 = \left(5.16\times\frac{1}{2}\right)\text{h} = 2.58\ \text{h}$,故

$$S_P = \frac{2\times 20\times 35\times 2.58}{-\ln(1-0.7)}\ \text{km}^2 \approx 3\,000\ \text{km}^2$$

(4)这时的搜索面积根据公式计算应为

$$S_P = \frac{2\times 20\times 35\times 2.58}{-\ln(1-0.8)}\ \text{km}^2 \approx 2\,244.26\ \text{km}^2$$

(5)此时搜索时间根据公式计算应为

$$t_0 = \frac{-\ln(1-0.9)\times 6\,000}{2\times 20\times 35\times 1}\ \text{h} \approx 9.87\ \text{h}$$

第四节　搜　索　方　法

搜索方法是搜索者运用工具搜索未知领域内目标的一种策略。常用的搜索方法有面搜索、线搜索、应召搜索等。

一、面搜索

面搜索需满足以下条件:

1)在给定区域内每个方向目标出现的概率是一样的;

2)目标在 360°方向上是均匀分布的。

(一)规则搜索

规则搜索是指按照 S 形或平行路线搜索完整个区域后,其中每一点至多只有一次落入观察者的观察区域。

设区域为矩形区域,面积为 $S_P = AB$,如果时间与能力允许,可在 n 条路线上进行搜索,每条长度为 A,相距为 $R_1 = B/n$,那么整个搜索路线长为 $L = nA$,再设 R_0 为发现距离,则总的搜索面积为

$$S_b = 2R_0 L = 2R_0 nA = \frac{2R_0 AB}{R_1} = \frac{2R_0 S_P}{R_1} \qquad (2-15)$$

则总的搜索覆盖率为

$$U(L) = \frac{S_b}{S_P} = \frac{2R_0}{R_1} \qquad (2-16)$$

依据面搜索的假设条件,得规则搜索的发现率为

$$g(t) = \frac{g_c}{1 - g_c t}, \quad g_c = \frac{2R_0 V_H}{S_P} \qquad (2-17)$$

已知搜索完成时所需的时间为 T,故发现目标的概率为

$$P_0(t) = g_c T = \frac{2R_0 V_H T}{S_P} = \frac{2R_0 L}{S_P} = \frac{2R_0}{R_1} \qquad (2-18)$$

(二)随机搜索

随机搜索是指观察者以随机方式对给定区域的目标进行搜索的形式。依据前文可知,随机搜索实际上是一个发现率为常数的搜索,故

$$g = \frac{2R_0 V_H}{S_P} \qquad (2-19)$$

依据曲线积分计算,得搜索结束时的发现势为

$$F(T) = \int_0^T \frac{2R_0 V_H}{S_P} dt = \int_C \frac{2R_0}{S_P} ds = \frac{2R_0 L}{S_P} \qquad (2-20)$$

式中:L 是搜索路径的长度。

依据发现势与发现概率的关系,得发现概率为

$$P_0(T) = 1 - e^{-\frac{2R_0 L}{S_P}} \qquad (2-21)$$

二、线搜索

线搜索关注的是搜索目标是否从给定的边界上通过。若运用察打一体无人机搜索恐怖分子,设搜索区域的宽度为 D,恐怖分子的速度为 V_0,则可把往返式巡逻从实际坐标变换为相对运动坐标,此时的坐标中恐怖分子的位置是固定的。设无人机的航速为 V_H,因为 $V_H \geq V_0$,所以实际航程可以认为与 D 相差不大,无人机往返一趟的时间 T 为

$$T = \frac{2D}{V_H} \qquad (2-22)$$

它必相等于相对坐标中平行搜索时经过两个间距的时间：

$$T = \frac{2R_1}{V_0} \qquad (2-23)$$

即

$$R_1 = \frac{DV_0}{V_H} \qquad (2-24)$$

如果搜索者不知道目标将从某区域宽度线 D 上何处和在时间 $T = 2D/V_H$ 内的何时通过，那么可认为目标可以在相对坐标系中位于面积为 $S'_P = 2R_1 D$ 的区域内。

当相对路线平行时，发现目标的概率为

$$S'_P = \frac{2R_0 D}{2R_1 D} = \frac{R_0}{R_1} = \frac{R_0 V_H}{DV_0} \qquad (2-25)$$

如果将相对路线看作是随机的，那么发现目标的概率为

$$P_0 = 1 - e^{-\frac{2R_0 D}{2R_1 D}} = 1 - e^{-\frac{R_0}{R_1}} = 1 - e^{-\frac{R_0 V_H}{DV_0}} \qquad (2-26)$$

此搜索，通过增加飞机数量进行同样的搜索可提高发现概率。

三、应召搜索

应召搜索是指在有目标先验位置信息条件下，搜索者再次进行搜索的方法。在应召搜索时，搜索者通常把原始发现目标的位置和时间确定为初始状态，然后按照面搜索的策略在发现目标区域内进行搜索。应召搜索一般可分为两种情况，即在目标方向可能扇区中的搜索和在发现目标的区域中的搜索。

（一）在目标方向可能扇区中的搜索

这种搜索方法是观察者预先选择目标可能方向的前方，然后与目标向同一方向运动。这种情况下应该注意搜索者到达目标方向前方的距离和进入目标前方所需的航向和时间。

（二）在发现目标区域中的搜索

这种搜索方法是以发现目标的初始位置为基准点，发散搜索的方式。对于确定了初始位置的目标，其发现搜索的区域，可以是一个以发现初始目标的位置为圆心的圆，其半径为初始状态时间与搜索开始时间之差同目标最大速度的乘积。被搜索的目标位于这样的一个圆内。随着时间推移，这样的圆形搜索区域不断扩大。当然，这样搜索形成的区域形态可以是多样的。

第五节 搜索理论在军事上的应用

搜索理论自提出以来，就广泛地应用于军事领域。随着现代信息技术的发展，规避者与搜索者都会尽所能地创新己方的策略以达到各自利益的最大化。因此，对抗搜索变得更加困难，我们将一般的搜索步骤总结为图 2-1。

军事领域的搜索与反搜索是一种具有冲突对抗性质的对策。这种对策具有以下主要特

征:双方都在猜测对方可能会采取什么策略,从而以对方策略来确定自己的策略,即自己的策略是对方策略的反应;这种对策是一次性的,因此双方各自只能采取自己的纯策略;由于搜索与反搜索可能采取的策略中,它所要付出的代价或得到的利益,有时候是不易量化计算的,而且它的目标和结果主要在于采取一切可能手段去发现目标或不被发现,因此对抗结果的赢得,主要能表示出在所有可能的策略中采取什么策略对自己最有利。

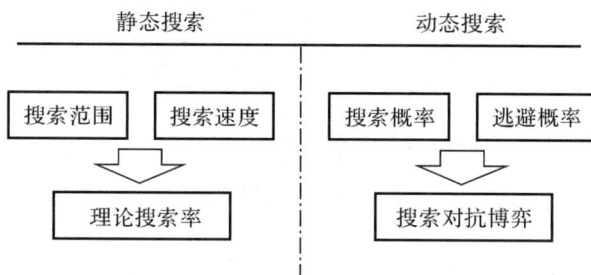

图 2-1 一般的搜索步骤

一、地震救援搜索

地震是人类熟知的自然灾害之一,下面以地震搜索任务为背景,建立一个关于搜救时间最短化的模型。

历史上因地震造成的悲剧数不胜数,那么在地震发生后如何才能最有效地开展搜索活动减少人员、财产损失呢?下面建立的模型在震后对预定区域进行快速的全面搜索,制定搜索队伍的行进路线,达到对搜索资源的最大整合。

假定在整个区域($L \times D$)中,搜救队员出发的中心位置是矩形的正中心($L/2, D/2$),其中的左侧短边的中点是$(0, D/2)$,如图 2-2 所示,每一个区域的范围都有搜救的人员搜索过,才能保证搜救的有效性。

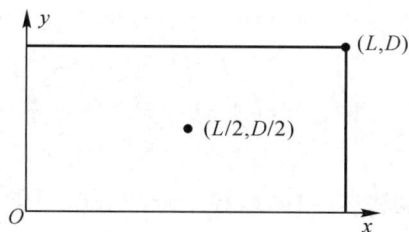

图 2-2 搜索坐标图

利用圆的性质可以知道,圆上的点越向外扩散,分散性越大,其中就会有很大的空隙,这种情况不利于搜救的行动,在搜救的过程中会产生空缺,如图 2-3 所示,因此排除在搜救之中用分散的情况进行搜救。

一般采取的是集中搜救,由于单个搜救队员有效的搜救范围是在以 r 为半径的圆内,运用直线定理可以知道两点之间线段最短,搜救队员要在最短的时间搜索完整个固定的区域,即搜救的过程中进行的是直线的搜救,搜救的面积如图 2-4 所示。

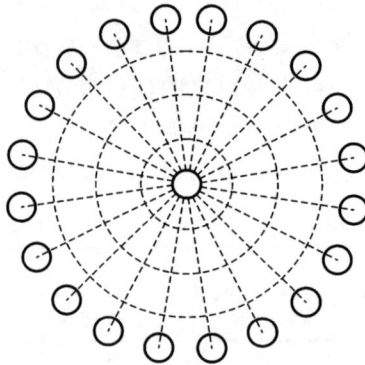

图 2 - 3 扩散搜索图

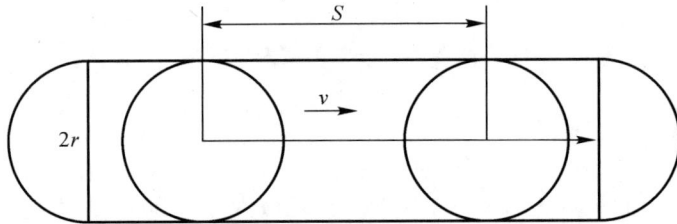

图 2 - 4 搜救的面积

单个队员在时间 t 内的搜救面积为 $2rS + \pi r^2$。

但是在搜救的过程中,会多余出一个面积为 πr^2 的圆,而实际有效的搜索范围是面积为 $2rS$ 的矩形。

二、反恐搜索

假设某特战分队搜索恐怖分子,而恐怖分子的位置和运动轨迹都是事先不知道的。为了便于研究,将某区域分解成若干方形单元并且给定一个固定的宽度,每个单元由一条路径连接,可经过每个相邻单元,单元格之间并不能通行。恐怖分子可以穿越任何相邻单元之间的路径达到一个目标单元。

假设目标在每个网格中的密度一样,监控中特战分队一直在连续不断地搜索、观察,设最大搜索距离覆盖整个指定监控区域。因此,恐怖分子逃避搜索的概率为

$$P_{ij}^a(x) = e^{-F(C)} \qquad (2-27)$$

式中:$F(C)$ 为发现势,每个网格内发现恐怖分子的概率为 $1 - P_{ij}^a(x)$,则有

$$F(C) = \int_{t_1}^{t_2} g(\sqrt{i^2 + j^2}) \mathrm{d}t = \frac{1}{V_P} \int_C g(\sqrt{i^2 + j^2}) \mathrm{d}s \qquad (2-28)$$

这个式子假设恐怖分子以速度为 V_P 的状态进行匀速运动,其中 g 为参数,运动轨迹为曲线 C,发现势与恐怖分子和搜索者的距离有关,则当恐怖分子进入搜索者的可监控范围内时,发现目标的平均次数可表示为 $F(C)$。

此时我们可以用 $P_{ij}^a(x)$ 表示第 i 行、第 j 列单元格内,恐怖分子逃避发现的概率。由此可得出恐怖分子通过相邻的两个网格单元的路径 d' 被发现的概率 P' 为

$$P' = \prod_{\substack{i \in [i-1, j+1] \\ j \in [j-1, j+1]}} P_{ij}^a(x) \tag{2-29}$$

恐怖分子有一组携带武器的汽车 $a \in A$,他们在众多的网格单元中,选择一个单元 $c \in E$ 为入口进入网络,穿过一组临近单元间的路径 $d \in D$ 到达目标单元 $c \in G$ 退出的网络,在目标单元中有观察者存在。每条路径允许有限数量 N 的汽车经过。恐怖分子穿过每条路径时都会有不可控的搜索威胁。设搜索者位置固定且恐怖分子知道搜索者的位置,也就是对于恐怖分子来说,每个网格的被发现概率已知。路径 d 可以当作从起始单元 c_1 到终止单元 c_2,可以计算出在路径 d 中躲避探测的概率为

$$Ed(x) = \prod_{\substack{i \in [i_{c_1}, j_{c_2}] \\ j \in [j_{c_1}, j_{c_2}]}} P_{ij}^a(x) \tag{2-30}$$

式中:j 与 i 的值域取决于 c_1 与 c_2 横坐标跨度以及纵坐标跨度。

由此可以看出,在恐怖分子沿着 d 这条路径行进时,恐怖分子逃避探测的概率为他从起始单元到目标单元所穿越的网格单元的每个网格内恐怖分子躲避被发现的概率和 $P_{ij}^a(x)$ 的乘积。

恐怖分子为了最大化逃避搜索的概率,就要把个别以最大概率逃避探测而穿越两单元格之间的路径 d 的个体进行相加,因此,表达恐怖分子的计划问题模型为 $\max\{Ed(x)\}$。

在指定区域中,已知搜索者的监控位置的情况下,即每个网格单元的发现率与发现势已知,则发现概率 $P_{ij}^a(x)$ 决定于位于每个网格的恐怖分子数量,因此只要保证

$$Z_{\max} = \max\left\{ \sum_{\substack{d \in D \\ Y, X, G_C}} Ed(x) \right\} \tag{2-31}$$

满足

$$\sum X \leqslant |A| \tag{2-32}$$

$$\sum_{d \in D_C, c_2} Y + \sum_{d \in D_C, c_1} Y - X_{c \in E} + G_{C_{c \in G}} \leqslant 0, \quad \forall c \in C \tag{2-33}$$

$$-G_c \leqslant -|A| \tag{2-34}$$

$$0 \leqslant X, \quad \forall c \in E \tag{2-35}$$

$$0 \leqslant Y \leqslant N, \quad \forall d \in A \tag{2-36}$$

$$0 \leqslant G_c, \quad \forall c \in G \tag{2-37}$$

式中:$a \in A$——恐怖分子;

$\quad i \in I$——横坐标;

$\quad j \in I$——纵坐标;

$\quad c \in C$——网格单元,坐标表示为 (i, j);

$\quad N$——路径容量;

$\quad Ed(x)$——恐怖分子沿路径 d 在网格中行进躲避探测的概率;

$\quad X$——恐怖分子进入网格的数量;

Y——恐怖分子穿越路径 d 的数量；

G_c——恐怖分子到达目标的数量。

式（2-31）为恐怖分子的目标，是最大化总概率，恐怖分子的汽车在躲避探测的情况下选择遍历的所有路径，通过最大化概率得到最佳路径。约束条件[见式（2-32）]限制了进入网络的恐怖分子数量，约束条件[见式（2-33）]保证了网络的流通，约束条件[见式（2-34）]限制了从网络到达目标单元的出口数量，式（2-35）~（2-37）规定了决策变量，式（2-36）限制了恐怖分子穿过任何单元的数量，可用于攻击路径的多样性。这个模型类似于网络中最短路径问题，并因此产生内在整体解决方案。

搜索者控制一组监控平台（如无人机、直升机等），监控平台可能位于网络的任一单元，对整个网络的网格路径进行监控。预想一个恐怖分子在其知道监控平台位置的情况下，遍历所有的路径，穿梭于网格之间。然后，记录每条路径的逃避探测概率，通过上面 $\max\{Ed(x)\}$ 恐怖分子模型，计算出恐怖分子穿越路径达目标单元的躲避探测的最小概率。

在控制平台设置时，一个网格单元之中只能存在一个监控平台，而且恐怖分子所选择的路径可以被监控。当恐怖分子从起始单元沿着路径 d 穿梭于网格单元之间到达目标单元时，其目标是最大化其逃避探测的概率。而搜索者的目标是最小化恐怖分子的逃避概率。可以把这看成一个对策行为。在对策中，因局中人仅有恐怖分子与搜索者两人，可将其看成矩阵对策。在这里，用 a,b 来分别表示两个局中人，并设他们的策略集分别为

$$S_a = \{a_1, a_2, \cdots, a_m\}$$
$$S_b = \{b_1, b_2, \cdots, b_n\}$$

即恐怖分子 a 有 m 个策略，也就是有 m 种从起始单元到达目标单元的路径选择，而搜索者 b 有 n 个策略，也就是 n 种探测装备位置可以预置。

在恐怖分子选定策略 a_i，且搜索者选中策略 b_j 之后，就形成了局势 (a_i, b_j)，所以这样的局势共有 $m \times n$ 个。对于任意一个局势 (a_i, b_j) 而言，可记恐怖分子 a 的一个赢得函数值 a_{ij}，设赢得函数为 $Z_{\max}$。可将这个 a_{ij} 的值排列成一张二维表，且进一步形成赢得矩阵 $\boldsymbol{A}$，二维表与矩阵一一对应，从而建立矩阵对策模型：

$$G = \{S_a, S_b; \boldsymbol{A}\}$$

通过矩阵可以得出其中的最大值 $Ed(a_{ij})$，而能得到这个最大值的路径则是恐怖分子最有可能行动的路径，那么就可以通过预置探测装备位置的策略，选择使此路径躲避概率最小，使恐怖分子最后不可能得到赢得值 $Ed(a_{ij})$。

三、潜艇规避搜索

潜艇规避搜索策略的设计是在现有装备条件下，运用战争设计工程的思想，在策略设计框架下对策略和应用方法的创新。将双方获得的策略在一定条件下进行对抗，形成完整的红、蓝回避搜索对抗模式和完整的红、蓝回避搜索策略操作流程，为下一步策略集的效果评估和分析提供依据。

红、蓝双方策略对抗的主要任务是把双方可能采取的策略在一定的条件下进行对抗，完成一个完整的作战过程，包括解释对方的策略（漏洞）和完善对方的策略。双方策略对抗的

过程是推进双方策略不断演变的动力,也是促进策略不断改进的重要手段。整个对抗过程如图 2-5 所示。

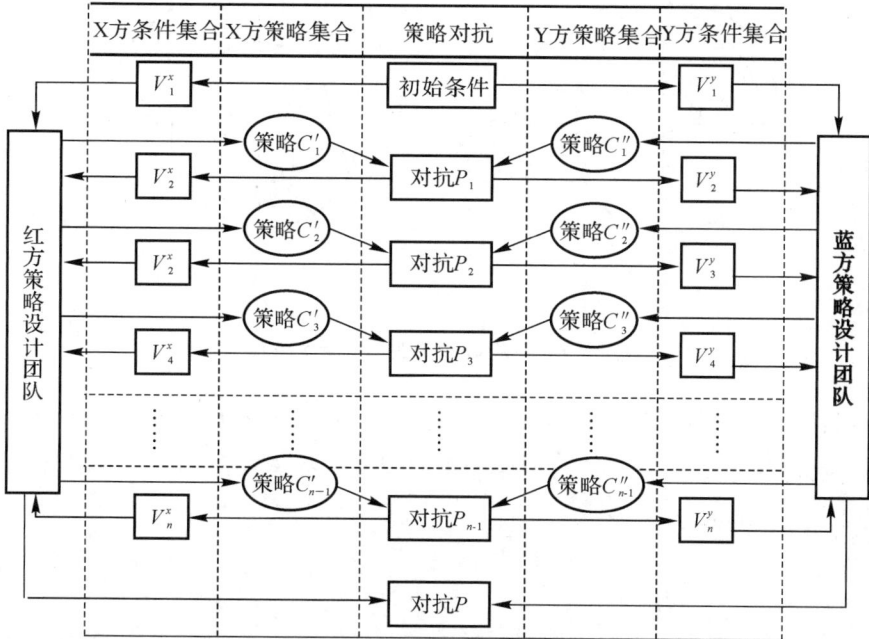

图 2-5　策略对抗图

潜艇规避搜索策略设计主要是根据搜索方的搜索策略采取相应的规避策略,主要先考虑舰艇搜索和直升机单搜索的情况,再考虑双舰多搜索者进行搜索的情况。

在进行潜艇规避多搜索者搜索策略设计时,已知是多个搜索者进行搜索,舰艇上带有直升机,所用的策略是单搜索者搜索时策略的组合。为了说明方法的可行性,假定有以下三种策略可以使用:双舰不使用直升机,单舰使用直升机,双舰使用直升机。下面对这一过程进行具体的分析。如图 2-6 所示,在某一时刻 T,搜索方在 N 点用声呐探测到潜艇的位置在 M 点,此时潜艇也探测到被搜索方发现,于是潜艇立即采取规避措施。

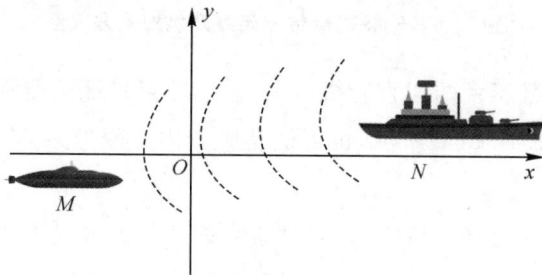

图 2-6　潜艇规避搜索对抗前的状态图

如果搜索方是双舰对潜艇搜索,那么搜索方会采用改进的螺旋线搜索方式,对于这种对抗态势,舰艇可能会采用半个螺旋线搜索,如图 2-7(a)所示,也可能会用一艘舰艇在外圈螺旋搜索,一艘舰艇在里圈螺旋搜索,如图2-7(b)所示。

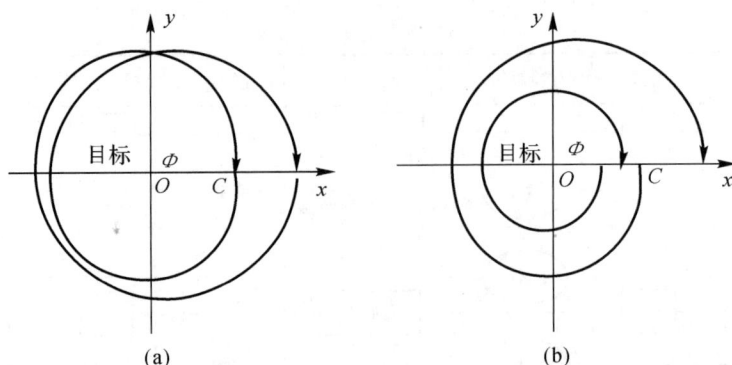

图2-7 双舰可能采取的搜索方式图

如果搜索方采取一艘舰艇带一架直升机搜索,那么可能会采取螺旋线搜索外圈和六边形搜索中心位置,如图2-8(a)所示,也可能采取螺旋线搜索外圈和六边形搜索靠近外圈的位置,如图2-8(b)所示。

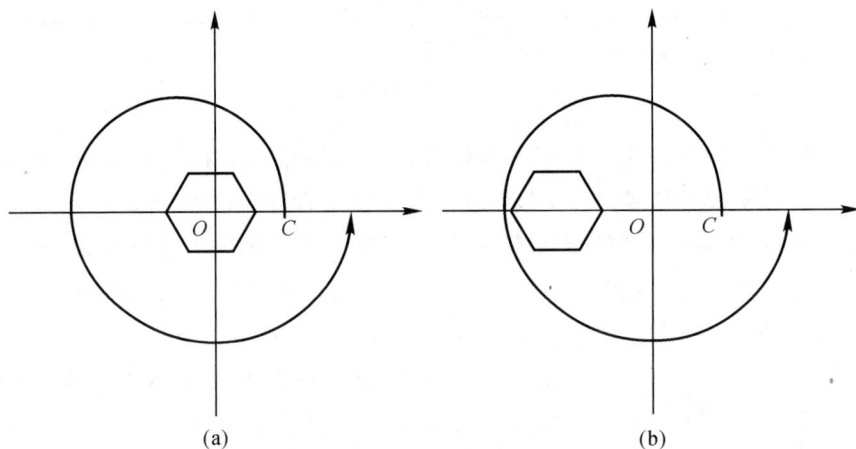

图2-8 一艘舰艇带一架直升机搜索方式图

如果搜索方是两艘舰艇带两架直升机,可能采用舰艇半螺旋搜索,直升机中心位置和靠近螺旋线外侧搜索,如图2-9(a)所示,也可能是舰艇内外圈搜索,直升机的搜索方式不变,如图2-9(b)所示。

潜艇在与搜索方进行策略对抗之前,对搜索方的搜索方式是不能确定的,对抗开始后潜艇会根据探测到的信息调整自己的规避策略可能是匀速直航,也可能是折线变速。由策略背景分析可知双方在对抗过程中,会适时根据探测到的信息选择策略,对抗的结果就是对策略设计效果的评价。

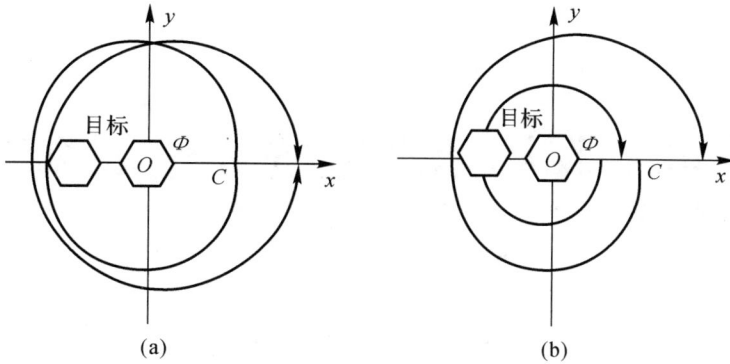

图 2-9 两艘舰艇带两架直升机搜索方式图

习 题

1. 搜索理论的基本含义是什么？

2. 什么是线搜索？什么是面搜索？简要说明两者之间的关系。

3. 什么是应召搜索？

4. 假设观察者在如下条件下对目标进行搜索：$S_P = 4\,000$ km^2，$R_0 = 10$ km，$V_P = 80$ km/h，$P_K = 1$，$P_0 = 0.8$。试求：

(1) 所需的搜索时间 t_0；

(2) 在给定的发现概率条件下，如面积 S_P 增加 6 倍所需的搜索时间；

(3) 在给定的发现概率条件下，当搜索时间缩短至原来的 1/2 时所应搜索的面积；

(4) 当其他条件不变，发现概率为 $P_0 = 0.5$ 时，需要搜索的区域面积；

(5) 当其他条件不变，发现概率为 $P_0 = 0.9$ 时，所需的搜索时间 t_0。

5. 假设观察者在如下条件下对目标进行搜索：$S_P = 3\,000$ km^2，$R_0 = 10$ km，$V_P = 40$ km/h，$P_K = 1$，$P_0 = 0.6$。试求：

(1) 所需的搜索时间 t_0；

(2) 在给定的发现概率条件下，如面积 S_P 增加 4 倍所需的搜索时间；

(3) 在给定的发现概率条件下，当搜索时间缩短至原来的 1/3 时所应搜索的面积；

(4) 当其他条件不变，发现概率为 $P_0 = 0.8$ 时，需要搜索的区域面积；

(5) 当其他条件不变，发现概率为 $P_0 = 0.8$ 时，所需的搜索时间 t_0。

6. 试举例说明搜索理论在反恐行动中的应用。

7. 如何衡量搜索效果？在实际应用中如何确定搜索效果的优劣？

8. 设在面积 400 km^2 的区域内进行搜索，已知该区域内有 15 个目标，有 30 个观察者经过 1 个月(30 天)的搜索，共发现目标 250 次，试求实际搜索率。

9. 对某观察器材进行实验表明，连续观察平均能在 6 s 内发现目标，试求解发现目标所需要观察时间的概率密度。

10. 在军事侦察中，搜索效率十分重要，那么判断搜索效果应该有哪些指标？

第三章 军事活动中的线性规划方法

军事活动中的勤务调度、资源调配等问题,从本质上看是合理利用资源达到一定军事目的的决策优化问题。在军事活动中,经常会遇到资源有限与任务紧迫的情况,如何合理利用有限的资源(兵力、物力),达到最好的预期军事效果,是军事活动中十分重要的问题。

线性规划是军事运筹学中较成熟的一个重要分支,是研究线性约束条件下线性目标函数的最值问题的数学理论和方法,它广泛应用于军事作战、训练等方面,线性规划为合理利用有限的资源提供科学依据。

第一节 线性规划问题及其数学模型

线性规划所研究的是在一定条件下,合理安排各项资源使预期效果达到最好。一般地,求线性目标函数在线性约束条件下的最大值或最小值的问题,统称为线性规划问题。

在军事活动中,研究如何适当地组织由人员、武器装备、物资、资金和时间等要素构成的系统,以便有效地完成预定的军事任务,是研究军事规划的目的。当约束条件及目标函数均为线性函数时,就是线性规划。线性规划常用于解决对目标或作战地域分配同类兵力、兵器等问题。

一、问题的提出

下面用一组例题来说明线性规划问题的特点。

例 3.1 某单位为了满足作战的应急需要,在短时间内计划安排生产甲、乙两种型号武器,这些武器分别需要在 A,B,C,D 等 4 种不同设备上加工。按工艺规定,武器甲和乙在各设备上所需的加工台时数见表 3-1,已知各设备有效台时数分别是 10 h,8 h,14 h,10 h。该单位每生产 1 件甲武器和乙武器可分别使部队战斗力增加 2 个单位和 5 个单位。问应如何安排生产计划,才能使部队战斗力增加最多?

表 3-1 生产两种武器所需台时数表

武器	设备				战力增加值
	A	B	C	D	
甲	2	1	4	0	2
乙	3	2	0	4	5
有效台时	10	8	14	10	

试用线性规划方法制订出使得在战斗力增加最大的生产计划。

从例 3.1 可以看出,这是在资源(设备能力)一定的情况下,如何合理采用生产方案,达到性能提升最大化的问题。

例 3.2 某装备生产单位要用四种物质 T_1,T_2,T_3,T_4 为原料,经熔炼成为一种新型装备 G。这 4 种原料含元素铬(Cr)、锰(Mn)和镍(Ni)的含量(%),这 4 种原料的单价以及新的装备 G 所要求的 Cr,Mn 和 Ni 的最低含量(%)见表 3-2。

表 3-2 装备所需原材料配比组分表

元素含量/(%)	原料				G
	T_1	T_2	T_3	T_4	
Cr 含量	3	4	2	1	3
Mn 含量	2	1	3	4	2
Ni 含量	5	3	4	2	4
单价/(元·kg^{-1})	110	100	80	70	

设熔炼时重量没有损耗,要熔炼成 100 kg 装备 G,应选用 4 种原料各多少千克,使总成本最低。

与例 3.1 不同,例 3.2 是在任务目的(装备 G 数量要满足)一定的情况下,如何采用最优的方案,使得成本最低的问题。

最大化与最小化问题是线性规划解决的最为常见的两大类问题,也是在军事活动中常常会遇到的军事资源与军事需求的调配问题。

二、线性规划的数学模型

现在对例 3.1 的问题建立数学模型,该例题的"限制条件"已知,与设备能力相关,"任务目标"是确定生产武器甲、乙的件数,使得战斗力增加最大。

设变量 x_i 为第 i 种武器的生产件数($i=1,2$),目标函数 z 为相应的生产计划可以提升的战斗力。

因为设备 A 的台时为 10,这是一个限制条件,所以在生产甲、乙武器的时候,需要考虑到,不能超出设备 A 的有效能力范围,即可用下面的不等式来表示:

$$2x_1 + 3x_2 \leqslant 10$$

类似地,对设备 B,C,D 可以得到如下的不等式:

$$x_1 + 2x_2 \leqslant 8$$
$$4x_1 \leqslant 14$$
$$4x_2 \leqslant 10$$

而对于目标 z,因为是对其求最大,可以表示为

$$\max z = 2x_1 + 5x_2$$

综合上述,归纳得到该问题的数学模型为

$$\max z = 2x_1 + 5x_2$$

$$\text{s. t.} \begin{cases} 2x_1 + 3x_2 \leqslant 10 \\ x_1 + 2x_2 \leqslant 8 \\ 4x_1 \leqslant 14 \\ 4x_2 \leqslant 10 \\ x_1, x_2 \geqslant 0 \end{cases}$$

其中 max 表示最大化(maximize),s. t. 是"subject to"的缩写,是"受……约束"的意思。类似可以写出例 3.2 的数学模型。通过例 3.1 和例 3.2 可以看到线性规划数学模型的一些特征:

第一,有一组决策变量,其中$\begin{bmatrix} x_1 & x_2 & \cdots & x_n \end{bmatrix}^{\mathrm{T}}$表示某一方案,这组决策变量的值就代表一个具体方案,一般情况下这些决策变量取值是非负值。

第二,有一定的约束条件,这些约束条件可以用决策变量的一组线性等式或不等式来表示。

第三,有一个要求达到的目标,它可以用决策变量的线性函数(称为目标函数)来表示,根据实际问题,要求该函数实现最大化或最小化。

在上述三点中提到的决策变量、约束条件、目标函数就是线性规划数学模型的三个基本要素,满足上述三要素的问题称之为线性规划问题。

如果将决策变量个数和约束条件的个数一般化处理(分别令其为 n 个和 m 个),线性规划问题数学模型的一般形式为

$$\left.\begin{array}{l} \max(\min) z = c_1 x_1 + c_2 x_2 + \cdots + c_n x_n \\ \text{s. t.} \begin{cases} a_{11} x_1 + a_{12} x_2 + \cdots + a_{1n} x_n \leqslant (=, \geqslant) b_1 \\ a_{21} x_1 + a_{22} x_2 + \cdots + a_{2n} x_n \leqslant (=, \geqslant) b_2 \\ \qquad \cdots \\ a_{m1} x_1 + a_{m2} x_2 + \cdots + a_{mn} x_n \leqslant (=, \geqslant) b_m \\ x_1, x_2, \cdots, x_n \geqslant 0 \end{cases} \end{array}\right\} \qquad (3-1)$$

包含了决策变量、约束条件、目标函数三要素,在目标函数式中的 c_j 一般称之为价值系数,约束条件中不等式右侧的 b_j 称之为右端常数项,a_{ij} 为约束方程系数。

为了以后书写和论证的方便,下面介绍几种数学模型的表示形式。

第一种:简写形式。

$$\left.\begin{array}{l} \max(\min) z = \sum_{j=1}^{n} c_j x_j \\ \text{s. t.} \begin{cases} \sum_{j=1}^{n} a_{ij} x_j = b_i, \quad i = 1, 2, \cdots, m \\ x_j \geqslant 0, \quad j = 1, 2, \cdots, n \end{cases} \end{array}\right\} \qquad (3-2)$$

第二种:矩阵形式。

记一般形式中的向量和矩阵分别为

$$\boldsymbol{C} = \begin{bmatrix} c_1 & c_2 & \ldots & c_n \end{bmatrix}, \quad \boldsymbol{X} = \begin{bmatrix} x_1 \\ x_2 \\ \vdots \\ x_n \end{bmatrix}, \quad \boldsymbol{B} = \begin{bmatrix} b_1 \\ b_2 \\ \vdots \\ b_m \end{bmatrix}, \quad \boldsymbol{A} = \begin{bmatrix} a_{11} & a_{12} & \cdots & a_{1n} \\ a_{21} & a_{22} & \cdots & a_{2n} \\ \vdots & \vdots & & \vdots \\ a_{m1} & a_{m2} & \cdots & a_{mn} \end{bmatrix}$$

则线性规划问题可由向量和矩阵表示：

$$\max(\min)z = \boldsymbol{CX} \atop \text{s. t.} \begin{cases} \boldsymbol{AX} \leqslant (=, \geqslant)\boldsymbol{B} \\ \boldsymbol{X} \geqslant \boldsymbol{0} \end{cases} \qquad (3-3)$$

第三种：向量形式。

记系数矩阵 $\boldsymbol{A}$ 中的列向量为 $\boldsymbol{P}_j$，即

$$\boldsymbol{P}_j = \begin{bmatrix} a_{1j} \\ \vdots \\ a_{mj} \end{bmatrix}$$

则线性规划问题的向量形式表示为

$$\max(\min)z = \boldsymbol{CX} \atop \text{s. t.} \begin{cases} \sum_{j=1}^{n} \boldsymbol{p}_j x_j \leqslant (=, \geqslant)\boldsymbol{B} \\ \boldsymbol{X} \geqslant \boldsymbol{0} \end{cases} \qquad (3-4)$$

第二节　线性规划问题的标准型及模型标准化

一、线性规划模型的标准型

为了便于后面的讨论和寻找线性规划的通用算法，这里给出线性规划问题的标准形式：

$$\min z = \sum_{j=1}^{n} c_j x_j \atop \text{s. t.} \begin{cases} \sum_{j=1}^{n} a_{ij} x_j = b_i, \quad i=1,2,\cdots,m \\ x_j \geqslant 0, \quad j=1,2,\cdots,n \end{cases} \qquad (3-5)$$

这里将线性规划问题的标准形式与前面讲过的一般形式对比一下，可以发现标准型有如下特点：

（1）目标函数求最小（有些教材是求最大，本书统一规定为求最小）。

（2）约束条件全为等式约束。

（3）约束条件右端常数项 b_i 值为非负。

（4）所有决策变量 x_i 为非负。

统一的形式便于讨论和应用，对于非标准形式的线性规划问题，可以将其变成标准形式。

二、线性规划模型标准化

对于各种非标准形式的线性规划问题数学模型，可以通过以下变换，将其转化为标准形式。

第一种情况：最大化目标函数转化为最小化。

设目标函数为

$$\max z = c_1 x_1 + c_2 x_2 + \cdots + c_n x_n$$

令 $z' = -z$，则以上最大化问题和最小化问题有相同的最优解，即

$$\min z' = -c_1 x_1 - c_2 x_2 - \cdots - c_n x_n$$

也就是最优解不变，但 $z_{\max} = -z'_{\min}$。

第二种情况：非等式约束条件转化为等式约束。

其一：设约束条件为

$$a_{i1} x_1 + a_{i2} x_2 + \cdots + a_{in} x_n \leqslant b_i, \quad i = 1, 2, \cdots, m$$

可以引进一个新的变量 x_{n+i}，使它等于约束右边与左边之差

$$x_{n+i} = b_i - (a_{i1} x_1 + a_{i2} x_2 + \cdots + a_{in} x_n)$$

显然，x_{n+i} 也具有非负约束，即 $x_{n+i} \geqslant 0$，这时新的约束条件成为

$$a_{i1} x_1 + a_{i2} x_2 + \cdots + a_{in} x_n + x_{n+i} = b_i$$

其二：当约束条件为

$$a_{i1} x_1 + a_{i2} x_2 + \cdots + a_{in} x_n \geqslant b_i$$

时，类似地令

$$x_{n+i} = (a_{i1} x_1 + a_{i2} x_2 + \cdots + a_{in} x_n) - b_i$$

则同样有 $x_{n+i} \geqslant 0$，新的约束条件成为

$$a_{i1} x_1 + a_{i2} x_2 + \cdots + a_{in} x_n - x_{n+i} = b_i$$

为了使约束由不等式成为等式而引进的变量 x_{n+i} 称为"松弛变量"（有的教材里面将第二种情况加入的变量称为"剩余变量"）。如果原问题中有若干个非等式约束，那么将其转化为标准形式时，必须对各个约束引进不同的松弛变量。

其三：如果某个约束条件的右端常数 b_i 为负值，那么将其转化为等式约束后方程两边同乘以"-1"即可。

第三种情况：决策变量转化为非负。

其一：变量 x_j 取值无约束，可以令

$$x_j = x'_j - x''_j$$

式中：$x'_j \geqslant 0, x''_j \geqslant 0$，即用两个非负变量之差来表示一个无符号限制的变量。

其二：变量 $x_j \leqslant 0$，可令

$$x'_j = -x_j \geqslant 0$$

这种转化方法对于变量 $x_j \geqslant \alpha (x_j \leqslant \beta)$ 同样适用。

例 3.3 将下面的线性规划问题转化为标准型。

$$\max z = -2x_1 + x_2 + 3x_3$$

$$\text{s. t.} \begin{cases} 5x_1 + x_2 + x_3 \leqslant 7 \\ x_1 - x_2 - 4x_3 \geqslant 2 \\ -3x_1 + x_2 + 2x_3 = -5 \\ x_1 \leqslant 0, \quad x_2 \geqslant 0, \quad x_3 \text{ 无约束} \end{cases}$$

解：令 $x_1' = -x_1 \geqslant 0, x_3 = x_3' - x_3''(x_3', x_3'' \geqslant 0), z' = -z$，设 $x_4, x_5 \geqslant 0$，按照上述规则可以将问题转化为

$$\min z' = -2x_1' - x_2 - 3(x_3' - x_3'') + 0x_4 + 0x_5$$

$$\text{s. t.} \begin{cases} -5x_1' + x_2 + (x_3' - x_3'') + x_4 = 7 \\ -x_1' - x_2 - 4(x_3' - x_3'') - x_5 = 2 \\ -3x_1' - x_2 - 2(x_3' - x_3'') = 5 \\ x_1', x_2, x_3', x_3'', x_4, x_5 \geqslant 0 \end{cases}$$

需要说明的是，目标函数中若写入松弛变量，则其前面的系数为 0。

三、线性规划问题的解概念

下面以一个线性规划问题的标准型为例，来说明各种解的概念。

若有线性规划问题的数学模型如下：

$$\left. \begin{aligned} \min z &= \sum_{j=1}^{n} c_j x_j & \text{(a)} \\ \text{s. t.} \begin{cases} \sum_{j=1}^{n} a_{ij} x_j = b_i, & i = 1, 2, \cdots, m & \text{(b)} \\ x_j \geqslant 0, & j = 1, 2, \cdots, n & \text{(c)} \end{cases} \end{aligned} \right\} \quad (3-6)$$

1）可行解：满足上述条件[见式(3-6)(b)(c)]的解称为线性规划问题的可行解，全部可行解的集合称为可行域。

2）最优解：使得目标函数[见式(3-6)(a)]得到最小值的可行解称为最优解。

3）基：设 A 为上述线性规划问题的一个系数矩阵（$m \times n$ 阶，设 $n > m$，秩为 m），B 为矩阵 A 中一个 $m \times m$ 阶的满秩子矩阵，称 B 是线性规划问题的一个基。

不失一般性，设

$$B = \begin{bmatrix} a_{11} & a_{12} & \cdots & a_{1m} \\ a_{21} & a_{22} & \cdots & a_{2m} \\ \vdots & \vdots & & \vdots \\ a_{m1} & a_{m2} & \cdots & a_{mm} \end{bmatrix} = (P_1, P_2 \cdots, P_m)$$

B 中的每个列向量 $P_j(j = 1, \cdots, m)$ 称为基向量，与基向量 P_j 对应的变量 x_j 称为基变量。在线性规划问题中除了基变量，余下的变量称为非基变量。

4）基本解：简称基解。在约束方程组[见式(3-6)(b)]中，令所有非基变量 $x_{m+1} = x_{m+2} = \cdots = x_n = 0$，又因为有 B 的行列式不等于 0，根据克莱姆法则，由 m 个约束方程可以解出 m 个基变量的唯一解 $X_B = [x_1 \quad \cdots \quad x_m]^T$。

将这个解加上取 0 值的非基变量，解 $X = [x_1 \quad \cdots \quad x_m \quad 0 \quad \cdots \quad 0]^T$，称 X 为线性规划问题的基解。

5）基本可行解：简称基可行解。满足约束条件[见式(3-6)(c)]的基解称为基可行解。

6）可行基：对应于基可行解的基称为可行基。

第三节　图　解　法

一、图解法的步骤

图解法的优点就是直观性强,简单、易操作;缺点也比较明显,就是一般只用于求解两个变量的情况,也就是在平面直角坐标系上解决问题。

(一)求解线性规划问题的步骤

步骤 1:建立平面直角坐标系并在坐标系中画出所有的约束等式,然后找出满足所有约束条件的公共部分,即可行域。

步骤 2:标出目标函数值改善的方向。

步骤 3:画出目标函数等值线,若求最大(小)值,则令目标函数等值线沿目标函数值增加(或减少)的方向平行移动,找与可行域最后相交的点,该点就是最优解。

步骤 4:将最优解代入目标函数,求出最优值。

(二)图解法求解线性规划问题,解的几种情况

图解法求解线性规划问题,其解除唯一解之外,还有如下几种情况。

1. 无穷多最优解

$$\max z = x_1 + 3x_2$$

$$\text{s. t.} \begin{cases} x_1 + 2x_2 \geqslant 3 \\ x_1 + 3x_2 \leqslant 6 \\ x_1, x_2 \geqslant 0 \end{cases}$$

图解法得到结果,如图 3-1 所示。

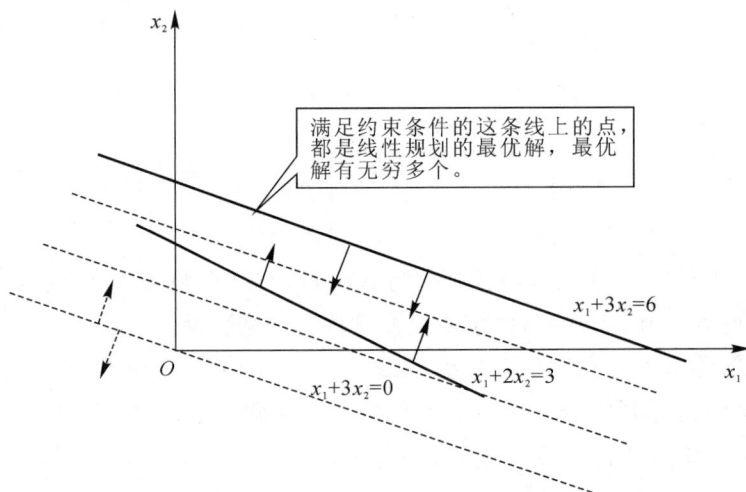

满足约束条件的这条线上的点,都是线性规划的最优解,最优解有无穷多个。

$x_1 + 3x_2 = 6$

$x_1 + 3x_2 = 0$　$x_1 + 2x_2 = 3$

图 3-1　无穷多最优解的示意图

该线性规划问题最终结果是无穷多最优解,但最优值是唯一的。

2.无界解(无最优解)

$$\max z = 2x_1 + 5x_2$$

$$s.t. \begin{cases} x_1 + 3x_2 \geqslant 5 \\ x_1 + 2x_2 \geqslant 4 \\ 3x_1 + x_2 \geqslant 6 \\ x_1, x_2 \geqslant 0 \end{cases}$$

图解法得到结果,如图 3 - 2 所示。

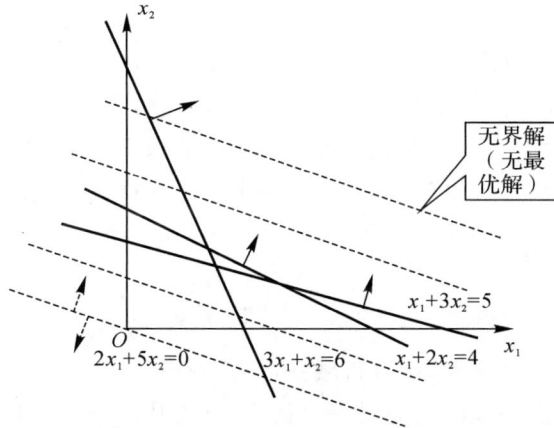

图 3 - 2 无界解的示意图

3.无可行解

$$\max z = 4x_1 + 5x_2$$

$$s.t. \begin{cases} 2x_1 + x_2 \leqslant 40 \\ x_1 + 1.5x_2 \leqslant 30 \\ x_1 + x_2 \geqslant 50 \\ x_1, x_2 \geqslant 0 \end{cases}$$

图解法得到结果,如图 3 - 3 所示。

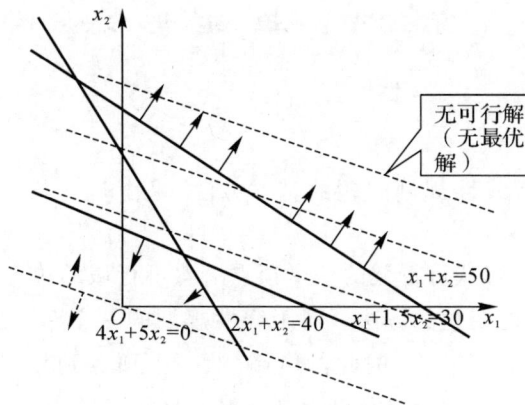

图 3 - 3 无可行解的示意图

通过图解法,可以发现在求解线性规划问题时,解的情况有唯一最优解、无穷多最优解、无界解和无可行解。

二、线性规划的几何意义

图解法简单、直观,当线性规划问题的可行域非空时,它是有界或无界凸多边形。若线性规划问题存在最优解,它一定在可行域的某个顶点上得到;若在两个顶点上同时得到最优解,则它们连线上的任意一点都是最优解,也就是无穷多最优解。

(一)基本概念

1)凸集:设 S 是 n 维空间中的一个点集。若对任意 n 维向量 $X_1 \in S, X_2 \in S$,且 $X_1 \neq X_2$,以及任意实数 $\lambda(0 \leqslant \lambda \leqslant 1)$,有 $X = \lambda X_1 + (1-\lambda)X_2 \in S$,则称 S 为 n 维空间中的一个凸集(Convex Set)。点 X 称为点 X_1 和 X_2 的凸组合。以上定义有明显的几何意义,它表示凸集 S 中的任意两个不相同的点连线上的点(包括这两个端点),都位于凸集 S 之中。

2)顶点:设 S 为一凸集,且 $X \in S, X_1 \in S, X_2 \in S$。对于 $0 < \lambda < 1$,不存在 $X = \lambda X_1 + (1-\lambda)X_2$,则称 X 为 S 的一个顶点。

(二)线性规划解的基本性质

1)若线性规划的可行域非空,则可行域必定为一凸集。

2)可行域中的某一点是顶点的充要条件是:该点为基可行解,即线性规划问题的基可行解对应可行域(凸集)的顶点。

3)若线性规划问题有可行解,则必有基可行解。

4)若线性规划问题有最优解,则必有最优基可行解,即最优解一定可以在可行域的某个顶点上找到。

根据上述性质,可以得到如下结论:线性规划问题的可行域是凸多边形或凸多面体,一个线性规划问题有最优解,就一定可以在可行域的顶点上找到。于是:若某线性规划只有唯一的一个最优解,这个最优解所对应的点一定是可行域的一个顶点;若该线性规划有多个最优解,那么肯定在可行域的顶点中可以找到至少一个最优解。

第四节　单 纯 形 法

一、单纯形法的原理

单纯形法是求解一般线性规划问题的基本方法,是由丹齐格(G. B. Dantzig)在 1947 年提出的。

单纯形法是描述可行解从可行域的一个顶点沿着可行域的边界移到另一个相邻的顶点时,目标函数和基变量随之变化的方法。对于线性规划的一个基,在非基变量确定以后,基变量和目标函数的值也随之确定。因此,可行解从一个顶点到相邻顶点的移动,以及移动时,基变量和目标函数值的变化可以分别由基变量和目标函数用非基变量的表达式来表示。同时,在可行解从可行域的一个顶点沿着可行域的边界移动到一个相邻的顶点的过程中,所有非基变量中只有一个变量的值从 0 开始增加,而其他非基变量的值都保持 0 不变。

根据以上讨论(这里目标函数为最小化问题,单纯形法研究对象为标准型的线性规划问题),单纯形法的步骤可描述如下:

步骤 1:任意寻找一个初始基,依次确定相应的变量,并将目标函数和基变量分别用非基变量表示。

步骤 2:确定"进基变量",根据目标函数用非基变量表示出的表达式中非基变量的系数,选择一个非基变量,使它的值从当前值 0 开始增加时,目标函数值随之减小。这个选定的非基变量称为"进基变量"。

如果任何一个非基变量的值增加都不能使目标函数值减少,那么当前的基可行解就是最优解,这也是判定最优解的依据。

步骤 3:确定"出基变量",在基变量用非基变量表示出的表示达式中,观察进基变量增加时各基变量变化情况,确定基变量的值在进基变量增加过程中首先减少到 0 的变量。这个基变量称为"出基变量"。

步骤 4:将进基变量作为新的基变量,出基变量作为新的非基变量,确定新的基、基可行解和目标函数值,反复进行,直到找出最优解。

例 3.4　利用单纯形法求解线性规划问题。

$$\max z = 2x_1 + 5x_2$$

$$\text{s. t.} \begin{cases} 2x_1 + 3x_2 \leqslant 10 \\ x_1 + 2x_2 \leqslant 8 \\ 4x_1 \leqslant 14 \\ 4x_2 \leqslant 10 \\ x_1, x_2 \geqslant 0 \end{cases}$$

解:首先将该问题转化为标准形式。也就是说,目标函数变成最小,加入松弛变量。

$$\min z' = -2x_1 - 5x_2 + 0x_3 + 0x_4 + 0x_5 + 0x_6$$

$$\text{s. t.} \begin{cases} 2x_1 + 3x_2 + x_3 = 10 \\ x_1 + 2x_2 + x_4 = 8 \\ 4x_1 + x_5 = 14 \\ 4x_2 + x_6 = 10 \\ x_j \geqslant 0, j = 1, 2 \cdots, 6 \end{cases}$$

第一次迭代:

步骤 1:找到初始可行基。比较明显地可以看到,x_3, x_4, x_5, x_6 为基变量,x_1, x_2 为非基变量。将基变量和目标函数分别用非基变量表示。

目标函数为

$$\min z' = -2x_1 - 5x_2$$

基变量为

$$\begin{cases} x_3 = 10 - 2x_1 - 3x_2 \\ x_4 = 8 - x_1 - 2x_2 \\ x_5 = 14 - 4x_1 \\ x_6 = 10 - 4x_2 \end{cases}$$

当非基变量 x_1, x_2 取值都为 0 时,相应的基变量取值为 $x_3 = 10$, $x_4 = 8$, $x_5 = 14$, $x_6 = 10$,目标函数 $z' = 0$,得到当前的基可行解为

$$[x_1 \quad x_2 \quad x_3 \quad x_4 \quad x_5 \quad x_6]^T = [0 \quad 0 \quad 10 \quad 8 \quad 14 \quad 10]^T$$

步骤 2:选择进基变量。在目标函数的表达式 $z' = -2x_1 - 5x_2$ 中,非基变量 x_1, x_2 前面的系数都为负值(目标函数式中非基变量前面的系数称为检验数,用于检验此可行解是否为最优解),因此 x_1, x_2 任何一个进基(变为大于 0 的数)都可以使目标函数值减小。再看看 x_1, x_2 前面的系数一个为 -2,一个为 -5,x_2 进基可以使得目标函数值减少得更快,所以选择 x_2 进基,使得 x_2 的值从 0 开始增加,另一个非基变量 $x_1 = 0$ 保持不变。

步骤 3:确定出基变量。在基变量表达式中

$$\begin{cases} x_3 = 10 - 2x_1 - 3x_2 \\ x_4 = 8 - x_1 - 2x_2 \\ x_5 = 14 - 4x_1 \\ x_6 = 10 - 4x_2 \end{cases}$$

由于进基变量 x_2 在上面式子中的系数都为负值,所以当 x_2 的值从 0 开始增加时,基变量 x_3, x_4, x_6 的值都会减少,而当 x_2 增加到 2.5 的时候,基变量 x_6 首先下降为 0 变成非基变量,这里确定出基的方法:

$$\theta = \min\left\{ \frac{10}{2}, \frac{8}{2}, \frac{10}{4} \right\} = 2.5$$

该方法称为最小比值规则,也叫 θ 规则。这样就完成了基的变换。这时,新的基变量为 x_2, x_3, x_4, x_5,非基变量为 x_1, x_6,当前的基可行解和目标函数值为

$$[x_1 \quad x_2 \quad x_3 \quad x_4 \quad x_5 \quad x_6]^T = [0 \quad 2.5 \quad 2.5 \quad 3 \quad 14 \quad 0]^T, \quad z' = -\frac{25}{2}$$

由于还不是最优解(x_1 值的增加还可以使目标函数值减小),还需要进行第二次迭代。

第二次迭代:

步骤 1:此时基变量为 x_2, x_3, x_4, x_5,非基变量为 x_1, x_6。

目标函数为

$$z' = -2x_1 + \frac{5}{4}x_6 - \frac{25}{2}$$

基变量为

$$\begin{cases} x_2 = \frac{5}{2} - \frac{x_6}{4} \\ x_3 = \frac{5}{2} - 2x_1 + \frac{3x_6}{4} \\ x_4 = 3 - x_1 + \frac{x_6}{2} \\ x_5 = 14 - 4x_1 \end{cases}$$

步骤 2：选择进基变量。在目标函数的表达式 $z'=-2x_1+\frac{5}{4}x_6-\frac{25}{2}$ 中，非基变量 x_1 前面的系数为负值，因此，x_1 进基可以使目标函数值减小。选择 x_1 进基，使得 x_1 的值从 0 开始增加，另一个非基变量 $x_6=0$ 保持不变。

步骤 3：确定出基变量。在基变量表达式中，有

$$\begin{cases} x_2=\frac{5}{2}-\frac{x_6}{4} \\ x_3=\frac{5}{2}-2x_1+\frac{3x_6}{4} \\ x_4=3-x_1+\frac{x_6}{2} \\ x_5=14-4x_1 \end{cases}$$

由于进基变量 x_1 在上面式子中的系数都为负值，所以当 x_1 的值从 0 开始增加时，基变量 x_3,x_4,x_5 的值都会减少，而当 x_1 增加到 $\frac{5}{4}$ 的时候，基变量 x_3 首先下降为 0 变成非基变量，这样就完成了基的变换。

$$\theta=\min\left\{\frac{5}{4},\frac{7}{2},3\right\}=\frac{5}{4}$$

这时，新的基变量为 x_1,x_2,x_4,x_5，非基变量为 x_3,x_6，当前的基可行解和目标函数值为

$$[x_1\ \ x_2\ \ x_3\ \ x_4\ \ x_5\ \ x_6]^T=\left[\frac{5}{4}\ \ \frac{5}{2}\ \ 0\ \ \frac{7}{4}\ \ 9\ \ 0\right]^T,\quad z'=-15$$

此时基变量为 x_1,x_2,x_4,x_5，非基变量为 x_3,x_6，将目标函数用非基变量表示：

$$z'=-15+x_3+\frac{1}{2}x_6$$

可以发现此时的目标函数式中，非基变量 x_3,x_6 前面的系数都是大于 0 的，这样任何一个非基变量进基都不能使得目标函数值变小，因此这时已经达到最优值。

那么最优解就为

$$[x_1\ \ x_2\ \ x_3\ \ x_4\ \ x_5\ \ x_6]^T=\left[\frac{5}{4}\ \ \frac{5}{2}\ \ 0\ \ \frac{7}{4}\ \ 9\ \ 0\right]^T$$

最优值为 $z'=-15$。

原问题的解为

$$[x_1\ \ x_2\ \ x_3\ \ x_4\ \ x_5\ \ x_6]^T=\left[\frac{5}{4}\ \ \frac{5}{2}\ \ 0\ \ \frac{7}{4}\ \ 9\ \ 0\right]^T$$

最优值为 $z=15$。

综上所述，单纯形法过程具有以下性质：

一是从一个基可行解变换到另一个基可行解的过程，这个过程实际上就是确定入基变量和出基变量的过程。

二是对每一个基可行解，均需解出其基变量。

三是一个基可行解是否最优要由该基可行解的检验数判断。

注意:检验数是基可行解的非基变量所表示的目标函数非基变量前面的系数。目标函数求最小问题最优性判断的准则为:非基变量前面的检验数全部为非负。

四是入基变量由检验数确定。

五是出基变量由最小比值规则确定。

二、单纯形表

由于单纯形法的计算过程有时会有多次迭代,所以导致计算过程比较烦琐。经过整理,设计出了单纯形表。这样单纯形法的计算就可以在单纯形表上进行,显得更清晰、明朗、简洁。

表 3－3 就是单纯形表的整体结构。

表 3－3　单纯形表的整体结构

	c_j		c_1 c_2 $\cdots$ c_m c_{m+1} $\cdots$ c_n	θ_i
C_B	X_B	B	x_1　x_2　$\cdots$　x_m　x_{m+1}　$\cdots$　x_n	
c_1	x_1	b_1	1　0　$\cdots$　0　a_{1m+1}　$\cdots$　a_{1n}	θ_1
c_2	x_2	b_2	0　1　$\cdots$　0　a_{2m+1}　$\cdots$　a_{2n}	θ_2
$\cdots$	$\cdots$	$\cdots$	$\cdots$　$\cdots$　$\cdots$　$\cdots$　$\cdots$　$\cdots$　$\cdots$	$\cdots$
c_m	x_m	b_m	0　0　$\cdots$　1　a_{mm+1}　$\cdots$　a_{mn}	θ_m
$\delta_j = c_j - \sum\limits_{i=1}^{m} c_i a_{ij}$			δ_1　δ_2　$\cdots$　δ_m　δ_{m+1}　$\cdots$　δ_n	

表 3－3 中第一行就是各变量的目标函数中的系数值,最左端的一列是与各基变量对应的目标函数中的系数值 C_B,B 列为右端常数列。

$\delta_j = c_j - \sum\limits_{i=1}^{m} c_i a_{ij}$ 就是上一节中讲到的对应变量 x_j 的检验数。对于 $j=1,2,\cdots,n$,将分别求得的检验数记入表的最下一行。下面通过具体的例题来看如何在单纯形表上进行计算。

例 3.5　用单纯形表求解下列线性规划问题。

$$\max z = 3x_1 + 4x_2$$
$$\text{s. t.} \begin{cases} 2x_1 + x_2 \leqslant 40 \\ x_1 + 3x_2 \leqslant 30 \\ x_1, x_2 \geqslant 0 \end{cases}$$

解:将问题转化为标准型,有

$$\min z' = -3x_1 - 4x_2 + 0x_3 + 0x_4$$
$$\text{s. t.} \begin{cases} 2x_1 + x_2 + x_3 = 40 \\ x_1 + 3x_2 + x_4 = 30 \\ x_1, x_2, x_3, x_4 \geqslant 0 \end{cases}$$

求出线性规划问题的初始基可行解,列出单纯形表(见表 3-4)。

表 3-4 单纯形表

c_j			-3	-4	0	0	θ_i
C_B	X_B	B	x_1	x_2	x_3	x_4	
0	x_3	40	2	1	1	0	40
0	x_4	30	1	3	0	1	10→
	δ_j		-3	-4↑	0	0	

确定入基变量:由最后一行的检验数来确定入基变量,-3 与 -4 中选一个绝对值较大的作为入基变量(一般来说都是取绝对值较大的),这样 x_2 就是入基变量。

确定出基变量:根据 θ 规则,有

$$\theta = \min\left\{\frac{b_i}{a_{ij}} \mid a_{ij} > 0\right\} = \min\left\{\frac{40}{1}, \frac{30}{3}\right\} = 10$$

这样确定的出基变量就是 x_4。

用换入变量 x_2 替换基变量中的换出变量 x_4,得到一个新的基,对应这个基可以找出一个新的基可行解,并相应地画出一个新的单纯形表。

在表 3-5 中,新的基仍应是单位矩阵,用初等行变换将其变为单位矩阵,x_2 这一行乘以 1/3,系数变为 1,再乘以 -1 加到 x_3 这一行,得到相应计算结果。

表 3-5 单纯形表

c_j			-3	-4	0	0	θ_i
C_B	X_B	B	x_1	x_2	x_3	x_4	
0	x_3	30	5/3	0	1	$-1/3$	18→
-4	x_2	10	1/3	1	0	1/3	30
	δ_j		$-5/3$↑	0	0	4/3	

重新计算得到检验数,见 3-5 表最后一行。可以看到在检验数中,还存在负值,说明此可行解还不是最优解,需要再次迭代。

找到对应的入基变量 x_1。重新计算 θ 值(见表 3-5),选择出基变量 x_3。再重新得到一个新的基,对应这个基可以找出一个新的基可行解,并相应地画出一个新的单纯形表。

在表 3-6 中,新的基仍应是单位矩阵,用初等行变换将其变为单位矩阵,x_1 这一行乘以 3/5,系数变为 1,再乘以 $-1/3$ 加到 x_2 这一行。计算得到检验数。

表 3-6 单纯形表

c_j			-3	-4	0	0	θ_i
C_B	X_B	B	x_1	x_2	x_3	x_4	
-3	x_1	18	1	0	3/5	$-1/5$	
-4	x_2	4	0	1	$-1/5$	2/5	
	δ_j		0	0	1	1	

可以看到,所有的检验数非负,表示目标函数已经不可能再减小了,于是得到最优解和最优值:

$$\boldsymbol{X}^* = \begin{bmatrix} 18 & 4 & 0 & 0 \end{bmatrix}^{\mathrm{T}}, \quad z = 70$$

在实际应用中,可能会出现一些情况,现说明如下:

1)非基变量的检验数为零。一般在单纯形表中所有检验数 $\delta_j \geqslant 0$,其中基变量的检验数 $\delta_j = 0$,非基变量的检验数 $\delta_j > 0$,但有时会出现非基变量的检验数 $\delta_j = 0$ 的情况。如果出现这种情况,说明线性规则问题存在多个最优解。反之,如果单纯形表中,所有非基变量的检验数都为正数时,那么不可能存在其他可行解使目标函数达到极小,即只有唯一最优解。

2)检验数相同。遇到这种情况,一般任选一个非基变量进基,差别仅仅是不同的非基变量进基其迭代次数不同,但最终得到的结果是一样的。

3)最小比值规则(θ 规则)失效。在迭代过程中,如果换入变量的系数列向量全部小于或等于 0,那么导致最小比值规则失效,这种情况表明线性规划问题无最优解。

三、单纯形法的扩展讨论

问题的约束条件全为"小于或等于"约束,并且右边常数全部大于或等于 0,对于这一类问题,化为标准问题时在每个约束中添加的松弛变量恰构成一个单位矩阵,这个单位矩阵就可以作为初始可行基。

当标准形式问题的系数矩阵中不含有单位矩阵或虽含有单位矩阵但不全为非负时,无法获得一个初始的可行基。此时需要构造初始可行基。构造初始可行基解题时,需加入人工变量,构成一个单位向量组,此时人工变量只起过渡作用,不应影响决策变量的取值。

例 3.6 求解线性规划问题。

$$\max z = x_1 + 2x_2 - 2x_3$$
$$\text{s. t.} \begin{cases} x_1 + x_2 + x_3 = 6 \\ x_1 - 3x_2 + 2x_3 \geqslant 7 \\ x_j \geqslant 0, \quad j = 1, 2, 3 \end{cases}$$

解:将该问题转化为标准型为

$$\min z' = -x_1 - 2x_2 + 2x_3$$
$$\text{s. t.} \begin{cases} x_1 + x_2 + x_3 = 6 \\ x_1 - 3x_2 + 2x_3 - x_4 = 7 \\ x_j \geqslant 0, \quad j = 1, 2, 3, 4 \end{cases}$$

观察约束条件系数矩阵 $\boldsymbol{A}$:

$$\boldsymbol{A} = \begin{bmatrix} 1 & 1 & 1 & 0 \\ 1 & -3 & 2 & -1 \end{bmatrix}$$

$\boldsymbol{A}$ 矩阵不存在完全单位向量组,应人工地构建一个完全单位向量组,人为地增加两列。
相当于加入两个变量 x_5, x_6,这样约束条件变为

$$\min z' = -x_1 - 2x_2 + 2x_3$$

$$\text{s. t.} \begin{cases} x_1 + x_2 + x_3 + x_5 = 6 \\ x_1 - 3x_2 + 2x_3 - x_4 + x_6 = 7 \\ x_j \geqslant 0, \quad j = 1,2,3,4,5,6 \end{cases}$$

由于加入的两个变量只起辅助计算的作用,不能影响目标函数和约束条件,所以它的取值只能是 0。

下面介绍两种控制人工变量取值的方法。

1. 大 M 法

原理:引入一个非常大的正数 M,用来制约人工变量的取值,并使目标函数变为

$$\min z' = \sum c_j x_j + M \sum x_t$$

给人工变量前面赋一个非常大的正数 M,由于 $z' = \sum c_j x_j + M \sum x_t$ 求最小值,当 $x_t \neq 0$ 时必然使 z' 无法达到最小值,因此设定非常大的正数 M,使目标函数变为 z',在约束条件不变的情况下与原线性规划问题同解。这种方法称为大 M 法。

上例加入人工变量 x_5, x_6 后,原模型变为

$$\min z' = -x_1 - 2x_2 + 2x_3 + 0x_4 + Mx_5 + Mx_6$$

$$\text{s. t.} \begin{cases} x_1 + x_2 + x_3 + x_5 = 6 \\ x_1 - 3x_2 + 2x_3 - x_4 + x_6 = 7 \\ x_j \geqslant 0, \quad j = 1,2,3,4,5,6 \end{cases}$$

此时的各系数矩阵、向量为

$$C = \begin{bmatrix} -1 & -2 & 2 & 0 & M & M \end{bmatrix}$$

$$A = \begin{bmatrix} 1 & 1 & 1 & 0 & 1 & 0 \\ 1 & -3 & 2 & -1 & 0 & 1 \end{bmatrix}, \quad B = \begin{bmatrix} 6 \\ 7 \end{bmatrix}$$

用单纯形法迭代过程见表 3-7～表 3-11。

表 3-7　单纯形表

C_B	X_B	c_j	-1	-2	2	0	M	M	θ_i
		B	x_1	x_2	x_3	x_4	x_5	x_6	
M	x_5	6	1	1	1	0	1	0	
M	x_6	7	1	-3	2	-1	0	1	
	δ_j		-1	-2	2	0	M	M	

表 3-8　单纯形表

C_B	X_B	c_j	-1	-2	2	0	M	M	θ_i
		B	x_1	x_2	x_3	x_4	x_5	x_6	
M	x_5	6	1	1	1	0	1	0	6
M	x_6	7	1	-3	2	-1	0	1	$7/2 \to$
	δ_j		$-2M-1$	$2M-2$	$2-3M \uparrow$	M	0	0	

表 3 - 9　单纯形表

c_j			-1	-2	2	0	M	M	θ_i
C_B	X_B	B	x_1	x_2	x_3	x_4	x_5	x_6	
M	x_5	$5/2$	$1/2$	$5/2$	0	$1/2$	1	$-1/2$	$1\to$
2	x_3	$7/2$	$1/2$	$-3/2$	1	$-1/2$	0	$1/2$	
	δ_j		$-M/2-2$	$-5M/2+1\uparrow$	0	$-M/2+1$	0	$3M/2-1$	

表 3 - 10　单纯形表

c_j			-1	-2	2	0	M	M	θ_i
C_B	X_B	B	x_1	x_2	x_3	x_4	x_5	x_6	
-2	x_2	1	$1/5$	1	0	$1/5$	$2/5$	$-1/5$	$5\to$
2	x_3	5	$4/5$	0	1	$-1/5$	$3/5$	$1/5$	$25/4$
	δ_j		$-11/5\uparrow$	0	0	$4/5$	$M-2/5$	$M-4/5$	

表 3 - 11　单纯形表

c_j			-1	-2	2	0	M	M	θ_i
C_B	X_B	B	x_1	x_2	x_3	x_4	x_5	x_6	
-1	x_1	5	1	5	0	1	2	-1	
2	x_3	1	0	-4	1	-1	-1	1	
	δ_j		0	11	0	3	$M+4$	$M-3$	

可以看到,通过迭代,在最后的单纯形表中,检验数这一行已经全为非负值,所以得到最优解和最优值:

$$\boldsymbol{X}^* = [5 \quad 0 \quad 1 \quad 0 \quad 0 \quad 0]^\mathrm{T}, \quad z = 3$$

2. 两阶段法

分两阶段求解。

第一阶段:构建一个只包括人工变量的目标函数 $\min F = \sum x_t$,在原约束条件下求解,如果计算结果是人工变量均为 0,继续求解;进入第二阶段,如果人工变量不为 0,说明原问题无解。

以两阶段法求解例 3.6,人工变量为 x_5,x_6。

第一阶段:

$$\min w = x_5 + x_6$$

$$\text{s. t.} \begin{cases} x_1 + x_2 + x_3 + x_5 = 6 \\ x_1 - 3x_2 + 2x_3 - x_4 + x_6 = 7 \\ x_j \geqslant 0, \quad j = 1,2,3,4,5,6 \end{cases}$$

利用单纯形表求解过程见表 3 - 12～表 3 - 14。

表 3 - 12　单纯形表

c_j			0	0	0	0	1	1	θ_i
C_B	X_B	B	x_1	x_2	x_3	x_4	x_5	x_6	
1	x_5	6	1	1	1	0	1	0	6
1	x_6	7	1	-3	2	-1	0	1	$7/2 \rightarrow$
δ_j			-2	2	$-3 \uparrow$	1	0	0	

表 3 - 13　单纯形表

c_j			0	0	0	0	1	1	θ_i
C_B	X_B	B	x_1	x_2	x_3	x_4	x_5	x_6	
1	x_5	$5/2$	$1/2$	$5/2$	0	$1/2$	1	$-1/2$	$1 \rightarrow$
0	x_3	$7/2$	$1/2$	$-3/2$	1	$-1/2$	0	$1/2$	
δ_j			$-1/2$	$-5/2 \uparrow$	0	$-1/2$	0	$1/2$	

表 3 - 14　单纯形表

c_j			0	0	0	0	1	1	θ_i
C_B	X_B	B	x_1	x_2	x_3	x_4	x_5	x_6	
0	x_2	1	$1/5$	1	0	$1/5$	$2/5$	$-1/5$	
0	x_3	5	$4/5$	0	1	$-1/5$	$3/5$	$1/5$	
δ_j			0	0	0	0	1	1	

此时,目标函数已得最优值,人工变量均为 0。转入第二阶段。

第二阶段:求原问题最优值。

目标函数为原问题的目标函数,单纯形表为第一阶段最后一段的元素值,但应去掉人工变量所在列。

目标函数:

$$\min z' = -x_1 - 2x_2 + 2x_3 + 0x_4$$

单纯形法求解过程见表 3 - 15 和表 3 - 16。

表 3 - 15　单纯形表

c_j			-1	-2	2	0	θ_i
C_B	X_B	B	x_1	x_2	x_3	x_4	
-2	x_2	1	$1/5$	1	0	$1/5$	5
2	x_3	5	$4/5$	0	1	$-1/5$	$25/4 \rightarrow$
δ_j			$-11/5 \uparrow$	0	0	$4/5$	

表 3 – 16　单纯形表

C_B	X_B	B	c_j				θ_i
			-1	-2	2	0	
			x_1	x_2	x_3	x_4	
-1	x_1	5	1	5	0	1	
2	x_3	1	0	-4	1	-1	
δ_j			0	11	0	3	

此时所有的检验数都为非负值,得到最优解和最优值:
$$\boldsymbol{X}^* = \begin{bmatrix} 5 & 0 & 1 & 0 & 0 & 0 \end{bmatrix}^{\mathrm{T}}, \quad z = 3$$

第五节　对偶规划理论

一、对偶规划问题的定义和性质

例 3.7　某军工厂为部队生产甲、乙两种军用产品,这两种产品需要在 A,B,C 三种不同设备上加工。每种甲、乙产品在不同设备上加工所需的台时,它们销售后所能获得的利润,以及这三种设备在计划期内能提供的有限台时数均列于表 3 – 17。试问如何安排生产计划,即甲、乙两种产品各生产多少吨,可使该厂所获得利润达到最大。

表 3 – 17　生产甲、乙两种产品台时数及利润表

设备	每吨产品的加工台时		可供台时数
	甲	乙	
A	3	4	36
B	5	4	40
C	9	8	76
利润/(元·t^{-1})	32	30	

解:假设甲、乙两种产品各生产 x_1, x_2 件,建立数学模型为
$$\max z = 32x_1 + 30x_2$$
$$\text{s. t.} \begin{cases} 3x_1 + 4x_2 \leqslant 36 \\ 5x_1 + 4x_2 \leqslant 40 \\ 9x_1 + 8x_2 \leqslant 76 \\ x_1, x_2 \geqslant 0 \end{cases}$$

用图解法或单纯形法可求得最优解和最优值:
$$\boldsymbol{X}^* = \begin{bmatrix} \dfrac{4}{3} & 8 \end{bmatrix}^{\mathrm{T}}, \quad z = 282\,\dfrac{2}{3}$$

现在从另一个角度来考虑该军工厂的生产问题：

假设该军工厂的决策者打算不再自己生产甲、乙产品，而是把各种设备的有限台时数租让给其他工厂使用，这时军工厂的决策者应该如何确定各种设备的租价。

设 y_1, y_2, y_3 分别为设备 A,B,C 每台时的租价。

约束条件：把设备租出去所获得的租金不应低于利用这些设备自行生产所获得的利润，有

$$\begin{cases} 3y_1 + 5y_2 + 9y_3 \geqslant 32 \\ 4y_1 + 4y_2 + 8y_3 \geqslant 30 \\ y_1, y_2, y_3 \geqslant 0 \end{cases}$$

目标函数：

$$\min w = 36y_1 + 40y_2 + 76y_3$$

由此可得两个对称的线性规划：

$$\max z = 32x_1 + 30x_2$$

$$\text{s. t.} \begin{cases} 3x_1 + 4x_2 \leqslant 36 \\ 5x_1 + 4x_2 \leqslant 40 \\ 9x_1 + 8x_2 \leqslant 76 \\ x_1, x_2 \geqslant 0 \end{cases}$$

和

$$\min w = 36y_1 + 40y_2 + 76y_3$$

$$\text{s. t.} \begin{cases} 3y_1 + 5y_2 + 9y_3 \geqslant 32 \\ 4y_1 + 4y_2 + 8y_3 \geqslant 30 \\ y_1, y_2, y_3 \geqslant 0 \end{cases}$$

任何一个线性规划问题都有一个与之相对应的线性规划问题，如果将原线性规划问题称为"原始问题"，那么与其对应的线性规划问题就称为"对偶问题"。

二、对偶问题与原问题的相互关系

目标函数在一个问题中是求最大值，在另一问题中则为求最小值。

一个问题中目标函数的系数是另一个问题中约束条件的右端项。

一个问题中的约束条件个数等于另一个问题中的变量数。

原问题的约束系数矩阵与对偶问题的约束系数矩阵互为转置矩阵。

任何线性规划，都可以求出相应的对偶规划，求解主要利用反映原始问题与对偶问题的对应关系表（见表 3-18）。

表 3-18　原始问题与对偶问题对应关系表

原问题	对偶问题
目标函数 $\max z$	目标函数 $\min w$
约束条件个数 m 个 第 i 个约束条件符号 （$\geqslant, \leqslant, =$）	变量个数 m 个 第 i 个变量符号 （$\leqslant, \geqslant$，无约束）

续表

原问题	对偶问题
变量个数 n 个 第 j 个变量符号 ($\leqslant$, $\geqslant$, 无约束)	约束条件个数 n 个 第 j 个约束条件符号 ($\leqslant$, $\geqslant$, $=$)
约束条件右端项	目标函数变量系数
目标函数变量系数	约束条件右端项

例 3.8 写出下列线性规划的对偶问题。

$$\min z = 8x_1 + 5x_2 - 4x_3$$

$$\text{s. t.} \begin{cases} x_1 + x_2 - 4x_3 \geqslant 3 \\ -3x_1 - x_2 + x_3 = -1 \\ 2x_1 + 2x_2 + x_3 \geqslant 5 \\ x_1, x_2, x_3 \geqslant 0 \end{cases}$$

解: 通过表 3-18 可得此问题的对偶规划为

$$\max w = 3y_1 - y_2 + 5y_3$$

$$\text{s. t.} \begin{cases} y_1 - 3y_2 + 2y_3 \leqslant 8 \\ y_1 - y_2 + 2y_3 \leqslant 5 \\ -4y_1 + y_2 + y_3 \leqslant -4 \\ y_1 \geqslant 0, \quad y_2 \text{ 无约束}, \quad y_3 \geqslant 0 \end{cases}$$

三、对偶问题的基本性质

下面介绍对偶问题的基本性质(证明略)。

1)对称性定理:对偶问题的对偶是原问题。

2)弱对偶性定理:若 $\boldsymbol{X}_0$ 和 $\boldsymbol{Y}_0$ 分别是原问题和对偶问题的可行解,则 $\boldsymbol{B}^{\mathrm{T}}\boldsymbol{Y}_0 \geqslant \boldsymbol{C}\boldsymbol{X}_0$。

3)最优性定理:若 $\boldsymbol{X}^*$ 和 $\boldsymbol{Y}^*$ 分别是原问题和对偶问题的可行解,且有 $\boldsymbol{C}\boldsymbol{X}^* = \boldsymbol{B}^{\mathrm{T}}\boldsymbol{Y}^*$,则 $\boldsymbol{X}^*$ 和 $\boldsymbol{Y}^*$ 分别是原问题和对偶问题的最优解。

4)对偶定理:若原问题及其对偶问题均具有可行解,则两者均具有最优解,且它们最优解的目标函数值相等。

四、对偶单纯形法

对偶单纯形法是应用对偶原理求解原始线性规划的一种方法——在原始问题的单纯形表格上进行对偶处理。

用单纯形表求解线性规划时,得到的解是原问题的基可行解,而目标行中检验数对应的是对偶问题的基解;当目标行得到对偶问题的可行解时,也就得到了基可行解,这样也就得到了原问题及对偶问题的最优解。

对偶单纯形法的思想:若保持对偶问题的解是基可行解(即单纯形表中目标行保持非

负),而由原问题的基解出发,逐步迭代到基可行解,这样也就得到最优解。

第六节　整数线性规划

一、整数线性规划模型

在线性规划中,要求一部分或全部决策变量必须取整数值的规划称为整数线性规划。整数线性规划数学模型一般形式为

$$\min(\max) z = \sum_{j=1}^{n} c_j x_j$$

$$\text{s. t.} \begin{cases} \sum_{j=1}^{n} a_{ij} x_j = (\leqslant, \geqslant) b_i, & i = 1, 2, \cdots, m \\ x_j \geqslant 0, & j = 1, 2, \cdots, n; \quad x_j \text{ 部分或全部取整数} \end{cases} \tag{3-7}$$

在整数线性规划中:如果所有变量都限制为整数,那么称为纯整数线性规划;如果仅一部分变量限制为整数,那么称为混合整数线性规划。整数线性规划的一种特殊情形是 $0-1$ 规划,它的变量仅限于 0 或 1。

求解整数线性规划问题的常见方法有割平面法和分支定界法,在此仅介绍割平面法。

二、割平面法

割平面法求解整数线性规划的思想是通过构造新的约束条件形成一个新的线性规划,然后求解,若新的线性规划最优解满足整数要求,则它就是原整数线性规划的最优解;否则,重复上述步骤,直到获得整数最优解为止。

在构造时增加的线性约束条件应具有两个基本性质:一是已获得的不符合整数要求的线性规划最优解不满足该线性约束条件,从而不可能在以后的解中再出现;二是凡整数可行解均满足该线性约束条件,因而整数最优解始终被保留在每次形成的新的线性规划可行域中。

例 3. 9　用割平面法求解整数线性规划。

$$\max z = x_1 + x_2$$

$$\begin{cases} 14x_1 + 9x_2 \leqslant 51 \\ -6x_1 + 3x_2 \leqslant 1 \\ x_1, x_2 \geqslant 0 \text{ 且为整数} \end{cases}$$

解:首先不考虑整数约束,得到线性规划问题

$$\max z = x_1 + x_2$$

$$\begin{cases} 14x_1 + 9x_2 \leqslant 51 \\ -6x_1 + 3x_2 \leqslant 1 \\ x_1, x_2 \geqslant 0 \end{cases}$$

如图 3-4 所示,用图解法容易求出最优解为 $x_1 = 3/2$, $x_2 = 10/3$,且有 $z = 29/6$,这是不考虑整数约束时的最优解。

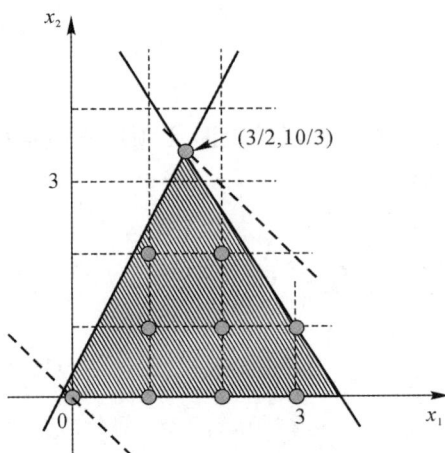

图 3-4 图解法示意图

但是该解不是整数解,不能满足整数线性规划的要求。因此需在可行域中找出整数点来比较目标函数值。容易得到其中 $(2,2)$ 与 $(3,1)$ 点的目标函数值最大,即为 $z = 4$。

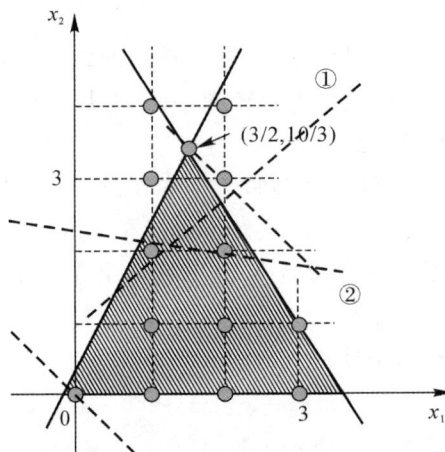

图 3-5 "切割"图

在上述例题的解题过程中,实际上是对原整数线性规划的可行域进行了一次"切割",保留了整数线性规划的所有整数可行解,将不符合整数要求的部分"切割"掉了。例如按照图 3-5 中虚线①和虚线②的方式进行"切割"。通过不断重复"切割"过程,整数线性规划的最优解最终有机会成为某个线性规划可行域的顶点,作为该线性规划的最优解而被解得。在实际解题时,构造割平面的方法有很多。

第七节 运 输 问 题

一、运输问题的实例及其模型

运输问题是一类特殊线性规划问题,运输问题主要任务是为物资调运和车辆调度选择最经济的运输方案。在前面的章节中讨论了线性规划的一般形式和求解方法,这一节中将介绍一种简便的方法去求解运输问题。

例 3.10 某部队从 3 个物资供应地 A_1,A_2,A_3 将军用物资运往 4 个物资需求地 B_1,B_2,B_3,B_4,各供应地的供应量、各需求地的需求量和各供应地运往各需求地每件物品的运价见表 3-19。问应如何调运可使总运输费用最小?

表 3-19 单位运价表

供应地	需求地				供应量
	B_1	B_2	B_3	B_4	
A_1	3	11	3	10	7
A_2	1	9	2	8	4
A_3	7	4	10	5	9
需求量	3	6	5	6	

从例 3.10 中可以归纳一下运输问题的一般提法,运输问题的一般提法为:某种物资有 m 个产地(供应地)A_i,产量(供应量)分别是 $a_i(i=1,2,\cdots,m)$,有 n 个销地(需求地)B_j,销售量(需求量)分别为 $b_j(j=1,2,\cdots,n)$。现在需要把这种物资从各个产地(供应地)运到各个销地(需求地),假设产量(供应量)总量等于销量(需求量)总量,从 A_i 到 B_j 的单位物资的运价为 c_{ij},单位根据具体问题选择而确定,具体数据见表 3-20。请问应如何组织调运,才能使总运费最省?

表 3-20 单位运价表

产地	销地				产量
	B_1	B_2	$\cdots$	B_n	
A_1	C_{11}	C_{12}	$\cdots$	C_{1n}	a_1
A_2	C_{21}	C_{22}	$\cdots$	C_{2n}	a_2
$\cdots$	$\cdots$	$\cdots$	$\cdots$	$\cdots$	$\cdots$
A_m	C_{m1}	C_{m2}	$\cdots$	C_{mn}	a_m
销量	b_1	b_2	$\cdots$	b_n	

上述运输问题的总产量(总供应量)等于总销量(总需求量),称这类问题为产销平衡(供需平衡)的运输问题,也是运输问题的标准型;反之,称为产销不平衡的运输问题。

对运输问题进行建模,设 x_{ij} 为从产地(供应地) A_i 运往销地(需求地) B_j 的物资数量 $(i=1,2,\cdots,m;j=1,2,\cdots,n)$, z 为总运费。

目标函数为

$$
\left.
\begin{aligned}
&\min z = \sum_{i=1}^{m}\sum_{j=1}^{n}c_{ij}x_{ij} \\
&\text{s. t.}
\begin{cases}
\sum_{j=1}^{n}x_{ij}=a_i, & i=1,\cdots,m \\
\sum_{i=1}^{m}x_{ij}=b_j, & j=1,\cdots,n, \qquad \sum_{i=1}^{m}a_i=\sum_{j=1}^{n}b_j \\
x_{ij}\geqslant 0, & i=1,\cdots,m;j=1,\cdots,n
\end{cases}
\end{aligned}
\right\}
\qquad (3-8)
$$

式中:目标函数为总运费,前两个约束条件分别表示产量(供应量)约束和销量(需求量)约束。

这是一个有 $m+n$ 个变量、$m+n$ 个等式约束条件的线性规划,当然可以用单纯形法求解。但是由于运输问题的特殊性,这一节里将介绍一种新的解法——表上作业法。

二、表上作业法

(一)基本思想

表上作业法,实质仍是单纯形法。求解的基本思想是:先设法给出一个初始方案,然后根据确定的判别准则对初始方案进行检查、调整、改进,直至求出最优方案,具体过程如图3-6所示。

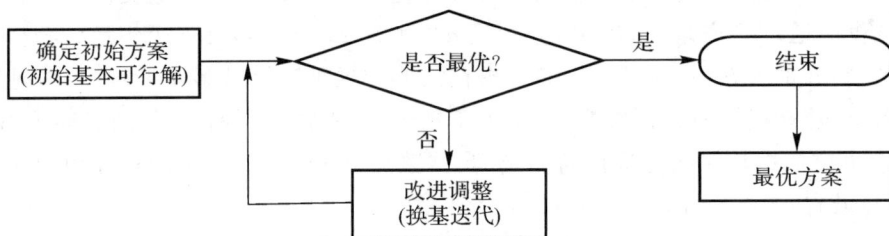

图3-6 表上作业法基本思想

(二)操作步骤

结合例3.10来具体阐述表上作业法的操作步骤。

1.确定初始调运方案

初始方案就是初始基本可行解,给定初始方案的方法很多,只是希望能够简便易行,并相对给出较好的方案,减少迭代次数。在这一步里,介绍两种方法——最小元素法和伏格尔法。

(1)最小元素法

最小元素法的基本思想是就近供应,即从单位运价表中的最小元素开始确定供需关系,然后次小,一直到给出全部方案为止,单位运价表见表3-21。

表 3 – 21　单位运价表

供应地	需求地				供应量
	B₁	B₂	B₃	B₄	
A₁	3	11	3	10	7
A₂	1	9	2	8	4
A₃	7	4	10	5	9
需求量	3	6	5	6	

第一步:从表 3 – 21 中找到最小的单位运价 1(如果有两个最小运价数值相同时,可以任选其一),对应的供需关系为 $A_2 \rightarrow B_1$,那么就首先最大满足此位置的需求,$A_2 \rightarrow B_1$ 最大的供应量为 3(因为 B_1 的需求量最大为 3,而 A_2 的供应量为 4,取两者中较小的为最大供应),供应完了之后,可以发现 B_1 需求地的需求已经饱和,不能再给 B_1 供应物资了,这样划去 B_1 这一列(见表 3 – 22),而此时 A_2 供应地的供应量实际上还有 1 个单位。

表 3 – 22　单位运价表

供应地	需求地				供应量
	B₁	B₂	B₃	B₄	
A₁	3	11	3	10	7
A₂	3 1	9	2	8	4
A₃	7	4	10	5	9
需求量	3	6	5	6	

第二步:从表 3 – 22 未划去的单位运价中找到最小元素 2,对应的供需关系为 $A_2 \rightarrow B_3$,同样进行最大供应,由于 A_2 的供应量已经被 B_1 占了 3 个单位,实际还剩余 1 个单位,所以 $A_2 \rightarrow B_3$ 最大供应为 1,这样 A_2 供应地的供应量已经全部供应出去,不能再为其他需求地供应物资,划去 A_2 这一行(见表 3 – 23)。

表 3 – 23　单位运价表

供应地	需求地				供应量
	B₁	B₂	B₃	B₄	
A₁	3	11	3	10	7
A₂	3 1	9	1 2	8	4
A₃	7	4	10	5	9
需求量	3	6	5	6	

第三步:从表 3-23 未划去的单位运价里找到最小元素 3,对应的供需关系为 $A_1 \rightarrow B_3$,还是最大供应,由于 B_3 已经接收 1 单位,所以供应量应为 4,这样 B_3 需求地的需求已经满足,划去 B_3 这一列(见表 3-24)。

表 3-24 单位运价表

供应地	需求地				供应量
	B_1	B_2	B_3	B_4	
A_1	3	11	4 3	10	7
A_2	3 1	9	1 2	8	4
A_3	7	4	10	5	9
需求量	3	6	5	6	

这样一步一步计算下去,一直到表格中所有元素都划去为止,这样就可以得到一个初始调运方案(见表 3-25)。

表 3-25 初始调运方案表

供应地	需求地				供应量
	B_1	B_2	B_3	B_4	
A_1	3	11	4 3	3 10	7
A_2	3 1	9	1 2	8	4
A_3	7	6 4	10	3 5	9
需求量	3	6	5	6	

在表 3-25 中可以看到,右上角有数字,也就是有运输量的格子总个数为 6 个,它对应了运输问题中的基变量(运输问题中基变量数一般为 $m+n-1$),而表中没有运输量的表格即为非基变量(称为空格),这样得到初始方案,总运价为

$$z = (3 \times 1 + 6 \times 4 + 4 \times 3 + 1 \times 2 + 3 \times 10 + 3 \times 5)元 = 86 元$$

(2)伏格尔法(Vogel 法)

最小元素法的缺点是:为了节省一处的运费,有时要造成其他处要多花几倍的运费,只考虑局部最优,没有整体考虑。伏格尔法考虑到,某一供应地的物资,如果不能按照最少运费就近供应,就考虑次小运费,这就有一个差额。差额越大,说明不能按最小运费调运时,运费增加越多。因此,对差额大处,就应优先用最少运费调运。

以例 3.10 来具体说明伏格尔法的操作步骤。

第一步：从运价表中分别计算出各行和各列的最小运费和次最小运费的差额（次小减最小，两个最小运费数值相同时，差额为 0），并填入表 3 - 26 的最右列和最下行。

表 3 - 26 列、行差表

供应地	需求地				供应量	列差
	B_1	B_2	B_3	B_4		
A_1	3	11	3	10	7	0
A_2	1	9	2	8	4	1
A_3	7	4	10	5	9	1
需求量	3	6	5	6		
行差	2	5	1	3		

第二步：再从差值最大的行或列中找出最小运价确定供需关系和供需数量。当供应地或需求地中有一方数量供应完毕或得到满足时，划去运价表中对应的行或列（这里也可以用×划去）。

首先找到第一次行差列差中差值最大的为 5，再从对应的 B_2 列中找到最小单位运价 4，对应 $A_3 \rightarrow B_2$ 的供需关系，最大供应为 6，这样 B_2 这一列满足，划去。

再重新计算未划去单位运价里的行差和列差，找到第二次差值计算里的最大元素为 3，再从对应的 B_4 这一列里找到最小单位运价 5，对应 $A_3 \rightarrow B_4$ 的供需关系，最大供应为 3，这样 A_3 这一行全部供应完，划去。再次计算行差和列差，找到第三次差值计算里的最大元素为 2（有两个最大数值相等时，任取其一，这里取 B_1 列的 2），再从 B_1 列里找到最小元素 1，对应 $A_2 \rightarrow B_1$ 的供需关系，最大供应为 3，这样 B_1 这一列满足，划去。

再重新计算行差和列差，找到第四次差值计算里的最大元素为 7，再从 A_1 这一行里找到最小单位运价 3，对应 $A_1 \rightarrow B_3$ 的供需关系，最大供应为 5，这样 B_3 这一列满足，划去。再计算得到其他运输量。这样就得到了初始调运方案。列、行差表见表 3 - 27。

总运费为

$$z = (3 \times 1 + 5 \times 3 + 6 \times 4 + 2 \times 10 + 1 \times 8 + 3 \times 5) \text{元} = 85 \text{元}$$

表 3 - 27 列、行差表

供应地	需求地				产量	列差			
	B_1	B_2	B_3	B_4					
A_1	3	11	5 / 3	2 / 10	7	0	0	0	7
A_2	3 / 1	9	2	1 / 8	4	1	1	1	6
A_3	7	6 / 4	10	3 / 5	9	1	2		
销量	3	6	5	6					

续表

供应地	需求地				产量	列差
	B_1	B_2	B_3	B_4		
行差	2	5	1	3		
	2		1	3		
	2		1	2		
			1	2		

由上面可见：伏格尔法同最小元素法除在确定供需关系的原则上不同外，其余步骤大致相同。伏格尔法给出的初始解比最小元素法给出的初始解更接近最优解。而在上例中用伏格尔法求出的初始解即为该运输问题的最优解。

2. 最优性检验

由最小元素法或伏格尔法给出的是一个运输问题的初始调运方案，检查此方案是不是最优方案的过程就是最优性检验。检查的方法是计算非基变量的检验数，若全部大于或等于零，则该方案就是最优调运方案，否则就应进行调整，因此最优性检验最终归结为求非基变量（空格）的检验数的问题。这里给出两种常用的方法——闭回路法和位势法。

（1）闭回路法

闭回路的画法：在给出初始调运方案的运价运量表中，从每一个空格出发，沿着向右或向左，向上或向下的方向前进，遇到有数字的格子转弯或贯穿过去，无数字的格子一律贯穿过去，则一定可以找到一条而且是唯一的一条回到原出发格子的封闭回路，称其为闭回路。

闭回路的特点是：除了起始顶点为非基变量外，其他顶点均在基变量处。如果对闭回路的方向不加区别，从每一空格出发一定可以找到唯一的闭回路。

如果约定起始顶点为偶数顶点，其他顶点从 1 开始顺序排列，那么该非基变量 x_{ij} 的检验数为

$$\sigma_{ij} = （闭回路上偶数顶点运价之和）-（闭回路上奇数顶点运价之和）$$

检验方案最优的准则为

$$\sigma_{ij} \geqslant 0$$

按照闭回路法，计算非基变量 x_{11} 的检验数，构建闭回路（见表 3-28）。

表 3-28　闭回路表

供应地	需求地				供应量
	B_1	B_2	B_3	B_4	
A_1	3	11	4 3	3 10	7
A_2	3 1	9	1 2	8	4

续表

供应地	需求地				供应量
	B_1	B_2	B_3	B_4	
A_3	7	6 / 4	10	3 / 5	9
需求量	3	6	5	6	

$\sigma_{11}=(3+2)-(3+1)=1$。类似地，可以计算出所有非基变量，也就是空格的检验数，然后根据正负来判断方案是否最优。这里不再一一计算，可以得到所有空格的检验数见表 3-29，在表中把检验数写在运价的右边，用括号标出。

表 3-29　检验数表

供应地	需求地				供应量
	B_1	B_2	B_3	B_4	
A_1	3(1)	11(2)	4 / 3	3 / 10	7
A_2	3 / 1	9(1)	1 / 2	8(−1)	4
A_3	7(10)	6 / 4	10(12)	3 / 5	9
需求量	3	6	5	6	

依次算出所有非基变量的检验数，看是否全部为非负值。这里发现 $\sigma_{24}=-1<0$，也就是非基变量 x_{24} 的检验数为负值，不符合方案最优的标准，因此此方案不是最优方案。

这里需要注意的是，闭回路法计算检验数需要根据每一个空格来画闭回路，并计算其相应的检验数。

（2）位势法

采用最小元素法做出的初始方案表来说明位势法的计算步骤。

首先在初始运量表的右侧和下面加入一列和一行，并填入一些数字，使得表中基变量对应的各个单位运价刚好等于它所在行和所在列的这些新填写的数字之和。这些数字通常用 $u_i(i=1,\cdots,m)$，$v_j(j=1,\cdots,n)$ 来表示，可以称之为行位势或者是列位势。

这个例子中，令 $u_1=0$，然后根据下面方程组可得

$$\begin{cases} u_1+v_3=3 \\ u_1+v_4=10 \\ u_2+v_1=1 \\ u_2+v_3=2 \\ u_3+v_2=4 \\ u_3+v_4=5 \end{cases}$$

令 $u_1 = 0$ 可得

$$\begin{cases} v_3 = 3 \\ v_4 = 10 \\ u_2 = -1 \\ v_1 = 2 \\ u_3 = -5 \\ v_2 = 9 \end{cases}$$

通过计算,可以求得行位势、列位势,所得结果见表 3-30。

表 3-30　位势表

供应地	需求地				u_i
	B_1	B_2	B_3	B_4	
A_1	3	11	4 / 3	3 / 10	0
A_2	3 / 1	9	1 / 2	8	−1
A_3	7	6 / 4	10	3 / 5	−5
v_j	2	9	3	10	

而是为了求空格的检验数,位势法计算空格的检验数,计算公式:

$$\sigma_{ij} = c_{ij} - (u_i + v_j)$$

即为单位运价减去行列位势之和。

这样就可以根据公式依次算出所有空格的检验数:

$$\sigma_{11} = 3 - (0 + 2) = 1$$
$$\sigma_{12} = 11 - (0 + 9) = 2$$
$$\sigma_{22} = 9 - (-1 + 9) = 1$$
$$\sigma_{24} = 8 - (-1 + 10) = -1$$
$$\sigma_{31} = 7 - (-5 + 2) = 10$$
$$\sigma_{33} = 10 - (-5 + 3) = 12$$

可以发现,所有检验数的数值与用闭回路法所计算的结果是一样的,存在负值空格检验数,方案不是最优。

3. 方案调整

调整的方法是以闭回路画法为基础的,若检验数 σ_{ij} 小于零,则首先在作业表上以相应的空格为起始点作闭回路,并求出调整量 θ,有

$$\theta = \min\{ 闭回路中奇数顶点的调运量\ x_{ij} \}$$

确定完调整量,调整准则为:在闭回路上,奇数顶点的调运量减去 θ,偶数顶点(包括起

始顶点）的调运量加上 θ；闭回路之外调运量不变。方案调整表见表 3-31。

表 3-31 方案调整表

供应地	需求地				供应量
	B_1	B_2	B_3	B_4	
A_1	3(1)	11(2)	4 / 3	3 / 10	7
A_2	3 / 1	9(1)	1 / 2	8(−1)	4
A_3	7(10)	6 / 4	10(12)	3 / 5	9
需求量	3	6	5	6	

表 3-31 是前面最小元素法做出初始调运方案并检验完后的结果，这里有检验数 $\sigma_{24}=-1<0$：以该空格 $A_2\rightarrow B_4$ 为起点做出闭回路，如表所示 $\theta=\min\{1,3\}=1$。

那么奇数顶点的调运量减 1，偶数顶点的调运量加 1，闭回路之外的调运量不变，得到新的调运方案见表 3-32。

表 3-32 方案调整表

供应地	需求地				供应量
	B_1	B_2	B_3	B_4	
A_1	3	11	5 / 3	2 / 10	7
A_2	3 / 1	9	0 / 2	1 / 8	4
A_3	7	6 / 4	10	3 / 5	9
需求量	3	6	5	6	

这里看出了 x_{24} 运输量由 0 变为 1，从非基变量变为基变量，而 x_{23} 由基变量变为非基变量，这样基变量的总数并没有发生变化。

调整完之后还是需要返回步骤 2，再次对新的调运方案进行最优性检验，这里就不再重复前面的步骤，经检验，此方案是最优方案。

三、运输问题的进一步讨论

（一）表上作业法计算中的问题

1. 无穷多最优解

供需平衡的运输问题必定存在最优解。有唯一最优解还是无穷多最优解，判别方法与单纯形法的判别规则相同,即当某个非基变量(空格)的检验数为 0 时,该问题有无穷多最优解。

2．退化解

当使用表上作业法求解运输问题的过程中出现退化解时,一定要在相应的格中填一个 0,以表示此格为数字格。

(二)产销(供需)不平衡的运输问题

在实际应用中,常常会出现供大于求或供不应求的情况,相应的运输问题就是更一般的产销(供需)不平衡的运输问题。下面分两种情况来讨论产销(供需)不平衡的运输问题。

当产量(供应量)大于销量(需求量)时,由于总产量(供应量)大于总销量(需求量),就要考虑多余的物资在哪一个产地(供应地)就地存储的问题。可以通过增加虚拟地点的方式,将产销不平衡的问题转变成产销平衡的运输问题。因此在产量(供应量)大于销量(需求量)时,只需要增加一个虚拟的销地(需求地)$j=n+1$,该销地(需求地)需求量为总产量(供应量)和总销量(需求量)之间的差额,而在单位运价表中从各地到假想销地(需求地)的单位运价为 $c'_{i,n+1}=0$。

类似地,当销量(需求量)大于产量(供应量)时,可以在产销(供需)平衡表中增加一个假想的产地(供应地)$i=m+1$,该产地(供应地)的产量为总销量(需求量)和总产量(供应量)之间的差额,在单位运价表上令从该产地(供应地)到各销地(需求地)的运价 $c'_{m+1,j}=0$,同样可以转化为一个产销(供需)平衡的运输问题。

需要注意,在使用最小元素法或伏格尔法确定转化后问题的初始方案时,应首先将运价表中增加的零运价不考虑,这是因为它不需要运输,也无须在调运时予以考虑。这些具有零运价的行或列,只是在不包含零运价的其他运价确定了初始调运方案之后起平衡作用。

第八节　指派问题

一、指派问题的提出和归类

这一节里将介绍另一类特殊的线性规划问题——指派问题:在满足特定指派要求条件下,使指派方案总体效果最佳。

例 3.11　某支队接到上级命令,某跨省犯罪团伙最近潜逃至该市,要求该支队在该市的 5 个重点路段设卡检查,该支队有 5 个中队可以执行这项任务。已知各中队离各号卡的路程 c_{ij} 见表 3-33,该支队应如何分配这项任务?

表 3-33　路程表

中队	关卡				
	1 号卡	2 号卡	3 号卡	4 号卡	5 号卡
一中队	3	7	6	10	13
二中队	5	8	16	13	9
三中队	5	8	13	9	8

续表

中队	关卡				
	1 号卡	2 号卡	3 号卡	4 号卡	5 号卡
四中队	5	7	12	7	11
五中队	7	10	11	9	7

指派问题或分配问题,提法一般为:有若干项工作需要分配给若干人来完成,有若干项任务需要选择若干个部门来承担,等等。

为了方便建模,数学语言描述一般性的指派问题描述为:设 n 个人被分配去做 n 项工作,规定每个人只做一项工作,每项工作只由一个人去做。已知第 i 个人去做第 j 项工作的效率(时间、路程、成本等)为 $c_{ij}(i=1,2,\cdots,n;j=1,2,\cdots,n)$ 并假设 $c_{ij} \geqslant 0$。问应如何分配才能使总效率最高(最省)?

通过 x_{ij} 变量来建立此类问题的数学模型,其中变量 x_{ij} 取值为 0 或 1:

$$x_{ij}=\begin{cases} 1, & \text{分配第 } i \text{ 个人去完成第 } j \text{ 项工作} \\ 0, & \text{不分配第 } i \text{ 个人去完成第 } j \text{ 项工作} \end{cases}, \quad i=1,\cdots,n;j=1,\cdots,n$$

那么标准型指派问题的数学模型为

$$\min z = \sum_{i=1}^{n}\sum_{j=1}^{n} c_{ij}x_{ij}$$

$$\left.\begin{cases} \sum_{j=1}^{n} x_{ij}=1, & i=1,2,\cdots,n \\ \sum_{i=1}^{n} x_{ij}=1, & j=1,2,\cdots,n \\ x_{ij} \text{ 取 0 或 1}, & i,j=1,2,\cdots,n \end{cases}\right\} \qquad (3-9)$$

这就是 $n\text{-}n$ 分派问题,目标函数求最小,其中第一个约束条件说明每一项任务都只能由一人去完成,第二个约束条件说明每人都只能完成一项任务。

这里把目标函数的系数所构成的矩阵

$$\boldsymbol{C}=\begin{bmatrix} c_{11} & c_{12} & \cdots & c_{1n} \\ c_{21} & c_{22} & \cdots & c_{2n} \\ \vdots & \vdots & & \vdots \\ c_{n1} & c_{n2} & \cdots & c_{nn} \end{bmatrix}$$

称为效率矩阵。指派问题是 0-1 规划的特例,也是运输问题的特例。当然可以用整数线性规划、0-1 规划或运输问题的解法去求解。这里依据指派问题的特点寻求更简便的解法。

二、匈牙利法

指派问题的最优解具有这样的性质:若从系数矩阵 $\boldsymbol{C}$ 的一行(列)各元素中分别减去该行(列)的最小元素,得到新矩阵 $\boldsymbol{B}$,那么以 $\boldsymbol{B}$ 矩阵为系数矩阵求得的最优解和原系数矩阵求得的最优解相同。利用这个性质,可使原效率矩阵变换为含有很多 0 元素的新效率矩阵,而最优解保持不变,在新的效率矩阵中,关心位于不同行不同列的 0 元素(简称独立 0 元素)。

利用这一性质,数学家库恩(W. W. Kuhn)于 1955 年提出了指派问题的解法。他引用了匈牙利数学家柯尼希(D. Konig)一个关于矩阵中 0 元素的定理,即效率矩阵中独立 0 元素最多个数等于能覆盖所有 0 元素的最小直线数,这种利用效率矩阵变换,以及矩阵中 0 元素的定理求解指派问题的解法称为匈牙利法。以后在方法上虽有不断改进,但仍使用这个名称。

以例 3.11 来具体说明匈牙利法的具体操作步骤,设

$$x_{ij} = \begin{cases} 1, & \text{分配第 } i \text{ 个中队去第 } j \text{ 号卡} \\ 0, & \text{不分配第 } i \text{ 个中队去第 } j \text{ 号卡} \end{cases}, \quad i = 1, \cdots, 5; j = 1, \cdots, 5$$

首先建立问题的数学模型为

$$\min z = \sum_{i=1}^{5} \sum_{j=1}^{5} c_{ij} x_{ij}$$

$$\text{s. t.} \begin{cases} \sum_{j=1}^{5} x_{ij} = 1, & i = 1, 2, \cdots, 5 \\ \sum_{i=1}^{5} x_{ij} = 1, & j = 1, 2, \cdots, 5 \\ x_{ij} \text{ 取 } 0 \text{ 或 } 1, & i, j = 1, 2, \cdots, 5 \end{cases}$$

效率矩阵为

$$C = \begin{bmatrix} 3 & 7 & 6 & 10 & 13 \\ 5 & 8 & 16 & 13 & 9 \\ 5 & 8 & 13 & 9 & 8 \\ 5 & 7 & 12 & 7 & 11 \\ 7 & 10 & 11 & 9 & 7 \end{bmatrix}$$

第一步:对效率矩阵进行交换,在各行各列中都出现 0 元素。

1)效率矩阵的每行元素减去该行的最小元素。

2)所得效率矩阵的每列元素减去该列的最小元素。

$$C = \begin{bmatrix} 3 & 7 & 6 & 10 & 13 \\ 5 & 8 & 16 & 13 & 9 \\ 5 & 8 & 13 & 9 & 8 \\ 5 & 7 & 12 & 7 & 11 \\ 7 & 10 & 11 & 9 & 7 \end{bmatrix} \begin{matrix} 3 \\ 5 \\ 5 \\ 5 \\ 7 \end{matrix} \xrightarrow{\text{每行减最小}} \begin{bmatrix} 0 & 4 & 3 & 7 & 10 \\ 0 & 3 & 11 & 8 & 4 \\ 0 & 3 & 8 & 4 & 3 \\ 0 & 2 & 7 & 2 & 6 \\ 0 & 3 & 4 & 2 & 0 \end{bmatrix}$$

$$\xrightarrow{\text{每列减最小}} \begin{bmatrix} 0 & 2 & 0 & 5 & 10 \\ 0 & 1 & 8 & 6 & 4 \\ 0 & 1 & 5 & 2 & 3 \\ 0 & 0 & 4 & 0 & 6 \\ 0 & 1 & 1 & 0 & 0 \end{bmatrix}$$

第二步:进行试指派,以寻求最优解。

变换后,每行每列都已经有了 0 元素,但需找出 n 个独立的 0 元素。若能找出,就以这些独立 0 元素所在位置对应的元素为 1,其他位置为 0,就可得到最优解。当 n 较小时,可用观察法、试探法等简单方法找出 n 个独立的 0 元素;当 n 较大时,就必须按照一定的步骤去

寻找。本例中 n 值为 5,常用的步骤如下：

1)从只有一个 0 元素的行开始,给这个 0 元素作标记,记作(0),然后划去已标记(0)所在列的其他 0 元素,记作∅。

2)再从只有一个 0 元素的列开始,给这个 0 元素加上标记(0),将其所在的行的 0 元素划去,同样记为∅。

3)反复进行 1)和 2)两步骤,直到所有 0 元素都作标记和划掉为止。

例题中的矩阵,经 1)和 2)两步骤标记可得

$$
\begin{bmatrix}
\emptyset & 2 & (0) & 5 & 10 \\
(0) & 1 & 8 & 6 & 4 \\
\emptyset & 1 & 5 & 2 & 3 \\
\emptyset & (0) & 4 & \emptyset & 6 \\
\emptyset & 1 & 1 & \emptyset & (0)
\end{bmatrix}
$$

4)最后有两种情况：

若标记 0 元素的数目 m 等于矩阵的阶数 n,那么这个指派问题已得到最优解。过程结束后,(c_{ij}) 中被标记(0)位置对应的 x_{ij} 取 1,其余的 x_{ij} 取 0。

若标记 0 元素的数目 m 小于矩阵的阶数 n,$m < n$,则转入下一步。

第三步:找出覆盖所有 0 元素的最小直线集合。

1)对没有标记的(0)元素行打"√"号。

2)对已打"√"号的行中所有划去的∅元素所在列打"√"号。

3)再对"√"号的列中含有标记的(0)元素的所在行打"√"号。

4)重复 2)和 3)两步骤,直到得不到新的打"√"号行列为止。

5)对未打"√"号的行画一横线,打"√"号的列画一纵线,这就得到了覆盖所有 0 元素的最小直线数。令这些直线数为 l。

$$
\begin{bmatrix}
\emptyset & 2 & (0) & 5 & 10 \\
(0) & 1 & 8 & 6 & 4 \\
\emptyset & 1 & 5 & 2 & 3 \\
\emptyset & (0) & 4 & \emptyset & 6 \\
\emptyset & 1 & 1 & \emptyset & (0)
\end{bmatrix}
\begin{matrix}
\\ \surd \\ \surd \\ \\
\end{matrix}
$$

可以得到覆盖所有 0 元素最小直线数为 4。

此时若 $l < n$,说明必须再变换当前矩阵,才能得到 n 个独立 0 元素,转入第四步。

第四步:矩阵的变换。

由于此时 $l < n$,需要对矩阵进行变换,变换规则为:在没有被直线覆盖的所有元素中找出最小元素,然后将未被直线覆盖的元素所在行(或列)都减去这最小元素;在出现负数的列

(或行)都加上这最小元素。新效率矩阵的最优解和原问题仍相同。重复第二步,若得到 n 个独立 0 元素,则说明得到最优解,否则重复第三步。

$$
\begin{bmatrix}
1 & 2 & 0 & 5 & 10 \\
0 & 0 & 7 & 5 & 3 \\
0 & 0 & 4 & 1 & 2 \\
1 & 0 & 4 & 0 & 6 \\
1 & 1 & 1 & 0 & 0
\end{bmatrix}
\Rightarrow
\begin{bmatrix}
1 & 2 & (0) & 5 & 10 \\
\emptyset & (0) & 7 & 5 & 3 \\
(0) & \emptyset & 4 & 1 & 2 \\
1 & \emptyset & 4 & (0) & 6 \\
1 & 1 & 1 & \emptyset & (0)
\end{bmatrix}
$$

或

$$
\begin{bmatrix}
1 & 2 & 0 & 5 & 10 \\
0 & 0 & 7 & 5 & 3 \\
0 & 0 & 4 & 1 & 2 \\
1 & 0 & 4 & 0 & 6 \\
1 & 1 & 1 & 0 & 0
\end{bmatrix}
\Rightarrow
\begin{bmatrix}
1 & 2 & (0) & 5 & 10 \\
(0) & \emptyset & 7 & 5 & 3 \\
\emptyset & (0) & 4 & 1 & 2 \\
1 & \emptyset & 4 & (0) & 6 \\
1 & 1 & 1 & \emptyset & (0)
\end{bmatrix}
$$

已找到 5 个独立 0 元素,令最优矩阵对应位置 x_{ij} 取 1,得到最优解:

$$
(x_{ij})_{5\times5} =
\begin{bmatrix}
0 & 0 & 1 & 0 & 0 \\
0 & 1 & 0 & 0 & 0 \\
1 & 0 & 0 & 0 & 0 \\
0 & 0 & 0 & 1 & 0 \\
0 & 0 & 0 & 0 & 1
\end{bmatrix}
\quad 或 \quad
(x_{ij})_{5\times5} =
\begin{bmatrix}
0 & 0 & 1 & 0 & 0 \\
1 & 0 & 0 & 0 & 0 \\
0 & 1 & 0 & 0 & 0 \\
0 & 0 & 0 & 1 & 0 \\
0 & 0 & 0 & 0 & 1
\end{bmatrix}
$$

$x_{13}=1$,$x_{22}=1$,$x_{31}=1$,$x_{44}=1$,$x_{55}=1$,即一中队去 3 号卡,二中队去 2 号卡,三中队去 1 号卡,四中队去 4 号卡,五中队去 5 号卡;$x_{13}=1$,$x_{21}=1$,$x_{32}=1$,$x_{44}=1$,$x_{55}=1$,即一中队去 3 号卡,2 中队去 1 号卡,三中队去 2 号卡,四中队去 4 号卡,五中队去 5 号卡。总路程为 33。

三、指派问题的进一步讨论

非标准形式的指派问题,通常的处理方法是先将它们转化为标准形式,然后用匈牙利解法求解。

(一)目标为最大化情况

设最大化指派问题效率矩阵 $\boldsymbol{C}$ 中最大元素为 m。令矩阵 $\boldsymbol{B}=(b_{ij})_{n\times n}=(m-c_{ij})_{n\times n}$,则以 $\boldsymbol{B}$ 为效率矩阵的最小化指派问题和以 $\boldsymbol{C}$ 为效率矩阵的原最大化指派问题有相同的最优解。

(二)人数和工作数不等的情况

若人少工作多,则添上一些虚拟的"人"。这些虚拟的人完成各项工作的效率系数可取 0,理解为这些实际上不会发生。若人多工作少,则添上一些虚拟的"工作"。这些虚拟的工作被各人做的效率系数同样也取 0。

(三)一个人可做几项工作的情况

若某个人可做几项工作,则可将该人看作相同效率的几个人来接受指派。这几个人做同一项工作的效率系数一样。

（四）某工作一定不能由某人做的情况

若某工作一定不能由某个人做，则可将相应的效率系数取足够大的数 M。

例 3.12　从甲、乙、丙、丁、戊五名战士中挑选四人去完成 A，B，C，D 四项任务。每人完成各项任务所需的时间（本书时间未标注单位的其单位为 1）见表 3-34。规定每项任务只能由一个人单独完成，且每人最多承担一项任务。又假定甲必须保证承担一项任务，丁不能承担任务 D。在满足上述条件下，如何分配任务，使完成四项任务总的花费时间为最短？

表 3-34　完成任务所需时间表

战士	任务			
	A	B	C	D
甲	9	5	14	21
乙	2	11	5	16
丙	4	16	14	12
丁	16	3	8	6
戊	10	5	16	8

解：先增加一项虚设的任务 E。

因为甲必须保证承担一项任务，则甲不能完成虚设的任务 E，所以甲完成任务 E 的时间设为 M，丁不能承担任务 D，所以丁完成任务 D 的时间同样设为 M，从而得完成各项任务所需时间（见表 3-35）。

表 3-35　完成任务所需时间表

战士	任务				
	A	B	C	D	E
甲	9	5	14	21	M
乙	2	11	5	16	0
丙	4	16	14	12	0
丁	16	3	8	M	0
戊	10	5	16	8	0

然后使用匈牙利法对其求解，最优解为

$$(x_{ij})_{5\times5}=\begin{bmatrix} 0 & 1 & 0 & 0 & 0 \\ 0 & 0 & 1 & 0 & 0 \\ 1 & 0 & 0 & 0 & 0 \\ 0 & 0 & 0 & 0 & 1 \\ 0 & 0 & 0 & 1 & 0 \end{bmatrix}$$

用匈牙利法求解得最优分配方案为：甲完成 B 任务，乙完成 C 任务，丙完成 A 任务，戊完成 D 任务，丁不分配任务（即丁完成 E 任务），总时间为 22。

第九节　Lingo 软件应用

Lingo 求解线性规划问题时执行速度很快,而且它还提供与其他数据文件的接口,以便于输入、分析和解决大规模线性规划问题。

例 3.13　求解线性规划问题:

$$\max f = 2x_1 + 2x_2$$

$$\text{s.t.} \begin{cases} x_1 \leqslant 4 \\ x_2 \leqslant 3 \\ x_1 + 2x_2 \leqslant 8 \\ x_i \geqslant 0, \quad i=1,2,3 \end{cases}$$

解:

启动 Lingo 软件,在编辑器内输入:

max 2x1+2x2

s.t.

x1<=4

x2<=3

x1+2x2<=8

end

问题输入如图 3-7 所示。

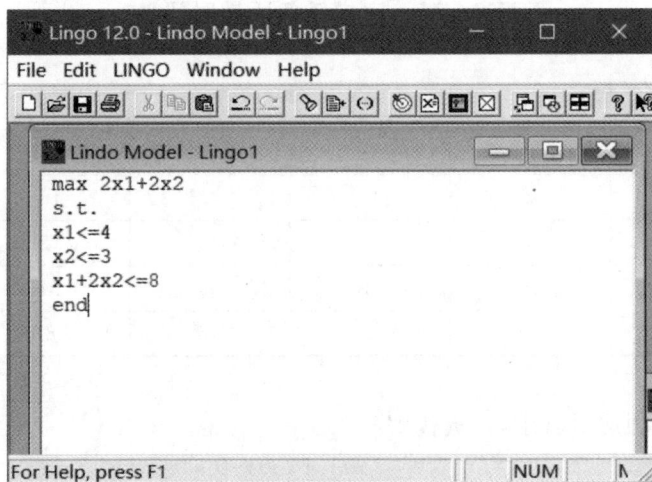

图 3-7　问题输入

用鼠标点击 ⊛ 图标。Lingo 运行后的最终结果在报告窗口(Reports Window)中,如图 3-8 所示。其中,"Total solver iterations:1",表示单纯形法在一次迭代后得到最优解;"Objective value:12"表示最优值为 12。"Value"给出最优解中各变量(Variable)的值:$x_1 =$

$4,x_2=2$。

运输问题是一种特殊的线性规划模型问题，一般采用"表上作业法"求解。Lingo 的"规划求解"实质上还是采用"单纯形法"来求解。

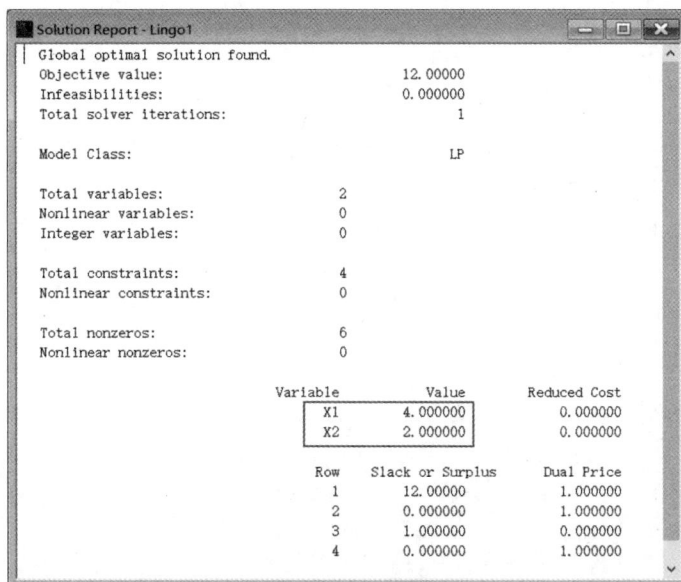

```
Solution Report - Lingo1
Global optimal solution found.
Objective value:                        12.00000
Infeasibilities:                        0.000000
Total solver iterations:                       1

Model Class:                                  LP

Total variables:                  2
Nonlinear variables:              0
Integer variables:                0

Total constraints:                4
Nonlinear constraints:            0

Total nonzeros:                   6
Nonlinear nonzeros:               0

            Variable           Value        Reduced Cost
                  X1        4.000000            0.000000
                  X2        2.000000            0.000000

            Row      Slack or Surplus      Dual Price
              1           12.00000           1.000000
              2           0.000000           1.000000
              3           1.000000           0.000000
              4           0.000000           1.000000
```

图 3-8　结果输出

例 3.14　求下列问题的最优调运方案，供应量以及需求量、单位运价见表 3-36、表 3-37。

表 3-36　供应量以及需求量表

供应地	需求地				供应量
	B_1	B_2	B_3	B_4	
A_1					7
A_2					4
A_3					9
需求量	3	6	5	6	

表 3-37　单位运价表

供应地	需求地			
	B_1	B_2	B_3	B_4
A_1	3	11	3	10
A_2	1	9	2	8
A_3	7	4	10	5

解：

启动 Lingo 软件，在编辑器内输入：

min 3x11＋11x12＋3x13＋10x14＋x21＋9x22＋2x23＋8x24＋7x31＋4x32＋10x33＋5x34

s. t.

！供应约束；

x11＋x12＋x13＋x14＝7

x21＋x22＋x23＋x24＝4

x31＋x32＋x33＋x34＝9

！需求约束；

x11＋x21＋x31＝3

x12＋x22＋x32＝6

x13＋x23＋x33＝5

x14＋x24＋x34＝6

end

问题输入如图 3－9 所示。

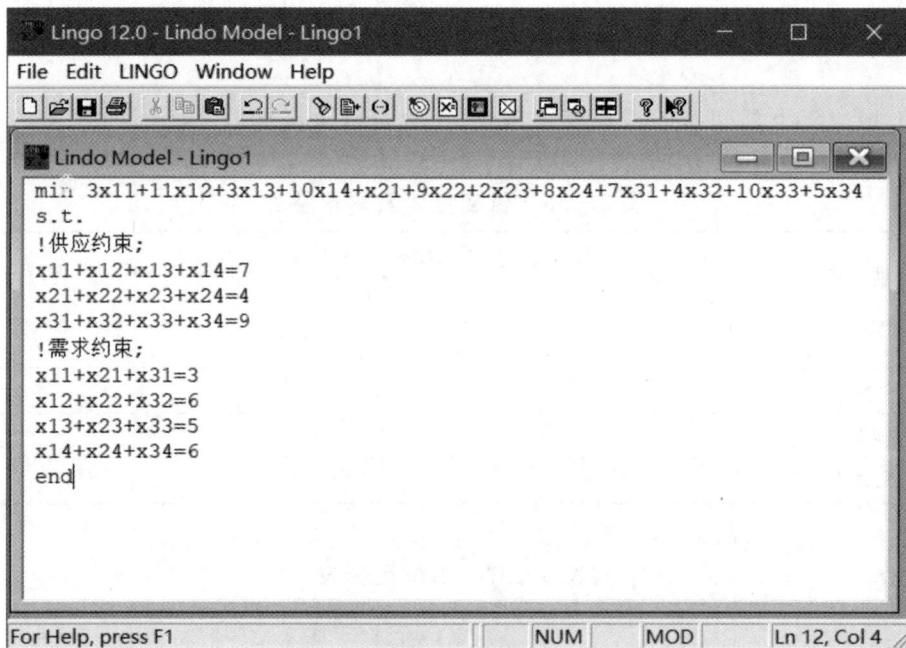

图 3－9　问题输入

　　用鼠标点击 ⊚ 图标。Lingo 运行后的最终结果在报告窗口（Reports Window）中，如图 3－10 所示。其中，"Total solver iterations：7"，表示单纯形法在七次迭代后得到最优解；"Objective value：85"表示最优值为 85。"Value"给出最优解中各变量（Variable）的值：x_{13}

$=5,x_{14}=2,x_{21}=3,x_{24}=1,x_{32}=6,x_{34}=3$。

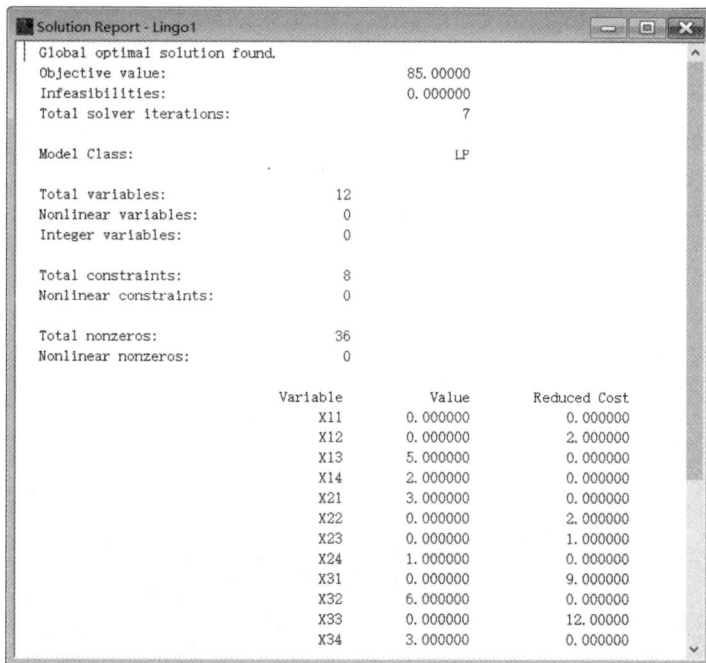

```
Solution Report - Lingo1                                    ─ □ ✕
Global optimal solution found.
Objective value:                        85.00000
Infeasibilities:                        0.000000
Total solver iterations:                       7

Model Class:                                  LP

Total variables:              12
Nonlinear variables:           0
Integer variables:             0

Total constraints:             8
Nonlinear constraints:         0

Total nonzeros:               36
Nonlinear nonzeros:            0

                    Variable          Value      Reduced Cost
                        X11       0.000000          0.000000
                        X12       0.000000          2.000000
                        X13       5.000000          0.000000
                        X14       2.000000          0.000000
                        X21       3.000000          0.000000
                        X22       0.000000          2.000000
                        X23       0.000000          1.000000
                        X24       1.000000          0.000000
                        X31       0.000000          9.000000
                        X32       6.000000          0.000000
                        X33       0.000000         12.00000
                        X34       3.000000          0.000000
```

图 3－10　结果输出

习　　题

1.请简述下列问题：

(1)建立一个实际问题的线性规划数学模型一般几步？

(2)试述单纯形法的计算步骤，如何在单纯形表上判别问题具有唯一最优解、有无穷多最优解、无界解或无可行解？

2.将下列线性规划问题化成标准形式。

(1)
$$\max z=2x_1-4x_2+2x_3-x_4$$

$$\text{s. t.}\begin{cases}4x_1-x_2+2x_3-x_4=-2\\x_1+x_2-x_3+2x_4\leqslant14\\-2x_1+3x_2+x_3-x_4\geqslant2\\x_1,x_2,x_3\geqslant0,\quad x_4\text{ 无约束}\end{cases}$$

(2)
$$\min z=4x_1-2x_2+6x_3$$

$$\text{s. t.}\begin{cases}-x_1+x_2+x_3=4\\-2x_1+x_2-x_3\leqslant6\\x_1\leqslant0,\quad x_2\geqslant0,\quad x_3\text{ 无约束}\end{cases}$$

3. 用图解法求解下列线性规划问题,并指出问题具有唯一最优解、无穷多最优解、无界解还是无可行解。

（1）
$$\min z = 2x_1 + 3x_2$$
$$\text{s. t.} \begin{cases} 4x_1 + 6x_2 \geqslant 6 \\ 2x_1 + 2x_2 \geqslant 4 \\ x_1, x_2 \geqslant 0 \end{cases}$$

（2）
$$\max z = 3x_1 + 2x_2$$
$$\text{s. t.} \begin{cases} 2x_1 + x_2 \leqslant 2 \\ 3x_1 + 4x_2 \geqslant 12 \\ x_1, x_2 \geqslant 0 \end{cases}$$

（3）
$$\max z = x_1 + x_2$$
$$\text{s. t.} \begin{cases} 6x_1 + 10x_2 \leqslant 120 \\ 5 \leqslant x_1 \leqslant 10 \\ 5 \leqslant x_2 \leqslant 8 \end{cases}$$

（4）
$$\max z = x_1 + x_2$$
$$\text{s. t.} \begin{cases} 2x_1 - x_2 \geqslant 2 \\ -2x_1 + 3x_2 \leqslant 2 \\ x_1, x_2 \geqslant 0 \end{cases}$$

4. 对下述线性规划问题找出所有基解,指出哪些是基可行解,并确定最优解。

（1）
$$\max z = 3x_1 + x_2 + 2x_3$$
$$\text{s. t.} \begin{cases} 12x_1 + 3x_2 + 6x_3 + 3x_4 = 9 \\ 8x_1 + x_2 - 4x_3 + 2x_5 = 10 \\ 3x_1 - x_6 = 0 \\ x_i \geqslant 0, \quad i = 1, \cdots, 6 \end{cases}$$

（2）
$$\min z = 5x_1 - 2x_2 + 3x_3 + 2x_4$$
$$\text{s. t.} \begin{cases} x_1 + 2x_2 + 3x_3 + 4x_4 = 7 \\ 2x_1 + 2x_2 + x_3 + 2x_4 = 3 \\ x_i \geqslant 0, \quad i = 1, 2, 3, 4 \end{cases}$$

5. 用单纯形法求解下列线性规划问题。

（1）
$$\max z = 2x_1 - x_2 + x_3$$
$$\text{s. t.} \begin{cases} 3x_1 + x_2 + x_3 \leqslant 60 \\ x_1 - x_2 + 2x_3 \leqslant 10 \\ x_1 + x_2 - x_3 \leqslant 20 \\ x_i \geqslant 0, \quad i = 1, 2, 3 \end{cases}$$

（2）
$$\max z = 6x_1 + 2x_2 + 10x_3 + 8x_4$$
$$\text{s. t.} \begin{cases} 5x_1 + 6x_2 - 4x_3 - 4x_4 \leqslant 20 \\ 3x_1 - 3x_2 + 2x_3 + 8x_4 \leqslant 25 \\ 4x_1 - 2x_2 + x_3 + 3x_4 \leqslant 10 \\ x_i \geqslant 0, \quad i = 1, 2, 3, 4 \end{cases}$$

6. 用大 M 法或两阶段法求解下列线性规划问题。

(1)
$$\max z = 3x_1 + 2x_2$$
$$\text{s. t.} \begin{cases} 2x_1 + x_2 \leqslant 2 \\ 3x_1 + 4x_2 \geqslant 12 \\ x_1, x_2 \geqslant 0 \end{cases}$$

(2)
$$\max z = 4x_1 + 3x_2$$
$$\text{s. t.} \begin{cases} -3x_1 + 2x_2 \leqslant 6 \\ -x_1 + 3x_2 \geqslant 18 \\ x_1, x_2 \geqslant 0 \end{cases}$$

7. 建立下列线性规划问题的对偶规划。

(1)
$$\min w = 2x_1 + 2x_2 + 4x_3$$
$$\text{s. t.} \begin{cases} 2x_1 + 3x_2 + 5x_3 \geqslant 2 \\ 3x_1 + x_2 + 7x_3 \leqslant 3 \\ x_1 + 4x_2 + 6x_3 = 5 \\ x_1 \text{ 无约束}, \quad x_2 \leqslant 0, \quad x_3 \geqslant 0 \end{cases}$$

(2)
$$\min w = 2x_1 + 3x_2 + 6x_3 + x_4$$
$$\text{s. t.} \begin{cases} 3x_1 + 4x_2 + 4x_3 + 7x_4 = 21 \\ 2x_1 + 7x_2 + 3x_3 + 8x_4 \geqslant 18 \\ x_1 - 2x_2 + 5x_3 - 3x_4 \leqslant 4 \\ x_1 \geqslant 0, \quad x_2 \leqslant 0, \quad x_3 \text{ 无约束}, \quad x_4 \geqslant 0 \end{cases}$$

8. 建立下列线性规划问题的数学模型。

(1)某支队有 A,B 两种型号的直升机,每架 A 能运载 30 人,需驾驶员 2 人,每架 B 能运载 20 人,需驾驶员 1 人。现有 A 型机 25 驾,B 型机 20 驾,驾驶员 60 人,问如何安排运输,才能使一次运送的兵力最多?

(2)某中队食堂制定食谱,已知三种食品中维生素的含量、食品的单价及士兵每天的需求量见表 3-38。应如何搭配食品才能用最少的花费满足士兵对维生素的需求?

表 3-38 习题 8 表

种类	维生素				单价/ $[元 \cdot (500 \text{ g})^{-1}]$
	V_A （国际单位）	V_{B1} （国际单位）	V_{B2} （国际单位）	V_C （国际单位）	
豆制品	120	0.85	0.55	20	1.5
蔬菜	290	0.07	0.16	83	1
肉类	0	0.35	0.71	0	14
最小需求量	3500	1.5	1	71	

9. 为满足作战的应急需要,安排生产甲、乙两种武器,需消耗三种资源,两种武器每件所需资源数、武器使部队战斗力增加值及资源现有数见表 3-39。如何安排生产,战斗力增加值最多?

表 3-39　习题 9 表

资源	武器		现有量
	甲武器	乙武器	
原料/k	2	3	100
工时/h	4	2	120
资金/(10^3 元)	30	90	2 700
战斗力增加值	6	4	

10. 有三个物资仓库 A_1,A_2,A_3 向四个中队 B_1,B_2,B_3,B_4 供应某种物资,它们的供应量为 16 t,10 t,22 t,需求量为 8 t,14 t,12 t,14 t,供应点至需求点每吨的运费 C_{ij} 见表 3-40。试求出总运费最少的调运方案及最少的总运费。

表 3-40　习题 10 表

仓库	部队				供应量
	B_1	B_2	B_3	B_4	
A_1	4	12	4	11	16
A_2	2	10	3	9	10
A_3	8	5	11	6	22
需求量	8	14	12	14	

11. 设某种军用设备有 A_1,A_2,A_3 三个单位具有生产能力,该设备需供应 B_1,B_2,B_3,B_4 四个中队,现假定设备在这些部队的使用效果相同,已知各单位的年产量、各部队的年需求量以及军用设备由各单位到各部队的单位运价见表 3-41,求使运费最少的调运方案("一"表示不能运输到此地)。

表 3-41　习题 11 表

单位	部队				产量
	B_1	B_2	B_3	B_4	
A_1	16	13	22	17	50
A_2	14	13	19	15	60
A_3	19	20	23	—	50
最低需求	30	70	0	10	
最高需求	50	70	30	不限	

12. 在一次抗洪任务中,某大堤有 A,B,C,D,E 五处险段,可以由甲、乙、丙、丁、戊五个中队去守护,已知每个中队距离每个险段的路程见表 3 - 42,如果每个中队和守护的险段是一一对应的,该如何去分配使得效率最高?

表 3 - 42　习题 12 表　　　　　　　　　　单位:km

中队	险段				
	A	B	C	D	E
甲	4	3	7	8	6
乙	3	6	4	7	7
丙	6	4	5	5	4
丁	8	6	4	4	5
戊	3	7	6	5	8

13. 分配甲、乙、丙、丁四个中队去完成 A,B,C,D,E 五项任务,每个中队完成各项任务的时间见表 3 - 43,现在有任务 E 必须完成,其他四项中可任选三项完成。

请确定最优分配方案,使完成任务的总时间最少。

表 3 - 43　习题 13 表　　　　　　　　　　单位:h

中队	任务				
	A	B	C	D	E
甲	25	29	30	42	37
乙	39	38	26	20	33
丙	34	27	28	40	32
丁	24	42	36	23	45

第四章　军事活动中的动态规划方法

　　动态规划(Dynamic Programming, DP)是一种解决多阶段决策过程最优化问题的经典量化数学方法,由美国数学家贝尔曼(R. Bellman)等在20世纪50年代初提出。1957年,贝尔曼发表著作《动态规划》,标志着动态规划的正式诞生。该方法一经提出,就得到了广泛关注和应用,逐渐发展形成运筹学的一个重要分支。目前,动态规划方法已成功应用于工农业生产、交通运输、军事指挥等领域。

　　在军事指挥或部队日常管理活动中,经常会碰到一些复杂的决策问题,要解决这类决策优化问题,就需要将复杂决策活动转化为前后相互关联的、具有链状结构的、多个阶段的决策活动,找出各阶段决策之间的优化关系,从而快速、巧妙地解决问题。动态规划的核心就是将复杂多阶段决策问题进行公式化推导,由子阶段最优推导出全局最优。本章主要介绍多阶段决策问题,动态规划的概念、原理、建模与求解方法;列举动态规划求解方法在军事领域的应用;最后介绍运用Lingo软件求解动态规划问题。

第一节　多阶段决策问题

　　若某一类决策活动过程可以按照时间或者空间特征,划分为若干个相互联系的阶段,每个阶段都需要做出决策,该决策既取决于当前状态,又影响后续决策。在每个阶段的决策都确定后,就能得到解决该问题的一个方案。这种把一个决策问题看作是一个前后关联、具有链状结构的多阶段过程称为多阶段决策过程,这种问题称为多阶段决策问题。多阶段决策的目的就是使各个阶段决策的效益之和达到最优。在军事领域,多阶段决策的代表性问题包括最短行军路径问题、资源分配问题等。

　　例 4.1　最短路径问题。

　　某部接到上级命令,要求该部以最快的速度由驻地 A 向目标地 E 运送一批物资,如果已知通过已有的交通运输网络到达目的地路径及路程如图4-1所示,请确定最短的通行路径。

　　解:通过图4-1可知,从 A 到 E 一共有12条路线,可以采用枚举法求出最短路径,如果问题的规模再大些,枚举法的计算量就比较大了。此时,我们可以将其视作一个多阶段决策过程,将从 A 到 E 的最短路径问题,转化为几个性质完全相同但规模较小的子问题,通过对此问题的求解能够比较直观地了解使用动态规划方法解决多阶段问题的基本思想。

　　首先把问题看作 A 到 $B_i(i=1,2)$ 和 $B_i(i=1,2)$ 到 E 的最短路径问题。

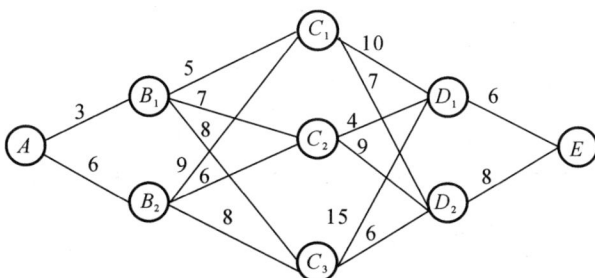

图 4-1　运送物资路径及路程图(单位:km)

记从 $B_i(i=1,2)$ 到 E 的最短路径为 $S(B_i)$,则从 A 到 E 的最短距离 $S(A)$ 可以表示为

$$S(A) = \min \begin{Bmatrix} AB_1 + S(B_1) \\ AB_2 + S(B_2) \end{Bmatrix} = \min \begin{Bmatrix} 3 + S(B_1) \\ 6 + S(B_2) \end{Bmatrix}$$

同样,计算 $S(B_1)$ 又可以归结为性质完全相同但规模更小的问题,即分别求 B_i 到 $C_i(i=1,2,3)$ 和 $C_i(i=1,2,3)$ 到 E 的最短路径问题 $S(C_i)$,而求 $S(C_i)$ 又可以归结为求 $S(D_1)$ 和 $S(D_2)$ 这两个子问题。从题目中可以看出,在这个问题中,$S(D_1)$ 和 $S(D_2)$ 是已知的,它们就是 D_1,D_2 到 E 的距离:

$$S(D_1) = 6$$
$$S(D_2) = 8$$

因此,可以从这两个值开始,分阶段逐步逆向计算 $S(A)$ 的值。计算过程如下:

首先考虑 $D_i(i=1,2) \rightarrow E$ 的最短路径,观察可得

$$S(D_1) = 6$$
$$S(D_2) = 8$$

再考虑 $C_i(i=1,2,3) \rightarrow E$ 的最短路径,通过分析可得

$$S(C_1) = \min \begin{Bmatrix} C_1D_1 + S(D_1) \\ C_1D_2 + S(D_2) \end{Bmatrix} = \min \begin{Bmatrix} 10 + S(D_1) \\ 7 + S(D_2) \end{Bmatrix} = \min \begin{Bmatrix} 10+6 \\ 7+8 \end{Bmatrix} = 15$$

$$S(C_2) = \min \begin{Bmatrix} C_2D_1 + S(D_1) \\ C_2D_2 + S(D_2) \end{Bmatrix} = \min \begin{Bmatrix} 4 + S(D_1) \\ 9 + S(D_2) \end{Bmatrix} = \min \begin{Bmatrix} 4+6 \\ 9+8 \end{Bmatrix} = 10$$

$$S(C_3) = \min \begin{Bmatrix} C_3D_1 + S(D_1) \\ C_3D_2 + S(D_2) \end{Bmatrix} = \min \begin{Bmatrix} 15 + S(D_1) \\ 6 + S(D_2) \end{Bmatrix} = \min \begin{Bmatrix} 15+6 \\ 6+8 \end{Bmatrix} = 14$$

即 $S(C_1) = 15$ 且如果到达 C_1,那么下一站应到达 D_2;

$S(C_2) = 10$ 且如果到达 C_2,那么下一站应到达 D_1;

$S(C_3) = 14$ 且如果到达 C_3,那么下一站应到达 D_2。

考虑 $B_i(i=1,2) \rightarrow E$ 的最短路径,通过上述分析可得

$$S(B_1) = \min \begin{Bmatrix} B_1C_1 + S(C_1) \\ B_1C_2 + S(C_2) \\ B_1C_3 + S(C_3) \end{Bmatrix} = \min \begin{Bmatrix} 5+15 \\ 7+10 \\ 8+14 \end{Bmatrix} = 17$$

$$S(B_2) = \min\begin{Bmatrix} B_2C_1 + S(C_1) \\ B_2C_2 + S(C_2) \\ B_2C_3 + S(C_3) \end{Bmatrix} = \min\begin{Bmatrix} 9+15 \\ 6+10 \\ 8+14 \end{Bmatrix} = 16$$

即 $S(B_1) = 17$ 且如果到达 B_1，那么下一站应到达 C_2；

$S(B_2) = 16$ 且如果到达 B_2，那么下一站应到达 C_2。

算出 $A \rightarrow E$ 的最短路径，通过上述分析可得

$$S(A) = \min\begin{Bmatrix} AB_1 + S(B_1) \\ AB_2 + S(B_2) \end{Bmatrix} = \min\begin{Bmatrix} 3+17 \\ 6+16 \end{Bmatrix} = 20$$

最后，可以得到：该部从 A 到 E 的最短通行路径为 $A \rightarrow B_1 \rightarrow C_2 \rightarrow D_1 \rightarrow E$，路程为 20 km。

从上面的解题过程可以看出，将一个多阶段决策问题转化为依次求解多个单阶段的决策问题时，一个重要特征是将前一阶段的最优解传递并纳入下一阶段一并考虑，即求解的各个阶段具有递推性，直至求出整个问题的最优解为止。

第二节 动态规划的基本概念和基本原理

一、动态规划的基本概念

通过例 4.1 可归纳出多阶段决策过程最优化问题的动态规划方法基本概念。

(一)阶段与阶段变量

将决策问题的全过程按时间或空间特征恰当地分成若干个相互联系的阶段，以便按次序去求解每一阶段的解。描述阶段的变量称为阶段变量。在多数情况下，阶段变量是离散的，用 k 表示。在例 4.1 中，就可分为 4 个阶段依次求解，决策变量 k 取值为 1，2，3，4。

(二)状态与状态变量

状态表示每个阶段开始所处的自然状况或客观条件，它不以人们的主观意志为转移。状态就是某阶段的出发位置，它既是该阶段某支路的起点，同时又是前一阶段某支路的终点。

在例 4.1 中，第一个阶段有一个状态即 A，而第二个阶段有两个状态 B_1 和 B_2，第三个阶段有三个状态 C_1，C_2 和 C_3，而第四个阶段有两个状态 D_1 和 D_2。

各阶段的状态通常用状态变量 s_k 来描述，状态变量不仅包括位置等自然条件和客观条件，有时还可能包括速度等说明系统特征的量，但无论用什么量描述，状态变量都必须具有无后效性，即某阶段的状态给定后，该阶段之后的决策只与该状态相关，而与以前的决策和状态无关。

(三)决策与决策变量

在一个阶段的状态确定以后，从该状态演变到下一阶段某个状态的一种选择(行动)称为决策。描述决策的变量称为决策变量，记作 u_k。由于决策随状态而变，所以决策变量 u_k 是状态变量 s_k 的函数，决策变量的范围称为允许决策集合，用 $D_k(S_k)$ 表示。如在例 4.1 第

二阶段中，若从状态 B_2 出发，可做出三种不同的决策，其允许决策集合 $D_2(B_2)=\{C_1,C_2,C_3\}$，若选取点为 C_2，则 C_2 是状态 B_2 在决策 u_2 作用下的一个新的状态，记作 $U_2(B_2)=C_2$。

（四）策略和后部子策略

从第一阶段 s_1 状态开始到最后阶段 s_n 状态为止，将每个阶段的决策 $u_k(s_k)(k=1,2,\cdots,n)$ 连接起来所构成的决策序列称为策略或全策略，记为

$$P_{1,n}(s_1)=\{u_1(s_1),u_2(s_2),\cdots,u_n(s_n)\}$$

如果不是从 s_1 状态开始，而是从第 k 阶段的 s_k 状态开始，至最后阶段 s_n 状态为止，那么将由 s_k 状态开始至 s_n 状态为止的策略序列称为后部子策略，记为

$$P_{k,n}(s_k)=\{u_k(s_k),u_{k+1}(s_{k+1}),\cdots,u_n(s_n)\}$$

可见，它是策略 $P_{1,n}(s_1)$ 的一个子策略，且是后部子策略。

在例 4.1 中，从 A 到 E 一共有 12 条路线，即 12 种策略，其中最优策略可表示为

$$P_{1,4}(s_1)=\{A,B_1,C_2,D_1,E\}$$

（五）状态转移方程

给定 k 阶段状态变量 s_k 的值后，一旦确定该阶段的决策变量 u_k，第 $k+1$ 阶段的状态变量 s_{k+1} 也就完全确定，即 s_{k+1} 的值随 s_k 和第 k 阶段的决策 u_k 的值变化而变化，用 $s_{k+1}=T_k(s_k,u_k)$ 表示。这是从 k 阶段到 $k+1$ 阶段的状态转移规律，称为状态转移方程。

（六）指标函数和最优指标函数

在多阶段决策问题中，指标函数是用来衡量策略或决策优劣的数量指标（即某种效率度量，如路程、成本、收益等），可分为阶段指标函数和过程指标函数。

1. 阶段指标函数

用 $V_k(s_k,u_k)$ 表示第 k 阶段处于 s_k 状态且做出决策 u_k 时的数量指标，表示从状态 s_k 演变到下一阶段某一状态 $s_{k+1}=T_k(s_k,u_k)$ 的指标。在例 4.1 中，V_k 就是从点到点的距离，如 $V_2(B_1,C_2)=7$。

2. 过程指标函数

过程指标函数是指从状态 s_k 出发至过程最终，当采取某种子策略时，按预定标准得到的效益值。这个值既与 s_k 的状态值有关，又与 s_k 以后所选取的策略有关，它是两者的函数，记作

$$V_{k,n}=V_{k,n}(s_k,u_k,s_{k+1},u_{k+1},\cdots,s_{n+1})$$

按问题的性质，过程指标函数可以是各阶段指标函数的和、积或是其他函数形式。在例 4.1 中，$V_{2,4}$ 就是 B_1 到点 E 的距离。

最优指标函数，是指对某一确定状态选取最优策略后得到的指标函数值，实际上也就是对应某一最优子策略的某种效益度量。对应于从状态 s_k 出发的最优子策略的效益值记作 $f_k(s_k)$，于是有

$$f_k(s_k)=\mathrm{opt}V_{k,n}$$

式中：opt 代表优化，可以是求最大或最小。在例 4.1 中，$f_2(s_2)=\mathrm{opt}V_{2,4}=17$，即从点 B_1

到点 E 的最短距离。

上述基本概念在多阶段决策过程中的关系如图 4-2 所示。

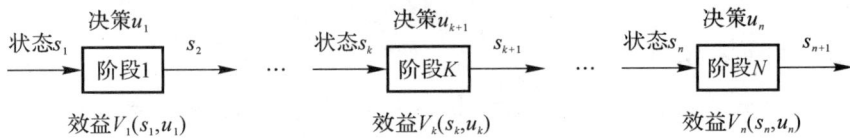

图 4-2 基本概念关系图

二、动态规划的基本原理

动态规划是以最优化原理为基础建立的一种求解多阶段决策的方法。

下面通过图 4-3 来形象地说明最优化原理。

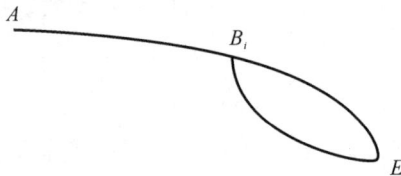

图 4-3 最优化原理示意图

若从始点 A 到终点 E，找到一条最短路线 A—E，则从该路线上的任何一点（例如 B_i 点）到终点的这段路线 B_i—E，也必然是从 B_i 出发到 E 的所有可能路线中的最短路线，否则路线 A—E 就不可能是最短路线。

按照最优化原理，这里给出动态规划解决问题的基本思想：

将问题的过程恰当地划分为若干个相互联系的子阶段（即子问题），从初始条件开始，逐段递推寻优，在每一个子问题的求解中，均利用了它前面的子问题的最优化结果，依次进行，最后一个子问题所得的最优解，就是整个问题的最优解。

将最优化原理用数学式表示，即为下列递推公式：

本阶段最优值＝max(min)［本阶段的效益值＋前一阶段的最优值］

$$f_k(s_k) = \max(\text{或 } \min)\{v_k(s_k, u_k) + f_{k-1}(s_{k-1})\}$$

依次类推，直到推出整个问题的最优解。

第三节 动态规划模型的建立与求解

一、动态规划模型的建立

第一步：划分阶段 k。

在确定多阶段特性后，按时间或空间先后顺序，将过程划分为若干相互联系的阶段。

第二步：正确选择状态变量 s_k。

选择变量既要能确切描述过程演变，又要满足无后效性，而且各阶段状态变量的取值能够确定。

第三步:确定决策变量 $u_k(s_k)$ 及允许决策集合 $D_k(s_k)$。

通常选择所求解问题的关键变量作为决策变量,同时要给出决策变量的取值范围,即确定允许决策集合。

第四步:确定状态转移方程。

根据 k 阶段状态变量和决策变量,写出 $k+1$ 阶段状态变量,状态转移方程应当具有递推关系。

第五步:确定阶段指标函数和最优指标函数,建立动态规划基本方程。

以上五步是建立动态规划数学模型的一般步骤。不同于线性规划模型,动态规划模型没有统一的模式,建模时必须根据具体问题具体分析。

二、动态规划的解法

动态规划问题一般有两种求解方法:逆序解法和顺序解法。所谓逆序解法,是从问题的最后一个阶段开始,寻优方向与多阶段决策问题全过程的发展相反。而顺序解法,是从问题的第一个阶段开始,寻优方向与多阶段决策问题全过程的发展相同。具体采用哪种解法应根据问题中的初始状态和终端条件来决定。

这里用逆序解法给出例 4.1 的求解过程。

对于例 4.1,划分为 4 个阶段,$k=1,2,3,4$,用 $f(x)$ 表示 x 点至终点 E 的最短路径,则:

当 $k=4$ 时,有

$$f_4(D_1)=6$$
$$f_4(D_2)=8$$

当 $k=3$ 时,有

$$f_3(C_1)=\min\begin{Bmatrix}C_1D_1+f_4(D_1)\\C_1D_2+f_4(D_2)\end{Bmatrix}=\min\begin{Bmatrix}10+6\\7+8\end{Bmatrix}=15$$

$$f_3(C_2)=\min\begin{Bmatrix}C_2D_1+f_4(D_1)\\C_2D_2+f_4(D_2)\end{Bmatrix}=\min\begin{Bmatrix}4+6\\9+8\end{Bmatrix}=10$$

$$f_3(C_3)=\min\begin{Bmatrix}C_3D_1+f_4(D_1)\\C_3D_2+f_4(D_2)\end{Bmatrix}=\min\begin{Bmatrix}15+6\\6+8\end{Bmatrix}=14$$

当 $k=2$ 时,有

$$f_2(B_1)=\min\begin{Bmatrix}B_1C_1+f_3(C_1)\\B_1C_2+f_3(C_2)\\B_1C_3+f_3(C_3)\end{Bmatrix}=\min\begin{Bmatrix}5+15\\7+10\\8+14\end{Bmatrix}=17$$

$$f_2(B_2)=\min\begin{Bmatrix}B_2C_1+f_3(C_1)\\B_2C_2+f_3(C_2)\\B_2C_3+f_3(C_3)\end{Bmatrix}=\min\begin{Bmatrix}9+15\\6+10\\8+14\end{Bmatrix}=16$$

当 $k=1$ 时,有

$$f_1(A) = \min \left\{ \begin{matrix} AB_1 + f_2(B_1) \\ AB_2 + f_2(B_2) \end{matrix} \right\} = \min \left\{ \begin{matrix} 3+17 \\ 6+16 \end{matrix} \right\} = 20$$

最后根据划线标记可以得到:该部从 A 到 E 的最短路径为 $A—B_1—C_2—D_1—E$,路程为 20 km。

同样,对于例 4.1 也可以采用顺序解法。

在顺序解法中,建立动态规划数学模型,根据边界条件,要从 $k=1$ 开始,从前往后推,从而逐步求得各段的最优决策和相应的最优值。需要注意的是,在顺序解法中,状态转移方程、允许决策集合、指标函数均应做相应的改变。

对于例 4.1,划分为 4 个阶段,$k=1,2,3,4$,用 $f(x)$ 表示 A 点至 x 点的最短路径,则:

当 $k=1$ 时,有

$$f_1(B_1) = 3$$
$$f_1(B_2) = 6$$

当 $k=2$ 时,有

$$f_2(C_1) = \min \left\{ \begin{matrix} B_1 C_1 + f_1(B_1) \\ B_2 C_1 + f_1(B_2) \end{matrix} \right\} = \min \left\{ \begin{matrix} 5+3 \\ 9+6 \end{matrix} \right\} = 8$$

$$f_2(C_2) = \min \left\{ \begin{matrix} B_1 C_2 + f_1(B_1) \\ B_2 C_2 + f_1(B_2) \end{matrix} \right\} = \min \left\{ \begin{matrix} 7+3 \\ 6+6 \end{matrix} \right\} = 10$$

$$f_2(C_3) = \min \left\{ \begin{matrix} B_1 C_3 + f_1(B_1) \\ B_2 C_3 + f_1(B_2) \end{matrix} \right\} = \min \left\{ \begin{matrix} 8+3 \\ 8+6 \end{matrix} \right\} = 11$$

当 $k=3$ 时,有

$$f_3(D_1) = \min \left\{ \begin{matrix} C_1 D_1 + f_2(C_1) \\ C_2 D_1 + f_2(C_2) \\ C_3 D_1 + f_2(C_3) \end{matrix} \right\} = \min \left\{ \begin{matrix} 10+8 \\ 4+10 \\ 15+11 \end{matrix} \right\} = 14$$

$$f_3(D_2) = \min \left\{ \begin{matrix} C_1 D_2 + f_2(C_1) \\ C_2 D_2 + f_2(C_2) \\ C_3 D_2 + f_2(C_3) \end{matrix} \right\} = \min \left\{ \begin{matrix} 7+8 \\ 9+10 \\ 6+11 \end{matrix} \right\} = 15$$

当 $k=4$ 时,有

$$f_4(E) = \min \left\{ \begin{matrix} D_1 E + f_3(D_1) \\ D_2 E + f_3(D_2) \end{matrix} \right\} = \min \left\{ \begin{matrix} 6+14 \\ 8+15 \end{matrix} \right\} = 20$$

最后根据划线标记可以得到:该部从 A 到 E 的最短路径为 $A—B_1—C_2—D_1—E$,路程为 20 km。

可以看到,顺序解法和逆序解法得到的结果是一样的。

第四节　动态规划在军事上的应用

军事领域很多问题都可以看作多阶段决策问题,因此动态规划理论在军事上应用十分广泛,除例 4.1 的最短路径选择问题外,还有军事资源分配问题(如兵力投入、武器装备分配等）。所谓的资源分配问题，通常是指将数量一定的一种或若干种资源（如资金、设备、人员等）分配到若干个活动中，目的是通过分配，最大限度地发挥资源作用，使得总效益最优。

资源分配问题的一般提法：有某种物资，总数量为 a，用于供给 n 个单位。若分配数量 x_i 用于供给第 i 个单位，其收益为 $g_i(x_i)$。问应如何分配，才能使 n 个单位的总收益最大？

此问题可以写成静态规划问题：

$$\max z = g_1(x_1) + g_2(x_2) + \cdots + g_n(x_n)$$

$$\text{s. t.} \begin{cases} x_1 + x_2 + \cdots + x_n = a \\ x_i \geqslant 0, \quad i = 1, 2 \cdots, n \end{cases}$$

当 $g_i(x_i)$ 都是线性函数时，它是一个线性规划问题；当 $g_i(x_i)$ 都是非线性函数时，它是一个非线性规划问题。

应用动态规划方法处理这类问题时，通常把资源分配给一个或几个使用者的过程作为一个阶段，把问题中的变量 x_i 作为决策变量，将累计的量或随递推过程变化的量选为状态变量。

设状态变量 s_k 表示分配给第 k 到第 n 个单位的物资数量；

决策变量 u_k 表示分配给第 k 个单位的物资数量，即 $u_k = x_k$；

状态转移方程为

$$s_{k+1} = s_k - u_k = s_k - x_k$$

允许决策集合为

$$D_k(s_k) = \{u_k \mid 0 \leqslant u_k = x_k \leqslant s_k\}$$

令最优指标函数 $f_k(s_k)$ 表示将数量为 s_k 的物资分配给第 $k \sim n$ 单位所得到的最大总收益。因此可写出动态规划的逆推关系式为

$$\begin{cases} f_k(s_k) = \max_{0 \leqslant x_k \leqslant s_k} \{g_k(x_k) + f_{k+1}(s_k - x_k)\}, \quad k = n-1, \cdots, 1 \\ f_n(s_n) = \max_{x_n = s_n} \{g_n(x_n)\} \end{cases}$$

例 4.2　（兵力投入问题）抗震救灾中，某支队准备派遣 5 个中队的兵力到 4 个灾区实施救援，由于各灾区灾情不同，投入不同中队数量产生的救灾预期效果也不同，具体见表 4-1。问应该怎样分配兵力，才能使总的预期效果最好？

表 4-1　兵力投放到灾区后救灾预期效果表

灾区	中队					
	0	1	2	3	4	5
1	0	16	38	55	68	76
2	0	20	43	60	75	87
3	0	18	42	58	74	80
4	0	25	46	66	82	94

解：5 个中队分配到 4 个灾区，按照灾区可划分为 4 个阶段，将第 k 个灾区的投入兵力

数量看成第 k 个阶段的决策,$k=1,2,3,4$。

当 $k=4$ 时,先考虑兵力投入第 4 灾区的情况。

若投入第 4 灾区的中队数为 x_4,则最大效果为

$$f_4(s_4)=\max_{0\leqslant x_4\leqslant s_4}\{g_4(x_4)\}$$

s_4 的取值范围为 $0,1,2,3,4,5$,则 $f_4(0)=0$,$f_4(1)=25$,$f_4(2)=46$,$f_4(3)=66$,$f_4(4)=82$,$f_4(5)=94$。

当 $k=3$ 时,考虑兵力投入第 $3,4$ 灾区的情况。

若投入第 3 灾区的中队数为 x_3,则最大效果为

$$f_3(s_3)=\max_{0\leqslant x_3\leqslant s_3}\{g_3(x_3)+f_4(s_4)\}$$

s_3 的取值范围为 $0,1,2,3,4,5$,则

$$f_3(0)=0$$

$$f_3(1)=\max\begin{Bmatrix}g_3(1)+f_4(0)\\g_3(0)+f_4(1)\end{Bmatrix}=\max\begin{Bmatrix}18+0\\0+25\end{Bmatrix}=25$$

$$f_3(2)=\max\begin{Bmatrix}g_3(2)+f_4(0)\\g_3(1)+f_4(1)\\g_3(0)+f_4(2)\end{Bmatrix}=\max\begin{Bmatrix}42+0\\18+25\\0+46\end{Bmatrix}=46$$

$$f_3(3)=\max\begin{Bmatrix}g_3(3)+f_4(0)\\g_3(2)+f_4(1)\\g_3(1)+f_4(2)\\g_3(0)+f_4(3)\end{Bmatrix}=\max\begin{Bmatrix}58+0\\42+25\\18+46\\0+66\end{Bmatrix}=67$$

$$f_3(4)=\max\begin{Bmatrix}g_3(4)+f_4(0)\\g_3(3)+f_4(1)\\g_3(2)+f_4(2)\\g_3(1)+f_4(3)\\g_3(0)+f_4(4)\end{Bmatrix}=\max\begin{Bmatrix}74+0\\58+25\\42+46\\18+66\\0+82\end{Bmatrix}=88$$

$$f_3(5)=\max\begin{Bmatrix}g_3(5)+f_4(0)\\g_3(4)+f_4(1)\\g_3(3)+f_4(2)\\g_3(2)+f_4(3)\\g_3(1)+f_4(4)\\g_3(0)+f_4(5)\end{Bmatrix}=\max\begin{Bmatrix}80+0\\74+25\\58+46\\42+66\\18+82\\0+94\end{Bmatrix}=108$$

当 $k=2$ 时,考虑兵力投入第 $2,3,4$ 灾区的情况。

若投入第 2 灾区的中队数为 x_2,则最大效果为

$$f_2(s_2)=\max_{0\leqslant x_2\leqslant s_2}\{g_2(x_2)+f_3(s_3)\}$$

s_3 的取值范围为 $0,1,2,3,4,5$,则

$$f_2(0)=0$$

$$f_2(1)=\max\begin{Bmatrix}g_2(1)+f_3(0)\\g_2(0)+f_3(1)\end{Bmatrix}=\max\begin{Bmatrix}20+0\\0+25\end{Bmatrix}=25$$

$$f_2(2)=\max\begin{Bmatrix}g_2(2)+f_3(0)\\g_2(1)+f_3(1)\\g_2(0)+f_3(2)\end{Bmatrix}=\max\begin{Bmatrix}43+0\\20+25\\0+46\end{Bmatrix}=46$$

$$f_2(3)=\max\begin{Bmatrix}g_2(3)+f_3(0)\\g_2(2)+f_3(1)\\g_2(1)+f_3(2)\\g_2(0)+f_3(3)\end{Bmatrix}=\max\begin{Bmatrix}60+0\\43+25\\20+46\\0+67\end{Bmatrix}=68$$

$$f_2(4)=\max\begin{Bmatrix}g_2(4)+f_3(0)\\g_2(3)+f_3(1)\\g_2(2)+f_3(2)\\g_2(1)+f_3(3)\\g_2(0)+f_3(4)\end{Bmatrix}=\max\begin{Bmatrix}75+0\\60+25\\43+46\\20+67\\0+88\end{Bmatrix}=89$$

$$f_2(5)=\max\begin{Bmatrix}g_2(5)+f_3(0)\\g_2(4)+f_3(1)\\g_2(3)+f_3(2)\\g_2(2)+f_3(3)\\g_2(1)+f_3(4)\\g_2(0)+f_3(5)\end{Bmatrix}=\max\begin{Bmatrix}87+0\\75+25\\60+46\\43+67\\20+88\\0+108\end{Bmatrix}=110$$

当 $k=1$ 时，考虑兵力投入 1，2，3，4 灾区的情况。

若投入第 1 灾区的中队数为 x_1，则最大效果为

$$f_1(s_1)=\max_{0\leqslant x_1\leqslant s_1}\{g_1(x_1)+f_2(s_2)\}$$

若 $s_1=5$，则

$$f_1(5)=\max\begin{Bmatrix}g_1(5)+f_2(0)\\g_1(4)+f_2(1)\\g_1(3)+f_2(2)\\g_1(2)+f_2(3)\\g_1(1)+f_2(4)\\g_1(0)+f_2(5)\end{Bmatrix}=\max\begin{Bmatrix}76+0\\68+25\\55+46\\38+68\\16+89\\0+110\end{Bmatrix}=110$$

此时对应的最大值为 110，由此得到最优策略为

$$x_1^*=0,\quad x_2^*=2,\quad x_3^*=2,\quad x_4^*=1$$

例 4.3　（武器装备分配问题）武警某部准备把 4 套装备配发给所属的 3 个分队，由于各分队的人力、技术等条件不同，利用这些装备所产生的战斗力增加值不同（见表 4-2），问如何分配这些装备，使该部产生的战斗力增加值最大？

表 4 - 2　采用不同套数的装备战斗力增加值表

分队	装备				
	0	1	2	3	4
一分队	0	4	9	15	19
二分队	0	8	18	22	26
三分队	0	5	11	17	22

解:思路同例 4.2,分为 3 个阶段,$k=1,2,3$;$f_k(x)$ 表示 x 套装备分配给第 k 个分队到第 3 个分队的最大战斗力增加值;$g_m(n)$ 表示 n 套装备分配给 m 分队产生的战斗力增加值。

当 $k=3$,也就是把装备全部分配给三分队的情况:
$$f_3(0)=0, \quad f_3(1)=5, \quad f_3(2)=11, \quad f_3(3)=17, \quad f_3(4)=22$$

当 $k=2$,也就是把装备分配给二分队和三分队的情况:
$$f_2(0)=0$$

$$f_2(1)=\max\begin{Bmatrix}g_2(1)+f_3(0)\\g_2(0)+f_3(1)\end{Bmatrix}=\max\begin{Bmatrix}8+0\\0+5\end{Bmatrix}=8$$

$$f_2(2)=\max\begin{Bmatrix}g_2(2)+f_3(0)\\g_2(1)+f_3(1)\\g_2(0)+f_3(2)\end{Bmatrix}=\max\begin{Bmatrix}18+0\\8+5\\0+11\end{Bmatrix}=18$$

$$f_2(3)=\max\begin{Bmatrix}g_2(3)+f_3(0)\\g_2(2)+f_3(1)\\g_2(1)+f_3(2)\\g_2(0)+f_3(3)\end{Bmatrix}=\max\begin{Bmatrix}22+0\\18+5\\8+11\\0+17\end{Bmatrix}=23$$

$$f_2(4)=\max\begin{Bmatrix}g_2(4)+f_3(0)\\g_2(3)+f_3(1)\\g_2(2)+f_3(2)\\g_2(1)+f_3(3)\\g_2(0)+f_3(4)\end{Bmatrix}=\max\begin{Bmatrix}26+0\\22+5\\18+11\\8+17\\0+22\end{Bmatrix}=29$$

当 $k=1$,也就是把装备分配给一分队、二分队和三分队的情况,因为就是考虑 4 套装备分给 3 个分队,所以只需计算 $f_1(4)$ 即可:

$$f_1(4)=\max\begin{Bmatrix}g_1(4)+f_2(0)\\g_1(3)+f_2(1)\\g_1(2)+f_2(2)\\g_1(1)+f_2(3)\\g_1(0)+f_2(4)\end{Bmatrix}=\max\begin{Bmatrix}19+0\\15+8\\9+18\\4+23\\0+29\end{Bmatrix}=29$$

根据划线回溯可得最优分配方案为：一分队分配 0 套，二分队分配 2 套，三分队分配 2 套，该部的最大战斗力增加值为 29。

第五节　Lingo 软件应用

Lingo 求解动态规划问题，首先要构建其线性规划的数学模型。由于 Lingo 中不允许出现非线性表达式，求解动态规划中的一些二次规划问题，需要为每一个实际约束增加一个对偶变量（Lagrange 乘子），转化二次型规划互补性，并用 QCP 命令指明实际约束的开始行号再求解。下面以例 4.4 为例，说明详细求解过程。

例 4.4　求解动态规划问题：

$$\min f = x_1^2 + x_2^2 + x_3^2$$

$$\text{s. t.} \begin{cases} x_1 + x_2 + x_3 \geqslant 9 \\ x_j \geqslant 0, \quad j = 1, 2, 3 \end{cases}$$

解：$k = 3$ 时，有

$$f_3(u_3) = \min_{x_3 = u_3} x_3^2 = u_3^2, \quad x_3^* = u_3$$

因为

$$x_1 + x_2 + x_3 = u_1 \geqslant 9, \quad u_2 = u_1 - x_1, \quad u_3 = u_2 - x_2, \quad u_4 = u_3 - x_3$$

相加得

$$x_1 + x_2 + x_3 \geqslant 9 - u_4$$

所以

$$u_4 = 0$$

即

$$x_3 = u_3$$

始端固定，终端固定。

$k = 2$ 时，有

$$f_2(u_2) = \min_{0 \leqslant x_2 \leqslant u_2} \{x_2^2 + (u_2 - x_2)^2\} = u_3^2/2, \quad x_2^* = u_2/2$$

$k = 1$ 时，有

$$f_1(9) = \min_{0 \leqslant x_1 \leqslant 9} \{x_1^2 + (u_2 - x_2)^2/2\} = 9^2/3 = 27, \quad x_1^* = 9/3 = 3$$

最优解为

$$x_1^* = x_2^* = x_3^* = 3$$

最优值为

$$f_{\min}(9) = 27$$

用 Lingo 求解，令 RT 为对偶变量，问题输入如图 4-4 所示。

第一行目标函数给出模型中变量出现的顺序：x_1, x_2, x_3，RT，用加号连接。第 3～5 行是在实际约束前增加的一阶最优条件，其 Lagrange 函数为 $L = x_1^2 + x_2^2 + x_3^2 - \mathrm{RT}(x_1 + x_2$

$+x_3-9$)。分别对原问题的决策变量 x_1、x_2、x_3 求偏导,令其不小于 0,实际是一阶最优条件,可得到以下约束:$2x_1-RT\geq0$;$2x_2-RT\geq0$;$2x_3-RT\geq0$。"end"后面的语句"QCP5"表示原问题真正的约束是从输入的第 5 行开始的,求得的结果如图 $4-5$ 所示。

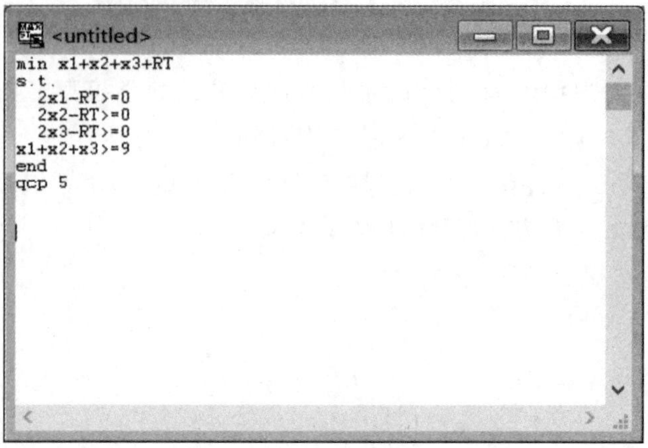

图 4-4 问题输入

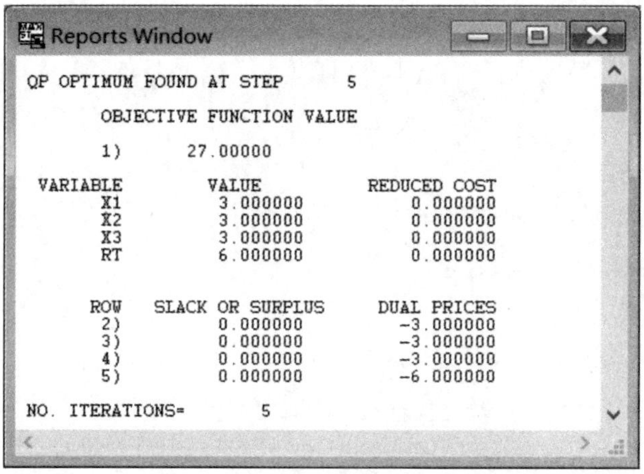

图 4-5 结果输出

习　题

1.回答下列问题:

(1)简述动态规划方法的基本思想。

(2)简述建立动态规划模型的基本步骤。

2.某部队需要从 A 地到 D_1 输送一批救灾物资,其中需经过两级中间站,两点之间的连线上的数字表示距离,如图 4-6 所示。问应该选择什么路线,使总距离最短?

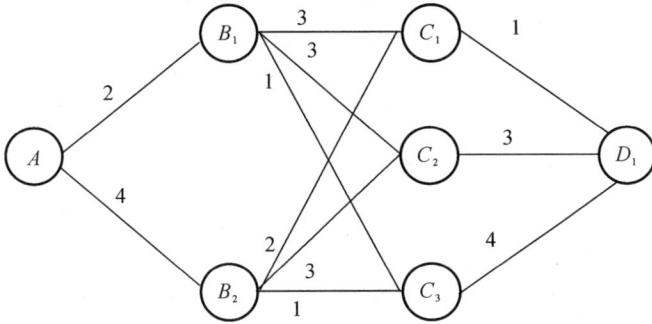

图 4-6　习题 2 图

3. 某学员还有 7 天就要进入有 4 门考试科目的期末考试。其想尽可能有效地分配这 7 天复习时间,每门学科至少需要 1 天复习时间。其每天只复习一门课,所以其可能分配给每门功课的时间是 1,2,3 或 4 天,估计每门课的时间分配可能产生的学分见表 4-3,试用动态规划方法求解这个问题,使能从这 4 门课中得到最高的总学分。

表 4-3　习题 3 表

天数	课程			
	一	二	三	四
1	4	3	5	2
2	4	5	6	4
3	5	6	8	7
4	8	7	8	8

4. 如果要从 A 地向 E 地铺设输油管道,B,C,D 分别为 3 个必须建立油泵加压站的地区,其中 $B_1,B_2,B_3,C_1,C_2,C_3,D_1,D_2$ 分别为可供选择的各站址。图 4-7 中的线段表示可铺设的位置,线旁的数字表示铺设这些管线所需的费用。问如何铺设管道才能使总费用最少?

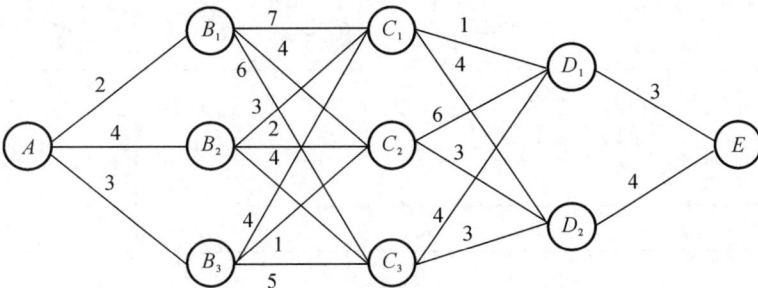

图 4-7　习题 4 图

5. 某部队拟对营区环境进行升级改造,总建设经费为 500 万元,有 3 个项目可供选择。

对每个项目的改造方案,投入金额不同,后期维护成本也不同(见表 4-4),问这笔经费应如何分配使用,使节约的维护总费用最多("—"表示该此种情况不允许发生)?

表 4-4 习题 5 表

金额/万元	节约成本/万元		
	项目 A	项目 B	项目 C
0	0	0	0
100	150	—	130
200	260	280	250
300	350	390	—
400	—	420	—

6.某部队有 12 支巡逻队,负责 4 个要害部位 A,B,C,D 的巡逻。对每个部位可分别派出 2～4 支巡逻队,由于派出巡逻队的不同,各部位预期在一段时期内可能造成的损失有差别。该部队应往各部位分别派出多少支巡逻队,使总的预期损失为最小(见表 4-5)?

表 4-5 习题 6 表

队数	部位			
	A	B	C	D
2	18	38	24	34
3	14	35	22	31
4	10	31	21	25

7.设资源份额为 m,工程个数为 n,分配 x 份资源给第 i 个工程获得的利润为 $G_i(x)$。设计动态规划算法给出最优资源分配方案,即将 m 份资源分配给 n 个工程获得的利润最大。

(1)写出动态规划函数及其递推表达式。

(2)$m=3$,$n=3$,利润见表 4-6。写出算法对表 4-6 中数据的计算过程,给出最大利润及最优分配方案。

表 4-6 习题 7 表

x	1	2	3
$G_1(x)$	7	13	16
$G_2(x)$	8	12	14
$G_3(x)$	5	18	19

第五章　军事活动中的评价分析方法

评价是评估、估量和测算。评价分析是评价主体采用科学方法,对评价对象各方面进行评审和比较,权衡利弊得失,综合评定对象的优劣,从而为选择方案提供依据。评价分析是对方案进行分析,选定方案的基础和前提。

第一节　评价分析概述

一、评价分析的分类

评价分析在军事活动的各个领域都有运用。根据不同的应用领域可以将评价分析进行分类。

(一)军事战略评价分析

军事战略是筹划和指导战争全局的方针策略,是一种有关全局的军事规划。军事战略包括对敌和自身军事战略目标、地缘战略重点、军力资源配置、作战思想、军事装备竞争和发展等内容。军事战略评价分析,是对军事战略相关内容确定的策略进行分析,从而为方案选优提供依据。

(二)武器装备评价分析

武器装备是用以实施和保障作战行动的武器、武器系统以及军事技术器材的统称,主要指武装力量编制内的武器、弹药、车辆、机械、器材、装具等。武器装备评价,是对武器装备相关内容进行评估。其主要包括武器装备体系评价、武器装备质量评价、武器装备作战效能评价、武器装备采购效益评价、武器装备采办风险管理评价、武器装备全寿命费用分析等。对武器装备进行评估分析,从而提供最优方案,对指导武器装备建设具有重要作用。

(三)作战行动评价分析

作战行动是军队为遂行作战任务而采取的行动。作战行动评价,是对部队达成既定目标或完成既定作战任务程度的评价和估量,是指挥员进行作战决策时的重要依据之一。其主要包括作战体系评价、作战行动效能评价、作战行动风险评价、作战效力评价等。对作战行动进行评估分析,从而提供最优方案,对于作战行动顺利开展,正确指导部队作战行动,进行作战建设具有重要作用。

(四)军事训练评价分析

军事训练是军事理论教育和作战技能教练的活动,是部队提高战斗力的根本途径,是做好战斗准备的关键环节,是军队和平时期的基本实践活动和中心工作。军事训练必须服从于战争需要,是战争实践的特殊表现形态,对战争活动和作战样式产生直接影响。军事训练是提高战斗力、发挥武器装备效能的重要手段。军事训练通常分为部队训练、院校训练和预备役训练;其主要内容包括军事技术训练、战术训练、体育训练、队列内务及纪律训练等。军事训练评价,是为军队在特定环境下完成规定的作战任务制定明确的标准,运用系统方法对军队的内部结构、要素、运行机制及外部表现(部队战斗力状态、对环境的适应能力)等,通过计算与分析进而进行判断。军事训练评价包括实装操作训练评价、部(分)队训练评价、首长机关训练评价、对抗演练评价等。军事训练评价分析可以检验部队日常训练,为部队日常训练提供策略,指导部队日常训练,提高部队训练质量和科学管理水平。

(五)军事人力资源评价分析

军事人力资源,是国家总人口中具有军事知识和技能,符合参加军事组织、军事生产和服务条件,能够从事军事活动的社会劳动力。军事人力资源评价分析,是以军队人力资源领域的问题为研究对象,构建要素指标体系,建立评价分析模型,通过计算对研究问题的经济性、技术性、社会性、效益性等方面进行分析,得出结论,为决策提供依据。军事人力资源评价包括军事人力资源价值评价、军事人力资源配置效能评价等。军事人力资源评价分析可以为军事人力资源深度开发提供策略,指导军事人力资源优化配置,加快部队战斗力生成。

二、评价分析的要素

评价分析是一个过程,由评价目的、评价主体、评价对象、评价方法、评价指标体系以及评价程序等要素组成。

(一)评价目的

目标的含义指的是人们在实践活动中所要达到的最终目的,它是人的主观愿望的集中体现。从系统的观点来看,如果将决策者希望影响或改造的事物看成一个系统,那么决策目标就是决策者所理想的一种系统状态。决策目标规定了人们未来行动的努力方向,它既是制定决策方案的基本出发点,也是衡量决策方案质量的最终标准。

评价是决策的前提。评价目的与决策目标相连,即对评价对象进行评价达到的目标和结果。在军事决策中,决策者要确定方案,大多数情况下,其评价的目的就是为某个问题找到决策方案提供依据。

(二)评价主体

评价主体,即对评价对象进行评价分析的实施者,可以是单个人,也可以是群体。如某支队要对某中队进行安全管理效能评估,该支队即为评价主体;同理,某支队要对某中队反恐怖作战的能力进行评估,该支队即为评价主体。

(三)评价对象

评价对象是评价主体进行评价的客体。如某支队要对某中队进行安全管理效能评估,该中队即为评价对象;同理,对某中队反恐怖作战的能力进行评估,该中队即为评价对象。

(四)评价方法

评价方法是评价主体对评价对象进行评估分析的手段和方式。目前,评价方法众多,有定性的方法,有定量的方法以及定性与定量相结合的方法。定性的方法偏重于评价主体的主观经验进行评价;定量的方法偏重于借助数学模型进行评价;定性与定量相结合的方法则倾向于主观经验和数学模型的结合。

主要评价方法如下。

1. 德尔菲法

德尔菲法又称专家咨询法,它是在 20 世纪 40 年代由赫尔姆(O. Helmer)和达尔克(N. Dalkey)首创,是为避免集体讨论存在的屈从于权威或盲目服从多数的缺陷,而提出的一种评价方法。

2. 层次分析法

层次分析(Analytic Hierarchy Process,AHP)法,是在 20 世纪 70 年代由赛迪(T. L. Saaty)提出的一种将定量分析与定性分析相互结合,系统化、层次化的方法。此方法的基本思路是将所要研究问题的相关因素进行分解,分解为目标、准则、方案等层次,而后在准则、方案层次上,通过对各层次因素的比较计算,得到不同层次各组成因素的重要程度。它的特点是将复杂的问题数字化、简单化,而且不依赖于大量统计数据,从而使一些复杂问题或者多目标、多因素的问题能够被有效分析。

3. 模糊综合评价法

综合评价亦称多属性评价。模糊综合评价(Fuzzy Comprehensive Evaluation Method,FCE)法,是借助于模糊数学对多属性评价对象进行评估分析的方法。模糊综合评价方法适用于对多属性事物的评价。

4. 数据包络分析法

数据包络分析(Data Envelopment Analysis)法,简称 DEA 法,主要是按照多项投入指标和多项产出指标,并结合线性规划,实现对能够相互之间比对的同类型单位进行有效性评价的一种数量分析方法。

使用此方法的主要目的为,保持决策单元(Decision Making Units,DMU)中所涉及相关的输入输出等都不会发生变化,通过利用数学工具对所统计的数据加以分析,对决策单元偏离 DEA 前沿面的程度进行相互对比,最终确定各决策单元的相对有效性。

5. ADC 法

ADC 法由美国工业界武器系统效能咨询委员会(WSEIAC)提出,是一种出现频率高且较其他方法相对完善的,对武器系统效能进行评估的方法。此方法的最大特点是借助于 ADC 模型,求武器系统效能。

此方法认为:系统效能是预估判断系统满足既定任务要求程度的数字化度量,ADC 模型是系统的可用度,可信度与能力 3 个指标构成的式子。根据可用度、可信度和能力 3 个指标对系统进行评价,并通过 $E = A \cdot D \cdot C$ 计算,计算得到系统效能(E 为系统效能值)。

本书主要对上述方法进行系统介绍。

（五）评价指标体系

1. 评价指标体系

衡量一个评价对象优劣、好坏的标准，称为评价指标。衡量一个评估对象的优劣、好坏，不仅需要衡量其达成评价目标的效果如何，而且还要从所需付出的代价以及需要承担的风险等多个方面进行考察和评价。在许多情况下，导致方案评价失误的原因往往在于所采用的评价指标不当，或者根本就没有什么明确的指标。要科学地对评价对象进行评价，必须首先确定相应的评价指标。评价指标体系，即由评价指标按照评价对象的内在规律和逻辑结构排列组合而成的有机整体或集合。

2. 评价指标体系建立原则

指标体系的确立应遵循如下原则。

（1）整体全面原则

评价指标体系要能从多方面全因素地分析评价对象，指标能够全面地反映评估对象的真实状态。指标体系建立必须全面系统。

（2）真实可靠原则

评价指标体系要符合评价目的要求，并易于度量。在使用指标评价时，使用数据易于梳理和分析，评价指标易于用等级表征，易于反映评价对象特征，确保评价结果真实、可靠。

（3）客观实际原则

为了使评价结果准确、有效，在确定评价指标体系时，要联系实际，一切从实际出发，依据客观事实建立评价指标体系。

（4）层次性原则

评价指标体系应该主次分明，有层次性。评价指标体系一般分为三层，也可四层、五层，可层层细化，便于评价。

（5）相互独立性原则

评价指标体系同级指标之间不应该存在包含关系，指标之间应尽可能独立。

（六）评价程序

评价程序是评价方法的体现，不同的评价方法，评价过程略有不同。一般而言，评价分析过程分为六步。

1. 确定评价对象和目的

确定评价对象和目的是实施评价分析的第一步，也是评价分析的基础工作。进行评价分析必须首先清楚要干什么，以及对谁进行评价。

2. 确定评价分析的指标体系

选择能反映事物本质特征的内容作为评价指标，建立能够从不同角度、不同侧面反映分析对象的评价指标体系。评价分析指标可以是定量的，也可以是定性的；评价指标体系可以是单一层次的，也可以是多层次的。

3.确定评价分析标准,进行无量纲化处理

评价分析时,必须做到:

1)指标都从同一角度说明评价对象,即评价评价对象时,指标必须同向化;

2)对评价对象进行评价,指标值可以相加,要求消除之间不同计量单位对评价对象指标不能加总的问题,需要对指标进行无量纲化处理,使之在此基础上能够综合汇总。

4.确定指标权重

评价分析涉及众多因素,每一层指标其所占的重要程度是不一样的,对评价对象进行评价,必须确定每一层指标的权重,而权重的确定需要一定的方法,必须遵循一定的原则。

权重必须遵循一定的原则:

1)指标权重值为取值范围为[0,1]的数;

2)同一层次的各指标权重和为1。

5.确定指标评价等级

评价主体要依据评价指标体系中每个指标所代表的特性,事先制定出判断评价对象不同水平的标准,根据标准进行评价分析,得出评价结果。评价的结果可以是量化的分数,也可以是等级。

6.得到综合评价结果

在对各个指标指定评价分析标准,进行无量纲化处理、权重确定以及确定指标评价等级之后,借助于确定指标评价等级,得到评价对象的综合评价结果,并可以依据得出的综合评价结果,分析评价对象的不足,据此找到原因,提出相应的改进措施。

第二节　德　尔　菲　法

一、德尔菲法的基本概念

德尔菲法又称专家咨询法,是在 20 世纪 40 年代,由赫尔姆(O. Helmer)和达尔克(N. Dalkey)首创,后经过戈尔登(Gordon)和兰德公司进一步发展而成的。

德尔菲法是一种专家咨询评价方法,以专家为信息索取对象,通过反复征询的方式,将每次征询结果进行量化处理和分析,并反馈给专家,逐渐让专家意见趋于一致的评价方法。随着德尔菲法广泛使用,德尔菲法已改变了其定性方法的属性,逐渐演变为一种定性与定量相结合的方法。

二、德尔菲法的特点

德尔菲法具有如下典型的特点:

1)匿名性。在使用德尔菲法时,采用匿名的方式,要求每一位专家独立自由地做出自己的判断,专家之间不得发生与主题相关的任何联系,专家采用背对背的形式进行判断。同时征询意见通过匿名的征询调查表形式进行,专家不受外部的干扰和影响。

2)反馈性。组织者对每一轮的征询结果做出统计、分析后,将统计结果反馈给每位受邀专家,以此作为专家在下一轮评价的参考。由于专家能在后几轮评价过程中了解到前一轮汇总情况以及其他专家的意见,因此可进行比较、分析,相互启发,使专家的意见较快收敛。反馈性是德尔菲法的核心。

3)统计性。对评价结果进行数据处理——统计性。依据数据统计结果,可以进行评价结果离散程度分析,通过分析可以对数据有效性进行判断,为是否进行下一轮评价提供依据。

上述特点使德尔菲法成为一种科学、有效的评价分析法。借助于专家的经验,通过背靠背地发表意见,以及科学的统计方法对各个专家的意见进行分析判断,经多次反复征询,最终形成客观的评价结果。

需要强调的是,不同的专家,其直观评价意见不可能完全一样,有可能得不到完全统一的评价结果。另外,由于要经过多轮评价且还需要对数据进行统计分析,因此其可能花费时间较长。

三、德尔菲法的构成要素

德尔菲法有三个组成要素:组织者、咨询评价的专家、征询调查表。

1)组织者,亦称领导小组。其主要工作包括:对评价工作进行组织和指导,包括确定需要咨询的问题;选择参加的专家;编制调查表进行反馈调查;寄出征询调查表,对各轮回收的专家意见进行汇总整理、统计分析。

2)咨询评价的专家,其工作是填写征询调查表,专家的人数一般控制为10~50人。人数太少缺乏代表性,起不到集思广益的作用,同时影响评价结果精度;人数太多难以组织,意见难集中,对数据处理也较复杂。从第二轮开始向他们反馈的征询结果中含有他们的意见。他们可以修改自己的看法,也可以说明坚持原来看法或者说明与众不同的理由。

3)征询调查表,是德尔菲法实施的基础。调查表要简明、便于应答,不能含有组织者的意见,咨询问题的数量要适当,避免使用模糊用语,等等。依据评价问题的难易程度、调查的实际,征询调查表可分为定性调查表和定量调查表。

使用德尔菲法进行评价时,组织者的主要任务是收集和分析小组成员的意见建议,并进行统计分析。当前随着互联网的发展,调查表也可以通过网络进行。

四、德尔菲法的操作分析过程

(一)德尔菲法的操作程序

德尔菲法实施一般分为五步。德尔菲法操作过程中。每一次征询就叫"一轮"。每一轮中,评价专家和组织者其任务均有所不同。征询调查表不仅仅提出问题,而且还要向专家成员提供有关集体意见情况和其他专家成员各自的观点等信息材料。

第一步:成立评价领导小组。主要任务是对评价工作进行组织和指导,包括:明确目标,选择参加评价的专家,编制调查表进行调查,对各轮回收的专家意见进行汇总整理、统计分析。

第二步:选择参加评价的专家。专家的代表面应广泛。要包括对评价问题有较深研究的专家,还应包括对评价比较了解并有丰富实践经验的决策人员。

第三步：设计调查表。

第四步：答询。一般分四轮。第一轮，发放第一个调查表及评价问题的相关背景材料；回收专家填写好的调查表，对专家的意见进行统计处理，根据意见的总体倾向（均值）和离散程度（方差），对专家的意见进行归纳；制定第二份征询调查表。

第二轮，发放第二个调查表、第一轮的统计结果及归纳整理好的专家意见给各个专家，要求专家小组成员在收到反映专家小组意见的综合统计报告后，要仔细审阅统计的结果，成员要根据意见的总体倾向（均值）和离散程度（方差）以及评价的各种意见来修改自己的评价，对于自己的意见和大家不一致，则要求其说明做出这种评价的理由，并对小组成员中持反对观点的成员的意见给予评论；收集第二份调查表，对专家的意见进行统计处理，根据意见的总体倾向（均值）和离散程度（方差），对专家的意见进行归纳；制定第三个调查表。

第三轮，是第二轮的重复。发放第三个调查表、第二轮的统计结果及归纳整理好的专家意见给各个专家；收集第三份调查表，对专家的意见进行统计处理，根据意见的总体倾向（均值）和离散程度（方差），对专家的意见进行归纳；制定第四个调查表。

第四轮，第四轮是第三轮的重复。

需要注意的是，经过四轮的答询，一般能得到协调程度较高的结果。同时也要注意，也有最终专家的意见难以达成一致情况，对于这种情况要把这种不能达成一致的意见作为德尔菲法实施的最终结果，不纯追求简单的意见一致。

第五步：编写和提交评价报告。

（二）专家小组的选择

选择专家是由评价的任务决定的。在选择专家时要考虑到以下几点：广泛的代表性；对需要进行评价的问题比较熟悉，有较丰富的知识和经验，能全程参加德尔菲法分析的全过程；成员人数要适当，一般控制为 10～50 人。

（三）德尔菲法中常用的统计方法

专家组对评价对象评价，一般以一列数据来表示。数据处理时，将数据由小到大排成一个数列，用中位数、上四分点和下四分点来全面衡量数据。中位数反映了专家意见的协调程度，上、下四分点反映了专家意见的分散程度。

美国著名预测学家扬奇（E. Jantsch）给出了根据中位数推算上、下四分点的经验公式，这种方法称为四分法。

德尔菲法中常用四分位法进行统计分析。基本步骤为：

第一步：将专家评价的数据由小到大排成一个数列，并求全距。

第二步：确定四分点的位置。

第三步：依据四分点的位置，确定相应的四分位数。

设中位数、下四分位数和上四分位数分别为 $X_中$，$X_下$，$X_上$。当计算得到的四分点位置为整数时，其相应的四分位数等于该位置上的数据；当计算得到的四分点位置为小数时，其相应的四分位数为该小数相邻的两个整数位置数据的加权平均值。

第四步：结果分析。

中位数表示专家组评价数据的期望值，全距表示评价数据的最大变动幅度，上、下四分

点级差 $R = X_上 - X_下$ 表示专家评价数据的分布程度。

第三节　层次分析法

一、层次分析法的基本概念

层次分析(Analytic Hierarchy Process,AHP)法,是 20 世纪 70 年代由美国的运筹学家赛迪(T. L. Saaty)提出的一种评价分析的方法。此方法是对评价对象进行评价分析,对复杂决策问题进行方案选择的基础,其将一个复杂决策问题作为系统,对问题目标进行分解,形成复杂决策问题由"目标、准则、评价对象"为组成元素的层次结构,依据问题的准则对评价对象进行评价,通过计算出各层元素的相对于其上层元素的单排序进而得到评价对象相对于复杂决策问题目标的总排序,为复杂决策问题方案的确定奠定基础。

二、层次分析法的特点

1)层次性。层次性主要体现在对评价对象进行评价时,需建立层次结构模型。层次结构模型一般分为三层:目标层、准则层、方案层。如要对 n 个基层中队枪弹安全管理绩效进行评价,可以建立其层次结构模型,层次结构模型包括目标层、准则层、方案层。目标层元素为枪弹安全管理绩效,准则层元素可以为管理制度、管理方法、管理环境等,方案层元素为 n 个基层中队。当然,对于 n 个基层中队的枪弹安全管理绩效评价也可以根据实际枪弹安全管理工作,将准则层元素进行层次分解,形成子准则层,构建多于三层的层次结构模型。

2)定性分析与定量分析相结合。定性分析主要体现在使用层次分析法时,需要建立层次结构模型,层次结构模型往往是主观判断的结果;定量分析主要体现在使用层次分析法评价评价对象,需要在建立好的层次结构模型基础之上,对同一层级的元素两两进行比较,综合计算每个元素的权重,以及评价对象相对于目标层的重要度,为评价对象选择提供定量依据。

三、层次分析法实施的过程

层次分析法广泛应用于系统评价中。此方法的核心是确定层次结构模型各层元素权重。各层元素权重的确定需要借助于一定标准对同一层次的元素两两进行比较,通过综合计算得到同一层级多元素的权重。具体的步骤包括:构建层次结构模型,建立判断矩阵,层次单排序及一致性检验,层次总排序及一致性检验。层次分析法实施的流程如图 5-1 所示。

(一)构建层次结构模型

依据决策问题,确定决策问题的目标、评价准则和评价对象,并依据它们之间相互关系构建层次结构模型。层次结构模型一般分为三层,即最高层、中间层和最低层。

1)最高层,亦称目标层,通常只有一个元素,表示要达到的目标,是评价的最高准则。目标层这个元素,一般为决策问题的目标。

2)中间层,亦称准则层、指标层,通常为多个元素,表示要达到目标所采取的手段以及考虑的因素,一般为评价准则。

3)最低层,亦称方案层、评价对象层,通常为多个元素,为评价的对象或决策所要选的备选方案。

各层间元素依据相互关系用直线连接起来,形成层次结构模型。层次结构模型形式分为三种,即完全相关结构,完全独立结构以及混合结构。

中间层元素是达到目标所采取的手段以及考虑的因素,其是目标层的分解。对于具体的问题,由于评价准则有递阶评价子准则,所以层次结构模型中间层有可能存在不止一层的情况。

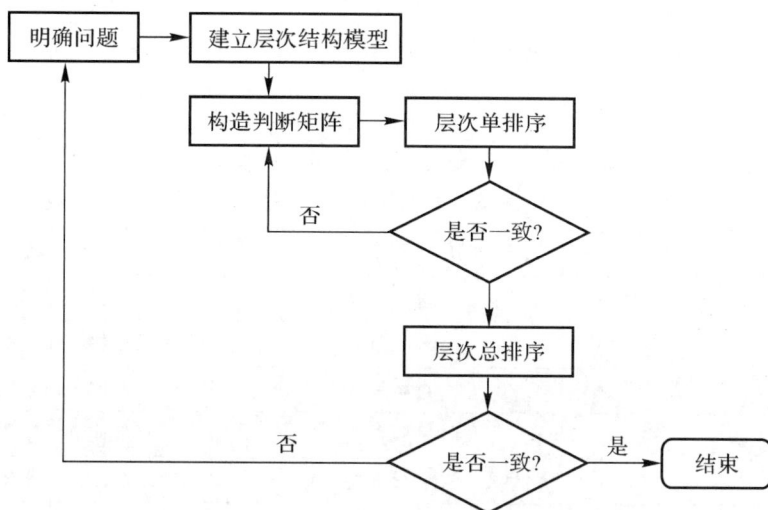

图 5 − 1 AHP 实施的流程图

下面举例说明。如某部队要选择一种装备,现有甲(P_1)、乙(P_2)、丙(P_3)三种装备可供选择,选择的原则兼顾三个方面——可靠性(C_1)、实用性(C_2)、经济性(C_3),问应选择哪种装备?

首先可建立问题的递阶层次结构模型,如图 5 − 2 所示。

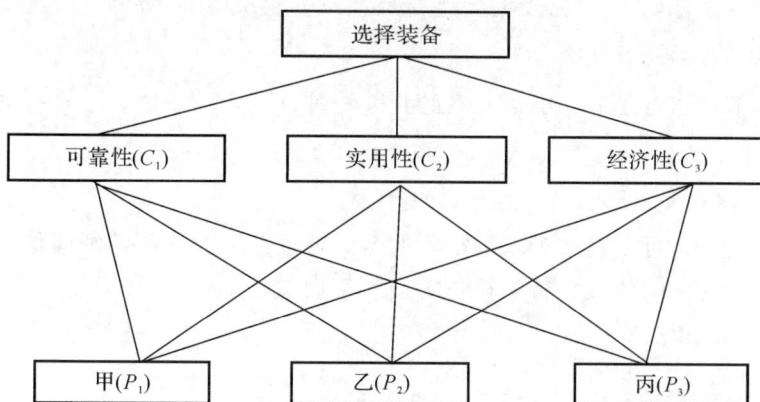

图 5 − 2 层次结构模型图

(二)建立判断矩阵

对于确定各层元素之间的权重,赛迪(T. L. Saaty)及其学生提出了判断矩阵法——在准则一定的情况下通过对同一层元素两两进行重要性相互比较,得到各层元素的权重。判断矩阵法建立了同一层元素两两进行重要性比较的一套标度,提出了判定判断矩阵有效性的方法,用以判定各层元素的权重求解结果是否有效。

判断矩阵 A 是表示各层元素相对于上一层某一个元素相对重要性比较结果的表示形式。

$$A = \begin{bmatrix} a_{11} & a_{12} & \cdots & a_{1n} \\ a_{21} & a_{22} & \cdots & a_{2n} \\ \vdots & \vdots & & \vdots \\ a_{n1} & a_{n2} & \cdots & a_{nn} \end{bmatrix}$$

判断矩阵的元素 a_{ij} 用赛迪的 $1\sim9$ 标度方法给出,标度定义见表 $5-1$。

表 5−1　判断标度表

相对重要程度 a_{ij}	定义	解释
1	同等重要	i 元素比 j 元素同样重要
3	略微重要	i 元素比 j 元素略微重要
5	明显重要	i 元素比 j 元素明显重要
7	强烈重要	i 元素比 j 元素强烈重要
9	绝对重要	i 元素比 j 元素绝对重要
2,4,6,8	介于两重要程度之间	

判断矩阵具有如下性质:

$$a_{ij} = \frac{1}{a_{ji}} \tag{5-1}$$

判断过程中需要做的工作:合理选择咨询对象;创造适合于咨询的良好环境;设计好调查表;及时分析专家咨询信息,必要时要进行反馈及多轮次咨询;等等。

(三)层次单排序及一致性检验

各层元素,依据相对于上一层某元素的判断矩阵计算出的权值大小进行次序排列,称为层次单排序。

1.求各层元素权值

求各层元素权值,可以归结为求解矩阵的最大特征值和对应的特征向量,即对判断矩阵 A,计算满足 $AW = \lambda_{\max}W$ 的最大特征根与对应特征向量。

(1)求最大特征根

计算最大特征根 $\lambda_{\max}$:

$$\lambda_{\max} = \frac{1}{n} \sum_{i=1}^{n} \frac{(AW)_i}{w_i} \tag{5-2}$$

式中：$\lambda_{\max}$为 A 的最大特征根；W 为对应于 $\lambda_{\max}$ 的正规化特征向量；W 的分量 w_i 即为 A 中相应 i 元素的权重。

（2）计算权值

AHP 法对判断矩阵进行权重计算时，通常采用——和法、特征根法、方根法等计算方法。

使用和法进行计算时，首先，对判断矩阵 A 的每行的元素相加求和：

$$\bar{W} = \begin{bmatrix} \sum_{j=1}^{n} a_{1j} \\ \sum_{j=1}^{n} a_{2j} \\ \vdots \\ \sum_{j=1}^{n} a_{nj} \end{bmatrix} = \begin{bmatrix} \bar{w_1} \\ \bar{w_2} \\ \vdots \\ \bar{w_n} \end{bmatrix} \qquad (5-3)$$

其次，将求和的各个结果归一化运算：

$$w_i = \frac{\bar{w_i}}{\sum_{i=1}^{n} \bar{w_i}}, \quad W = \begin{bmatrix} w_1 \\ w_2 \\ \vdots \\ w_n \end{bmatrix} \qquad (5-4)$$

经过处理后的向量 W 就是所求的权重向量。

2. 对判断矩阵一致性检验

对判断矩阵一致性检验的步骤：

其一，计算一致性指标（Consisteney Index，CI）。

$$CI = \frac{\lambda_{\max} - n}{n - I}$$

为了检验判断矩阵是否具有满意的一致性，需要将 CI 与平均一致性指标（Random Index，RI）进行比较。

其二，查找相应的平均随机一致性指标。

当 $n = 1, 2, 3, \cdots, 9$ 时，赛迪给出了 RI 值（见表 5-2）。

表 5-2 矩阵阶数为 1～9 的 RI 值

n	1	2	3	4	5	6	7	8	9
RI	0	0	0.58	0.9	1.12	1.24	1.32	1.41	1.45

其三，计算一致性比例。

$$CR = \frac{CI}{RI}$$

当 CR＜0.10 时，认为判断矩阵的一致性是可以接受的，否则应对判断矩阵做适当修正。

对于"某部队要选择一种装备,现有甲(P_1)、乙(P_2)、丙(P_3)三种装备可供选择,选择的原则兼顾三个方面——可靠性(C_1)、实用性(C_2)、经济性(C_3)。问应选择哪个装备?"的问题,通过构造各层判断矩阵,计算各层元素之间相对权重和最大特征根,并根据特征根进行一致性检验得各层元素相对于上层的权重(见表5-3~表5-6)。

表5-3　准则层元素相对于目标层元素的权重

	C_1	C_2	C_3	权重系数
C_1	1	3	1	0.43
C_2	1/3	1	1/3	0.14
C_3	1	3	1	0.43

表5-4　方案层元素相对于准则层元素 C_1 的权重

C_1	P_1	P_2	P_3	权重系数
P_1	1	1/4	1/2	0.14
P_2	4	1	3	0.63
P_3	2	1/3	1	0.24

表5-5　方案层元素相对于准则层元素 C_2 的权重

C_2	P_1	P_2	P_3	权重系数
P_1	1	1/3	1/5	0.10
P_2	3	1	1/3	0.26
P_3	5	3	1	0.64

表5-6　方案层元素相对于准则层元素 C_3 的权重

C_3	P_1	P_2	P_3	权重系数
P_1	1	1/3	5	0.28
P_2	3	1	7	0.65
P_3	1/5	1/7	1	0.07

(四)层次总排序及一致性检验

对于上例,通过构造矩阵,计算出方案层元素相对于目标层元素的总权重,并据此对方案排序(见表5-7)。经检验层次总排序通过一致性检验。

表5-7　方案层相对于目标层的权重

方案	权重			总排序权值	方案排序
	C_1	C_2	C_3		
	0.43	0.14	0.43		
P_1	0.14	0.10	0.28	0.19	3

方案	权重			总排序权值	方案排序
	C_1	C_2	C_3		
	0.43	0.14	0.43		
P_2	0.63	0.26	0.65	0.59	1
P_3	0.24	0.64	0.07	0.22	2

四、层次分析法的优缺点

(一)优点

1)建立的层次结构模型,可以清晰地表示出各个层级以及各个要素之间关系。

2)在相关资料不足时,可依据专家经验得到各层元素相对权重。

(二)缺点

1)要素之间两两比较时,借鉴专家经验较多。

2)层次分析时,要素的相关性可能考虑不足。

第四节　模糊综合评价法

一、模糊综合评价法的基本概念

在军事活动中,经常遇到对作战行动、武器装备、军事科研项目等进行评价的情况,需要对其好坏、优劣做出评价。由于评价对象不一定只受一种因素的影响,所以评价时必须兼顾各个方面,这样的评价叫综合评价;在评价时需要考虑各种因素的影响程度,如大小、轻重、好坏等,即考虑的因素具有模糊性,这样的评价称为模糊综合评价。

模糊综合评价(Fuzzy Comprehensive Evaluation Method,FCE)法,是以模糊数学为基础,应用模糊关系合成原理,对受到多种因素制约的事物或对象,从多个因素对其隶属等级状况进行评估和比较的一种方法。该方法主要借助于专家对评价指标的理解对评价对象做出判断,适合解决各种非确定性问题。

二、模糊综合评价法的基本思想和原理

现实生活中模糊现象无处不在,如学员综合素质高、作战行动方案符合作战实际等。数学是以数量的形式研究解决现实问题的工具。经典数学以及统计数学已无法有效解决有关模糊现象的问题,需以新的工具来研究和处理模糊现象问题。模糊数学(Fuzzy Maths)是处理和研究模糊现象和事物的工具和方法。在模糊数学研究领域,贡献最为突出的是美国的查德(L. A. Zadeh)教授,其于 1965 年发表 *Fuzzy Sets* 一文。该文为模糊数学研究奠定了基础,该文的发表也标志模糊数学学科的诞生。

　　基本思想:模糊综合评价法是多指标评价、多属性评价方法,是以模糊数学有关理论为基础,借助于模糊集模糊关系的复合运算,从多个因素对评价对象隶属等级进行判定,从而确定评价对象的属性和等级。

　　基本原理:首先确定评价对象的因素集和评语等级集;其次分别确定评价对象各个因素的权重,并得到评价对象相对于评语等级的隶属度矩阵;最后把隶属度矩阵与评价对象因素集的权向量进行模糊运算,得到评价对象综合评价结果。

三、模糊综合评价法实施的过程

　　模糊综合评价(FCE)法与层次分析(AHP)法类似,包含有定量分析和定性分析。模糊综合评价法广泛应用于作战行动、武器装备、军事科研项目等方面的评估。其确定指标权重的核心是在建立好的指标体系基础之上,计算每个因素的权集系数,以及确定各因素的隶属度。具体的步骤包括:确定评价对象的因素集;确定评语等级集;确定评价对象因素的权向量;确定评价对象相对于评语等级集的隶属度矩阵 R;计算综合评定向量,确定综合评定值。

(一)确定评价对象的因素集

$$U=\{U_1,U_2,U_3,\cdots,U_i,\cdots,U_m\},\quad i=1,2,3,\cdots,m$$

式中:m 是评价对象因素的个数,评价对象的因素集表明对评价对象评判描述的方面。确定评价对象的因素集实质是建立指标体系的过程。由于模糊综合评价可分为一级模糊综合评价和多级模糊综合评价,所以对于不同模糊评价,建立指标体系形式各不相同。

　　把因素集合 U 按照不同性质进行划分,能够得到彼此之间互不相交的因素子集,因素集合 U 为

$$U=\{U_1,U_2,U_3,\cdots,U_i,\cdots,U_m\},\quad i=1,2,3,\cdots,m$$

其中,U_i 指的是第一层第 i 个因素,U_i 是由第二层 n 个因素决定的:

$$U_i=\{U_{i1},U_{i2},U_{i3},\cdots,U_{ij},\cdots,U_{in}\},\quad j=1,2,3,\cdots,n$$

其中,U_{ij} 指的是第二层第 j 个因素,U_{ij} 是由第三层 q 个因素决定的:

$$U_{ij}=\{U_{ij1},U_{ij2},U_{ij3},\cdots,U_{ijq}\}$$

(二)确定评语等级集

　　评语等级集是指对评价对象或评价对象的因素做出的评价,区分等级层次的一个集合,可用 V 表示。评语等级集包含了所有评价等级,它与评价对象、评价对象的因素以及层次的多少无关。

$$V=\{v_1,v_2,\cdots,v_i,\cdots,v_n\}$$

式中:v_i 代表第 i 个评价结果;n 为评语等级数。

　　可用适当的语言对评价具体等级进行描述,比如评价某部队战斗力可用 $V=\{$强、中、弱$\}$,评价某部队管理水平可用 $V=\{$高、较高、一般、较低、低$\}$,评价装备质量可用 $V=\{$好、较好、一般、较差、差$\}$等。

(三)确定评价对象因素的权向量

　　各因素权值是各因素重要性的反映。对于因素集合 U 的因素 U_i 权值 $a_i(i=1,2,\cdots,m)$ 其应大于等于 0,且同一层级各因素权值之和 $a_1+a_2+a_3+\cdots+a_i+\cdots+a_m=1$。

将同一层级各因素的权重组成的向量称为权向量。因素集合 U 的因素 U_i 权值组成的向量用 A 来表示。

对于模糊综合评价,确定同一层级的各因素权重至关重要。确定的各因素权重不一样则同一问题得到的评价结果不一样。确定权重的方法众多,如层次分析法、德尔菲法等。

(四)确定评价对象相对于评语等级集的隶属度矩阵 R

评价对象相对于评语等级集的隶属度矩阵 R,需以单因素评价为基础。对因素集 U 中的单因素 $U_i(i=1,2,\cdots,m)$ 进行单因素评价,从因素 U_i 确定该评价对象对评语等级 v_j 的隶属度 r_{ij} 后,得出第 i 个因素 U_i 的单因素评价向量 $r_i=\begin{bmatrix} r_{i1} & r_{i2} & \cdots & r_{in} \end{bmatrix}(i=1,2,3,\cdots,m)$。有了第 i 个因素 U_i 的单因素评价向量后,求评价对象对于每个因素 $U_i(i=1,2,\cdots,m)$ 单因素评价向量,把 m 个单因素评价向量作为行即得评价对象相对于评语等级集的隶属度矩阵 R:

$$R=\begin{bmatrix} r_{11} & r_{12} & \cdots & r_{1n} \\ r_{21} & r_{22} & \cdots & r_{2n} \\ \vdots & \vdots & & \vdots \\ r_{m1} & r_{m2} & \cdots & r_{mn} \end{bmatrix} \tag{5-5}$$

其中 $r_{ij}(i=1,2,\cdots,m;j=1,2,\cdots,n)$ 为对于因素 U_i 而言,评价对象隶属于评语等级 v_j 的程度,即为隶属度。

对于因素 U_i 而言,评价对象隶属于评语等级 v_j 的隶属度 r_{ij} 等于对于因素 U_i 而言,选择评语等级 v_j 的专家人数除以参加评价的专家人数,其中 $r_{i1}+r_{i2}+r_{i3}+\cdots+r_{i\ j}+\cdots+r_{in}=1$ $(i=1,2,\cdots,m)$。

评价对象对于因素 U_i 而言隶属于评语等级集的程度通过单因素评价向量 $r_i=\begin{bmatrix} r_{i1} & r_{i2} & \cdots & r_{in} \end{bmatrix}(i=1,2,3,\cdots,m)$ 来刻画的,其中单因素评价向量中的分量是评价对象对于因素 U_i 而言隶属于具体评语等级的程度。单因素评价向量 r_i,有时也称为单因素评价矩阵。

(五)计算综合评定向量,确定综合评定值

对于一级模糊综合评价,通过模糊数学复合运算对权向量 A 与隶属度矩阵 R 进行合成运算即可得到评价结果向量 B。评价结果向量 B 为总体上评价对象隶属于评语等级集的程度,即评价对象相对于评语等级集的综合评定向量。

评价对象相对于评语等级集的综合评定向量为

$$B=A\circ R=\begin{bmatrix} a_1 & a_2 & \cdots & a_m \end{bmatrix}\circ\begin{bmatrix} r_{11} & r_{12} & \cdots & r_{1n} \\ r_{21} & r_{22} & \cdots & r_{2n} \\ \vdots & \vdots & & \vdots \\ r_{m1} & r_{m2} & \cdots & r_{mn} \end{bmatrix}=\begin{bmatrix} b_1 & b_2 & \cdots & b_n \end{bmatrix} \tag{5-6}$$

B 中元素 $b_j(j=1,2,\cdots,n)$ 是由 A 与 R 的第 j 列复合运算得到的,表示评价对象从总体上看属于评语等级 V_j 的程度。

判定评价对象隶属于哪一等级需借助于最大隶属(度)原则(最大贴近度原则)。

最大隶属(度)原则(最大贴近度原则):

设 $A_1,A_2,\cdots,A_n$ 是论域 X 上的 n 个模糊集,x_0 是 X 的固定元素,若 $\mu_{A_t}(x_0)=\max\{\mu_{A_1}(x_0),\mu_{A_2}(x_0),\cdots,\mu_{A_n}(x_0)\}$,则认为 x_0 相对隶属于模糊集 A_t。

通过最大隶属(度)原则(最大贴近度原则),可得评价对象属于哪个模糊子集即评语等级。

当然也可以将综合评定向量 B 转换为评价对象的综合评定值。转换为综合评定值需对评语等级集赋值,通过评语等级集赋值所成向量 $E=\begin{bmatrix} e_1 & e_2 & \cdots & e_n \end{bmatrix}$ 与综合评定向量 B 进行合成运算 $E \cdot B^{\mathrm{T}}$,得综合评定值 $u=E \cdot B^{\mathrm{T}}$。

这是模糊综合评价法的一般步骤。对于模糊综合评价中的多级模糊综合评价,其评价过程和这个类似,只是评价对象因素的权向量、评价对象相对于评语等级集的隶属度矩阵较多,以及评价对象相对于评语等级集的综合评定向量计算相对复杂。

四、模糊综合评价方法的优缺点

(一)优点

1)能对具有模糊属性的对象进行量化评价。

2)此方法是多对一评价,能够弥补单一评价主体评价不足。

(二)缺点

该方法主观性较强,隶属度矩阵的确定借鉴评价主体经验较多,而评价结果与隶属度矩阵密切相关,对于同一评价,评价结果可能会出现评价主体不一样,评价结果不一样的现象。

例 4.5 某大学为提高教学水平,构建了教员教学质量评价系统,由上课学员对授课教员做出评价。其评价指标主要有 4 项:内容熟悉(u_1),思路清晰(u_2),讲解生动(u_3),注重启发(u_4);其权重系数分别为 0.5,0.3,0.1,0.1。评价等级主要有 4 项:优(v_1),良(v_2),中(v_3),差(v_4)。现有一个教学班共有 20 位学员,对某位授课教员的评价情况见表 5-8。

表 5-8　授课教员的评价情况表

	v_1:优	v_2:良	v_3:中	v_4:差
u_1:内容熟悉	10	6	4	0
u_2:思路清晰	8	7	3	2
u_3:讲解生动	8	6	6	2
u_4:注重启发	8	7	3	2

请运用模糊综合评价方法,确定该位授课教员的教学质量等级。

解:1)确定评价对象的评价因素集合 U。

$$U = \{u_1 — 内容熟悉, u_2 — 思路清晰, u_3 — 讲解生动, u_4 — 注重启发\}$$

2）确定评语等级集。

$$V = \{v_1 — 优, v_2 — 良, v_3 — 中, v_4 — 差\}$$

3）确定评价对象因素的权向量 $\boldsymbol{W}$。

$$\boldsymbol{W} = [0.5 \quad 0.3 \quad 0.1 \quad 0.1]$$

4）确定评价对象相对于评语等级集的隶属度矩阵 $\boldsymbol{R}$。

根据学员对教员的评价情况表，得隶属度矩阵 $\boldsymbol{R}$：

$$\boldsymbol{R} = \begin{bmatrix} 0.5 & 0.3 & 0.2 & 0 \\ 0.4 & 0.35 & 0.15 & 0.1 \\ 0.4 & 0.3 & 0.3 & 0.1 \\ 0.4 & 0.35 & 0.15 & 0.1 \end{bmatrix}$$

5）计算评价对象相对于评语等级集的综合评定向量 $\boldsymbol{B}$，确定该位教员教学质量等级。

求综合评价向量 $\boldsymbol{B}$：

$$\boldsymbol{B} = \boldsymbol{W} \circ \boldsymbol{R} = [0.5 \quad 0.3 \quad 0.2 \quad 0.1]$$

依据最大隶属度原则：

$$b_{\max} = \max\{b_1, b_2, \cdots, b_4\} = b_1 = 0.5$$

因此该教员的教学质量水平为 v_1——优。

第五节　数据包络分析法

一、数据包络分析法的基本概念

在日常军事活动中，经常遇到对具有多项投入和多项产出的多个部门、作战单元以及作战力量进行评价的情况。数据包络分析（Data Envelopment Analysis, DEA）法，是对独立的具有多项投入、多项产出的同类型部门、单位以及事物进行评价分析的方法。

数据包络分析法是由美国运筹学家查乐斯（A. Charnes）、库珀（W. Cooper）等于 1978 年首次提出的。该方法起初主要用于对生产领域的部门、单位进行有效评价，根据决策单元（DMU）的生产前沿面，投影每一个决策单元，比较各决策单元相距前沿面的水平来评价它们的相对效益。该方法具有广泛的适用性，一经提出就备受关注，目前广泛应用于各领域。

二、数据包络分析法基本思想和理论

（一）基本思想

DEA 法的基本思想是，在保持决策单元相关的输入或输出不发生变化的情况下，通过利用数学工具对所统计的数据加以分析，在决策单元偏离生产前沿面（数据包络线）进行对比之后，得到决策单元所具有的相对效益。

（二）基本理论

假设存在 n 个决策单元有 m 项输入以及 s 项输出，其中各决策单元输入以及输出等相关数据见表 5－9。

表 5－9　决策单元的输入输出数据

决策单元			1	2	3	⋯	j	⋯	n
v_1	1	→	x_{11}	x_{12}	x_{13}	⋯	x_{1j}	⋯	x_{1n}
v_2	2	→	x_{21}	x_{22}	x_{23}	⋯	x_{2j}	⋯	x_{2n}
⋯	⋯	⋯	⋯	⋯	⋯	⋯	⋯	⋯	⋯
v_i	i	→	x_{i1}	x_{i2}	x_{i3}	⋯	x_{ij}	⋯	x_{in}
⋯	⋯	⋯	⋯	⋯	⋯	⋯	⋯	⋯	⋯
v_m	m	→	x_{m1}	x_{m2}	x_{m3}	⋯	x_{mj}	⋯	x_{mn}
u_1	1	←	y_{11}	y_{12}	y_{13}	⋯	y_{1j}	⋯	y_{1n}
u_2	2	←	y_{21}	y_{22}	y_{23}	⋯	y_{2j}	⋯	y_{2n}
⋯	⋯	⋯	⋯	⋯	⋯	⋯	⋯	⋯	⋯
u_i	i	←	y_{i1}	y_{i2}	y_{i3}	⋯	y_{ij}	⋯	y_{in}
⋯	⋯	⋯	⋯	⋯	⋯	⋯	⋯	⋯	⋯
u_s	s	←	y_{s1}	y_{s2}	y_{s3}	⋯	y_{sj}	⋯	y_{sn}

表 5－9 中：x_{ij} 表示第 j 个决策单元的第 i 项投入量，$x_{ij}>0$；y_{rj} 表示第 j 个决策单元的第 r 项产出量，$y_{rj}>0$；v_i 表示对第 i 项输入的权系数；u_r 表示对第 r 项输出的权系数；$i=1,2,\cdots,m$；$r=1,2,\cdots,s$；$j=1,2,\cdots,n$。

为方便起见，记

$$\boldsymbol{x}_j=\begin{bmatrix} x_{1j} & x_{2j} & \cdots & x_{mj} \end{bmatrix}^{\mathrm{T}}$$
$$\boldsymbol{y}_j=\begin{bmatrix} y_{1j} & y_{2j} & \cdots & y_{sj} \end{bmatrix}^{\mathrm{T}}$$
$$\boldsymbol{v}=\begin{bmatrix} v_1 & v_2 & \cdots & v_m \end{bmatrix}^{\mathrm{T}}$$

其中 $\boldsymbol{v}\in E^m$，即 $\boldsymbol{v}$ 是 m 维实数向量。

$$\boldsymbol{u}=\begin{bmatrix} u_1 & u_2 & \cdots & u_s \end{bmatrix}^{\mathrm{T}}$$

其中 $\boldsymbol{u}\in E^s$，即 $\boldsymbol{u}$ 是 s 维实数向量。

基于权向量 $\boldsymbol{v}$ 和 $\boldsymbol{u}$，可以将表 5－9 转化为表 5－10 的情况。

表 5－10　转化结果

1	2	⋯	j	⋯	n
$\boldsymbol{v}^{\mathrm{T}}\boldsymbol{x}_1$	$\boldsymbol{v}^{\mathrm{T}}\boldsymbol{x}_2$	⋯	$\boldsymbol{v}^{\mathrm{T}}\boldsymbol{x}_j$	⋯	$\boldsymbol{v}^{\mathrm{T}}\boldsymbol{x}_n$
$\boldsymbol{u}^{\mathrm{T}}\boldsymbol{y}_1$	$\boldsymbol{u}^{\mathrm{T}}\boldsymbol{y}_2$	⋯	$\boldsymbol{u}^{\mathrm{T}}\boldsymbol{y}_j$	⋯	$\boldsymbol{u}^{\mathrm{T}}\boldsymbol{y}_n$

决策单元 j 的效率评价指数为（其中 $\boldsymbol{x}_j>0$，$\boldsymbol{u}\geqslant 0$，$\boldsymbol{v}\neq 0$，因此 $\boldsymbol{v}^{\mathrm{T}}\boldsymbol{x}_j>0$）

$$h_j=\frac{\boldsymbol{u}^{\mathrm{T}}\boldsymbol{y}_j}{\boldsymbol{v}^{\mathrm{T}}\boldsymbol{x}_j}=\frac{\sum\limits_{r=1}^{s}u_r y_{rj}}{\sum\limits_{i=1}^{m}v_i x_{ij}}, \quad j=1,2,3,\cdots,n \tag{5-7}$$

可以选取适当的权系数 $\boldsymbol{v}$ 和 $\boldsymbol{u}$，使其满足

$$h_j \leqslant 1, \quad j = 1, 2, \cdots, n$$

对第 j_0 个决策单元相对有效性进行评价,通过将权向量 $\boldsymbol{u}$、$\boldsymbol{v}$ 为变量,效率指数为 $h_j \leqslant 1$ $(j = 1, 2, 3, \cdots, n)$。

$$\max h_{j_0} = \frac{\boldsymbol{u}^{\mathrm{T}} \boldsymbol{y}_{j_0}}{\boldsymbol{v}^{\mathrm{T}} \boldsymbol{x}_{j_0}} \tag{5-8}$$

可构造如下模型:

$$
\max h_{j_0} = \frac{\sum\limits_{r=1}^{s} u_r y_{rj_0}}{\sum\limits_{i=1}^{m} v_i x_{ij_0}} \\
\mathrm{s.\,t.} \begin{cases} \dfrac{\sum\limits_{r=1}^{s} u_r y_{rj}}{\sum\limits_{i=1}^{m} v_i x_{ij}} \leqslant 1 \\ \boldsymbol{v} \geqslant \boldsymbol{0} \\ \boldsymbol{\mu} \geqslant \boldsymbol{0} \\ i = 1, 2, \cdots, m; \quad j = 1, 2, \cdots, n; \quad r = 1, 2, \cdots, p \end{cases} \tag{5-9}
$$

式中:x_{ij} 为第 j 个决策单元的第 i 项投入量;y_{ij} 为第 j 个决策单元的第 r 项产出量;v_i 为第 i 项投入指标的权重系数;u_r 为第 r 项产出指标的权重系数。此模型称为 $\mathrm{C}^2\mathrm{R}$ 模型,此模型是最基本的 DEA 模型。

同时可将 $\mathrm{C}^2\mathrm{R}$ 表示为矩阵形式:

记:$\boldsymbol{x}_{j_0} = [\boldsymbol{x}_{1j_0} \quad \boldsymbol{x}_{2j_0} \quad \cdots \quad \boldsymbol{x}_{mj_0}]^{\mathrm{T}}$,$\boldsymbol{y}_{j_0} = [\boldsymbol{y}_{1j_0} \quad \boldsymbol{y}_{2j_0} \quad \cdots \quad \boldsymbol{y}_{sj_0}]^{\mathrm{T}}$,则

$$
\max h_{j_0} = \frac{\boldsymbol{u}^{\mathrm{T}} \boldsymbol{y}_{j_0}}{\boldsymbol{v}^{\mathrm{T}} \boldsymbol{x}_{j_0}} \\
\mathrm{s.\,t.} \begin{cases} \dfrac{\boldsymbol{u}^{\mathrm{T}} \boldsymbol{y}_j}{\boldsymbol{v}^{\mathrm{T}} \boldsymbol{x}_j} \leqslant 1, \quad 1 \leqslant j \leqslant n \\ \boldsymbol{v} \geqslant \boldsymbol{0} \\ \boldsymbol{\mu} \geqslant 0 \\ j = 1, 2, \cdots, n \end{cases} \tag{5-10}
$$

为方便起见,进行如下替换:

$$\begin{cases} \boldsymbol{x}_0 = \boldsymbol{x}_{j_0} \\ \boldsymbol{y}_0 = \boldsymbol{y}_{j_0} \end{cases}$$

此模型属于分式规划状况,可通过 Charnes-Cooper 变换,能够转化为可以与之等价的线性规划模型,其中:

$$\boldsymbol{v} = [v_1 \quad v_2 \quad \cdots \quad v_m]^{\mathrm{T}}$$
$$\boldsymbol{u} = [u_1 \quad u_2 \quad \cdots \quad u_p]^{\mathrm{T}}$$
$$t = \frac{1}{\boldsymbol{v}^{\mathrm{T}} \boldsymbol{x}_0}$$

$$\boldsymbol{\omega} = t\boldsymbol{v}$$

$$\boldsymbol{\mu} = t\boldsymbol{u}$$

于是,上述模型的目标函数就变为

$$\frac{\boldsymbol{u}^{\mathrm{T}} \boldsymbol{y}_0}{\boldsymbol{v}^{\mathrm{T}} \boldsymbol{x}_0} = t\boldsymbol{u}^{\mathrm{T}} \boldsymbol{y}_0 = \boldsymbol{\mu}^{\mathrm{T}} \boldsymbol{y}_0 \qquad (5-11)$$

因此约束条件变为 $t(\boldsymbol{v}^{\mathrm{T}} \boldsymbol{x}_j - \boldsymbol{u}^{\mathrm{T}} \boldsymbol{y}_j) \geqslant 0 (j=1,2,\cdots,n)$,也就是 $\boldsymbol{\omega}^{\mathrm{T}} \boldsymbol{x}_j - \boldsymbol{\mu}^{\mathrm{T}} \boldsymbol{y}_j \geqslant 0 (j=1,2, \cdots,n)$ 且由于 $t=1/\boldsymbol{v}^{\mathrm{T}} \boldsymbol{x}_0$

于是就得到一个新的约束: $\boldsymbol{\omega}^{\mathrm{T}} \boldsymbol{x}_0 = t\boldsymbol{v}^{\mathrm{T}} \boldsymbol{x}_0 = 1$,进而可以得新的线性规划模型,记为 $P_{\mathrm{C}^2\mathrm{R}}$

$$\max V_P = \boldsymbol{\mu}^{\mathrm{T}} \boldsymbol{y}_0$$
$$\text{s. t.} \begin{cases} \boldsymbol{\omega}^{\mathrm{T}} \boldsymbol{x}_j - \boldsymbol{\mu}^{\mathrm{T}} \boldsymbol{y}_j \geqslant 0, & j=1,2,\cdots,n \\ \boldsymbol{\omega}^{\mathrm{T}} \boldsymbol{x}_0 = 1 \\ \boldsymbol{\omega} \geqslant 0, \quad \boldsymbol{\mu} \geqslant 0 \end{cases} \qquad (5-12)$$

按照对偶理论进行分析得知,$P_{\mathrm{C}^2\mathrm{R}}$ 的对偶规划 $D_{\mathrm{C}^2\mathrm{R}}$ 即为

$$\min V_D = \theta$$
$$\text{s. t.} \begin{cases} \displaystyle\sum_{j=1}^{n} \lambda_j \boldsymbol{x}_j \leqslant \theta \boldsymbol{x}_0 \\ \displaystyle\sum_{j=1}^{n} \lambda_j \boldsymbol{y}_j \geqslant \boldsymbol{y}_0 \\ \lambda_j \geqslant 0, \quad j=1,2,3,\cdots,n \end{cases} \qquad (5-13)$$

对上述对偶变换后的线性规划 $D_{\mathrm{C}^2\mathrm{R}}$,再分别引进负的松弛变量 $\boldsymbol{s}^-$ 和正的剩余变量 $\boldsymbol{s}^+$ (其中 $\boldsymbol{s}^+ \in E_s, \boldsymbol{s}^+ \geqslant \boldsymbol{0}, \boldsymbol{s}^- \in E_m, \boldsymbol{s}^- \geqslant \boldsymbol{0}$),在上述过程中所涉及相关的不等式约束则会成为下式相关的等式约束,也就是:

$$\min V_D = \theta$$
$$\text{s. t.} \begin{cases} \displaystyle\sum_{j=1}^{n} \lambda_j \boldsymbol{x}_j + \boldsymbol{s}^- = \theta \boldsymbol{x}_0 \\ \displaystyle\sum_{j=1}^{n} \lambda_j \boldsymbol{y}_j - \boldsymbol{s}^+ = \boldsymbol{y}_0 \\ \lambda_j \geqslant 0, \quad j=1,2,3,\cdots,n \\ \boldsymbol{s}^- \geqslant \boldsymbol{0}, \quad \boldsymbol{s}^+ \geqslant \boldsymbol{0} \end{cases} \qquad (5-14)$$

可以通过利用非阿基米德无穷小量 ε,从而能够有效地解决计算方面所遇到的难题,其中关于包含 ε 的 $\boldsymbol{D}_\varepsilon$ 模型为

$$\min V_{D_\varepsilon} = [\theta - \varepsilon (\hat{\boldsymbol{e}}^{\mathrm{T}} \boldsymbol{s}^- + \boldsymbol{e}^{\mathrm{T}} \boldsymbol{s}^+)]$$
$$\text{s. t.} \begin{cases} \displaystyle\sum_{j=1}^{n} \lambda_j \boldsymbol{x}_j + \boldsymbol{s}^- = \theta \boldsymbol{x}_0 \\ \displaystyle\sum_{j=1}^{n} \lambda_j \boldsymbol{y}_j - \boldsymbol{s}^+ = \boldsymbol{y}_0 \\ \lambda_j \geqslant 0, \quad j=1,2,3,\cdots,n \\ \boldsymbol{s}^- \geqslant \boldsymbol{0}, \quad \boldsymbol{s}^+ \geqslant \boldsymbol{0} \end{cases} \qquad (5-15)$$

式中:非阿基米德无穷小量 ε 表示一个小于任何正数且大于零的数;$\hat{e}^{\mathrm{T}}$ 是元素均为 1 的 m 维实数向量;e^{T} 是元素均为 1 的 s 维实数向量,即

$$\hat{e}^{\mathrm{T}} = [1 \quad 1 \quad \cdots \quad 1] \in E^m, \quad e^{\mathrm{T}} \in [1 \quad 1 \quad \cdots \quad 1] \in E^s$$

为了方便,将线性规划 D_ε 直接称作线性规划 $P_{\mathrm{C}^2\mathrm{R}}$ 的对偶规划。

评价的定义及定理如下:

定义 5.1　如果线性规划 $P_{\mathrm{C}^2\mathrm{R}}$ 有最优解 $\boldsymbol{\omega}^0 > \boldsymbol{0}, \boldsymbol{\mu}^0 > \boldsymbol{0}$,且使得 $V_P = (\boldsymbol{\mu}^0)^{\mathrm{T}} \boldsymbol{y}_{j_0} = 1$,那么就称决策单元 j_0 为 DEA 有效。

定理 5.1　当线性规划 $D_{\mathrm{C}^2\mathrm{R}}$ 有最优解 $\boldsymbol{\lambda}^0, \boldsymbol{s}^{-0}, \boldsymbol{s}^{+0}, \theta^0$,因此构成如下结论:

(1)如果 $\theta^0 = 1$,那么决策单元 j_0 为弱 DEA 有效,反之亦然;

(2)如果 $\theta^0 = 1$,且 $\boldsymbol{s}^{-0} = \boldsymbol{0}, \boldsymbol{s}^{+0} = \boldsymbol{0}$,那么决策单元 j_0 就为 DEA 有效,反之亦然。

还可以根据决策单元 j_0 的最优解中 $\boldsymbol{s}^{-0}, \boldsymbol{s}^{+0}, \theta^0$ 的情况来判定该决策单元是否同时达到了综合技术有效和规模有效,有下列三种情况:

(1)若 $\theta^0 = 1$,且 $\boldsymbol{s}^{-0} = \boldsymbol{0}, \boldsymbol{s}^{+0} = \boldsymbol{0}$,则决策单元 j_0 就为 DEA 有效,此时该决策单元同时达到了综合技术有效和规模有效状态。

(2)若 $\theta^0 = 1$,且 $\boldsymbol{s}^{-0}$ 和 $\boldsymbol{s}^{+0}$ 中至少有一个输入或输出的松弛变量或剩余变量不为 0(一般是大于 0),则决策单元 j_0 就是弱 DEA 有效,此时该决策单元不能同时达到技术有效和规模有效。

(3)若 $\theta^0 < 1$,则决策单元 j_0 就是非 DEA 有效,此时该决策单元既不是综合技术有效也不是规模有效。

定义 5.2　假设线性规划问题 D_ε 存在最优解 $\boldsymbol{\lambda}^0, \boldsymbol{s}^{-0}, \boldsymbol{s}^{+0}, \theta^0$,不妨令

$$\hat{\boldsymbol{x}}_{j_0} = \theta^0 \boldsymbol{x}_{j_0} + \boldsymbol{s}^{-0}, \quad \hat{\boldsymbol{y}}_0 = \boldsymbol{y}_{j_0} + \boldsymbol{s}^{+0}$$

称 $(\hat{\boldsymbol{x}}_{j_0}, \hat{\boldsymbol{y}}_{j_0})$ 为决策单元 j_0 所涉及相对应的 $(\boldsymbol{x}_{j_0}, \boldsymbol{y}_{j_0})$ 在 DEA 的相对有效面上投影。

定义 5.3　通常记

$$\Delta \boldsymbol{x}_{j_0} = \boldsymbol{x}_{j_0} - \hat{\boldsymbol{x}}_{j_0} = (1 - \theta_0) \boldsymbol{x}_{j_0} - \boldsymbol{s}^{-0} \tag{5-16}$$

$$\Delta \boldsymbol{y}_{j_0} = \boldsymbol{y}_{j_0} - \hat{\boldsymbol{y}}_{j_0} = -\boldsymbol{s}^{+0} \tag{5-17}$$

一般情况之下将 $\Delta \boldsymbol{x}_{j_0}$ 称作为投入冗余量,将 $\Delta \boldsymbol{y}_{j_0}$ 称为产出不足量,决策单元 j_0 欲变为 DEA 法有效,投入量以 $\boldsymbol{x}_{j_0}$ 为基础,则应该减少 $\Delta \boldsymbol{x}_{j_0}$,以 $\boldsymbol{y}_{j_0}$ 为基础的产出量则应该增加 $\Delta \boldsymbol{y}_{j_0}$。

不仅如此,还可通过下列公式对决策单元 j_0 投入冗余率 δ_{j_0} 和产出不足率 φ_{j_0} 加以计算:

$$\delta_{j0} = \frac{\Delta \boldsymbol{x}_{j_0}}{\boldsymbol{x}_{j_0}} = \frac{(1 - \theta^0) \boldsymbol{x}_{j_0} - \boldsymbol{s}^{-0}}{\boldsymbol{x}_{j_0}} = 1 - \theta^0 - \frac{\boldsymbol{s}^{-0}}{\boldsymbol{x}_{j_0}} \tag{5-18}$$

$$\varphi_{j0} = \frac{\Delta \boldsymbol{y}_{j_0}}{\boldsymbol{y}_{j_0}} = \frac{-\boldsymbol{s}^{+0}}{\boldsymbol{y}_{j_0}} \tag{5-19}$$

三、DEA 法实施的过程

DEA 法可应用于作战单元作战能力、装备绩效等方面的评价。其核心就是在建立好的

指标体系基础之上,进行投入、产出一级指标数据变换,以及确定各决策单元相对效率。具体的步骤包括:确定评价对象评价指标体系,确定投入、产出二级评价指标权重,进行投入、产出一级指标数据变换,基于 DEA 计算相对效率,进行评价结果分析。

(一)确定评价对象评价指标体系

通过成立领导小组、设计调查表、选择专家、咨询专家意见、反复答询、整理结果等步骤,将评价对象的评价指标体系确定出来。

如要对多个武警分队处置群体性事件效能进行评价,可以通过成立领导小组、设计调查表、选择专家、咨询专家意见、反复答询、整理结果等步骤,将影响武警分队处置群体性事件效能的评价指标体系确定出来。

对于复杂的决策单元评价问题,评价指标体系的投入、产出指标,除含有一级指标外,还有可能含有二级指标。

(二)确定投入、产出二级评价指标权重

DEA 评价时,权重对评价结果会产生很大的影响,不同的权重会得到完全不同的评价结果。确定权重的方法有层次分析法、德尔菲法等。如何鑫宇在《基于 AHP – DEA 的湖北城市低碳客运效率评价》一文中借助于层次分析法确定投入、产出二级评价指标权重。

借助于层次分析法确定投入、产出二级评价指标权重,需运用专家打分法对各层级指标进行对比打分,对指标重要程度进行两两比较,以确定评价指标权重。

对于武警分队处置群体性事件效能评估,其投入一级指标集为 $u=\{u_1,u_2\}$,产出一级指标集为 $v=\{v_1,v_2,v_3\}$。人力投入一级指标为 u_1,装备物资投入一级指标为 u_2;人力投入指标的二级指标分别为指挥员数量 u_{11},战斗员数量 u_{12},保障人员数量 u_{13},装备物资投入指标的二级指标分别为武器警械数量 u_{21},通信装备数量 u_{22},保障物资数量 u_{23},车辆数量 u_{24}。通过层次分析法,确定出投入二级评价指标指挥员数量 u_{11},战斗员数量 u_{12},保障人员数量 u_{13} 的权重以及武器警械数量 u_{21},通信装备数量 u_{22},保障物资数量 u_{23} 的权重。

(三)进行投入、产出一级指标数据变换

为了便于进行评价,需要对投入、产出一级指标数据进行变换。对于处置群体性事件评价指标体系,指标体系有投入和产出指标,其中投入指标包括人力投入一级指标和装备物资投入一级指标。人力投入一级指标为 u_1,装备物资投入一级指标为 u_2;人力投入指标的二级指标分别为指挥员数量 u_{11},战斗员数量 u_{12},保障人员数量 u_{13},装备物资投入指标的二级指标分别为武器警械数量 u_{21},通信装备数量 u_{22},保障物资数量 u_{23},车辆数量 u_{24}。可依据得到的二级指标权重,通过加权计算出投入指标变换数据,如指挥员数量权重为 a_{11},战斗员数量权重为 a_{12},保障人员数量权重为 a_{13},武器警械数量为 a_{21},通信装备数量为 a_{22},保障物资数量为 a_{23},车辆数量为 a_{24},可得人力投入指标数量为 N_1,装备物资投入指标数量为 N_2:

$$N_1=a_{11}u_{11}+a_{12}u_{12}+a_{13}u_{13}$$
$$N_2=a_{21}u_{21}+a_{22}u_{22}+a_{23}u_{23}+a_{24}u_{24}$$

(四)基于 DEA 法计算相对效率

计算相对效率,有两种方法:其一是依据投入、产出一级指标变换数据,求解线性规划,借助于评价的定义及定理得到相对效率;其二是使用 DEAP2.1 软件通过投入、产出一级指标变换数据进行计算。

(五)进行评价结果分析

评价后需对评价结果进行分析,其是方法实施的关键一步。通过分析得到评价对象 DEA 有效或非 DEA 有效,对非 DEA 有效的 DMU 分析其非有效的原因,提出改进的策略。

数据包络分析法对 DMU 评价,主要分为这五步,并不是说这五步缺一不可,这里需要强调的是如评价对象评价指标体系比较简单,评价指标体系的投入、产出指标不含有二级指标,数据包络分析法中的第二、三步就可以省略,依据投入、产出指标数据,借助于评价的定义及定理进行 DMU 评价以及评价结果分析。

四、数据包络分析法的优缺点

(一)优点

1)可对多项投入、多项产出的评价对象进行效率评价。

2)不受投入与产出的量纲影响。DEA 法不会因为计量单位的不同而影响评价结果。

3)对非 DEA 有效的 DMU 可分析其非有效的原因,提出改善的方向和策略。

(二)缺点

1)评价后,只能得到相对现有指定评价指标的 DMU 的相对效率,同时对非 DEA 有效的 DMU 提出的改进策略具有相对性。

2)不能评价产出指标数量为负的情况。

3)方法使用受评价对象的数量个数限制。利用数据包络分析法时,需要一定样本数量的评价对象,样本个数满足 $2(m+n) \leqslant$ 样本个数 $\leqslant 3(m+n)$,其中 m 和 n 分别为输入指标和输出指标个数,否则会使大多数 DUM 有效。

第六节　ADC 法

一、ADC 法的基本概念

效能具体可指系统在客观环境或规定任务环境下所能达到期望使用目标的度量值,是衡量系统工作最终结果好与坏的标准,效率、结果、收益是权衡效能大小的依据。"规定任务环境"通常指的是为完成特定任务而设定的各种外部条件和因素的总和,具体包括操作使用武器装备的人员、武器装备的工作时间、武器装备的使用方法等因素。"期望使用目标"指的是借助于该系统所要达成的目的以及想要得到的结果。

在军事活动中,经常遇到对军事系统效能进行评价的情况。军事系统众多,如作战装备,应急救援装备等等。

ADC 法是由美国工业界武器系统效能咨询委员会于 20 世纪 60 年代中期提出的系统效能评估方法。其主要借助于 ADC 模型进行系统效能评估,ADC 模型是一种出现频率高且较其他方法相对完善的系统效能评估模型。此模型认为:系统效能是预估判断系统满足既定任务要求程度的数字化度量,是系统的可用度、可信度与能力三个指标构成的函数。

ADC 法,根据系统可用度(Availability)、可信度(Dependability)和能力(Capacity)三个要素对系统进行评价,并通过 $E = A \cdot D \cdot C$ 计算公式将这三个者进行组合,计算得到系统效能 E。

1)可用度:表示系统在执行指定任务时,处在不同状态的度量,一般用可用度向量 A 表示。

可用度向量的一般表达式为

$$A = \begin{bmatrix} a_1 & a_2 & \cdots & a_i & \cdots & a_n \end{bmatrix}$$

式中:a_i 代表系统在执行指定任务时,系统处于 i 状态的概率,n 为已知的所有状态的总数量。

2)可信度:表示在可用度已经确定的前提条件下,系统转移到其他状态的度量,一般用可信度矩阵 D 表示。

可信度矩阵 D 的一般表达式为

$$D = (d_{ij})_{n \times n} = \begin{bmatrix} d_{11} & d_{12} & \cdots & d_{1n} \\ d_{21} & d_{22} & \cdots & d_{2n} \\ \vdots & \vdots & & \vdots \\ d_{n1} & d_{n2} & \cdots & d_{nn} \end{bmatrix}$$

式中:d_{ij} 为系统从第 i 个状态变化到第 j 个状态的概率。

3)能力:指系统在可用度向量和可信度矩阵有效的情况下,达成任务目标的度量,一般用能力矩阵 C 表示。

能力矩阵 C 的一般表达式为

$$C = (c_{ij})_{n \times m} = \begin{bmatrix} c_{11} & c_{12} & \cdots & c_{1m} \\ c_{21} & c_{22} & \cdots & c_{2m} \\ \vdots & \vdots & & \vdots \\ c_{n1} & c_{n2} & \cdots & c_{nm} \end{bmatrix}$$

在能力矩阵 C 中,n 为可能状态的个数,m 为任务的个数,式中 c_{jk} 为系统在可能状态 j 下完成第 k 项任务的概率。

如任务的个数仅有 1 项,则系统能力矩阵 C 为列向量,其形式为

$$C = (c_{ij})_{n \times 1} = \begin{bmatrix} c_{11} \\ c_{12} \\ \vdots \\ c_{n1} \end{bmatrix}$$

在使用 ADC 法对系统进行评价时,能力矩阵 C 是相对难以确定的因素。

二、ADC 法实施的过程

ADC 法广泛应用于武器装备系统效能评价方面。其核心就是在建立好的指标体系基础之上,确定评价系统的可用度向量,可信度矩阵和能力矩阵。具体的步骤包括:确定评价对象效能评价指标体系,确定系统可用度向量 A,确定系统可信度矩阵 D,确定系统能力矩

阵 C,效能 E 计算。

(一)确定评价对象效能评价指标体系

ADC 评估,主要是借助于 $E=A \cdot D \cdot C$ 进行计算,因此对于评价对象评价指标体系,其目标层为系统效能,一级指标为可用度、可信度和能力。可用度、可信度以及能力指标需要进一步细化。

如要对武器装备系统进行效能评估,由于在现代化条件下各类装备的设计和使用中,重点关注所设计装备的可靠性、维修性、保障性这 3 个重要指标,可靠性、维修性、保障性贯穿于武器装备研发、生产、使用的始终,是衡量武器装备能力的重要指标,所以对装备进行效能评估,以可靠性、维修性、保障性对能力指标进行细化,其效能评价指标体系如图 5-3 所示。

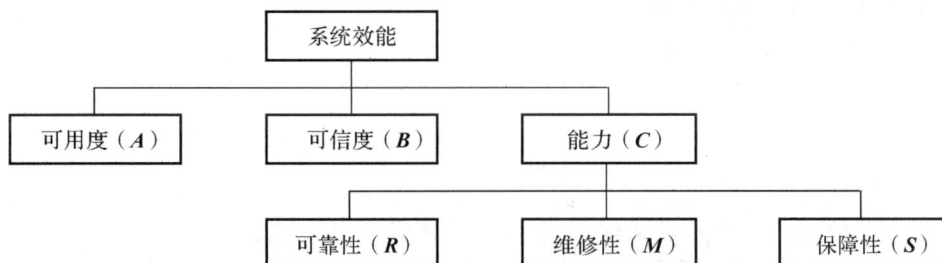

图 5-3 武器装备系统效能评价指标体系

在此评价体系的基础上,将可靠性、维修性、保障性的指标进一步划分。对于某抢险救援车系统,其能力指标体系中能力指标可以进一步细化,其能力指标体系如图 5-4 所示。

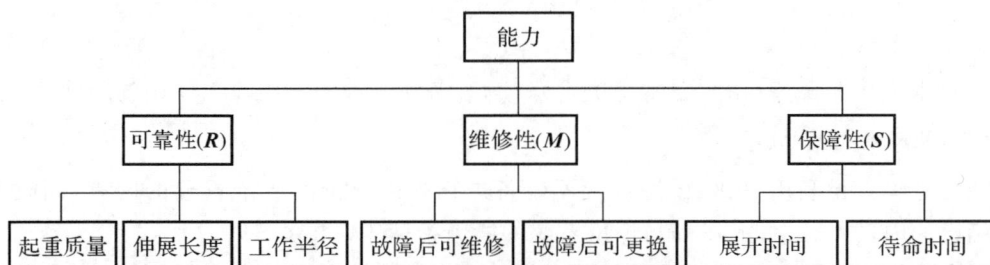

图 5-4 抢险救援车能力指标体系

对武器装备系统进行效能评估,确定能力矩阵 C,可借助于 AHP 法和德尔菲法确定能力矩阵 C 中分量的值,进而确定能力矩阵 C 的形式。

(二)确定系统可用度向量 A

系统执行任务时可能出现 n 种状态,所以在 $A = \begin{bmatrix} a_1 & a_2 & \cdots & a_i & \cdots & a_n \end{bmatrix}$ 中,$\sum\limits_{i=1}^{n} a_i = 1$。

由于武器装备的特殊性,投入使用的武器装备在出现问题时或者某些特殊情况下存在着不能完成工作的可能,无法继续发挥作用,所以在讨论武器装备的可用度时,区分为可用和不可用两种极端特殊状态。其中,武器装备的可用状态记为 $i=1$,武器装备的不可用状态记为 $i=2$,因此可用度向量 A 的表达式为

$$A = \begin{bmatrix} a_1 & a_2 \end{bmatrix}$$

式中：a_1 代表在执行任务时武器装备可用状态的概率；a_2 代表在执行任务时武器装备不可用状态的概率。

系统可用状态的概率，一般依赖于系统的平均寿命。结合相关理论可以得知：

$$a_1 = \frac{\text{MTBF}}{\text{MTBF} + \text{MTBR}}$$

$$a_2 = \frac{\text{MTBR}}{\text{MTBF} + \text{MTBR}}$$

式中：MTBF 为平均无故障时间；MTBR 为平均修复时间。

(三)确定系统可信度矩阵 D

一般来说，武器装备只具有可用和不可用两种状态。在构建可信度矩阵 D 时，其形式为

$$D = \begin{bmatrix} d_{11} & d_{12} \\ d_{21} & d_{22} \end{bmatrix}$$

式中：1 代表武器装备可用的状态；2 代表武器装备不可用的状态；12 指武器装备由可用向不可用状态转移；21 指武器装备由不可用向可用状态转移。

就武器装备的一般情况而言，发生故障的可能性与装备的使用时间和故障率有密切关系，基本符合指数分布。

因此，有

$$d_{11} = \mathrm{e}^{-\lambda t}$$

$$d_{12} = 1 - \mathrm{e}^{-\lambda t}$$

式中：λ 为装备的故障率（由装备本身决定）；t 为装备在一次任务中投入使用的时间。

(四)确定系统能力矩阵 C

能力矩阵 C 是利用 ADC 模型对武器装备进行效能评价的一个重要的因素，同时也是难以确定的因素。通常，矩阵 C 与评价系统的能力指标体系相关。

层次分析法通常是把一个复杂问题的各元素依据内部关系加以划分，从而形成逻辑关系紧密的层次结构模型，将各层元素两两相比较来确定各元素的相对重要程度，最终确定方案层元素相对于问题目标的重要程度。因此可以利用层次分析法确定武器装备的能力矩阵 C。

有 n 个可能状态，完成 1 项任务的武器装备，其能力矩阵 C 为 1 列向量：

$$C = \begin{bmatrix} c_1 & c_2 & \cdots & c_i & \cdots & c_n \end{bmatrix}^{\mathrm{T}}$$

有 n 个可能状态，完成 m 项任务的武器装备，其能力矩阵 C 为一个 $n \times m$ 矩阵：

$$C = (c_{ij})_{n \times m} = \begin{bmatrix} c_{11} & c_{12} & \cdots & c_{1m} \\ c_{21} & c_{22} & \cdots & c_{2m} \\ \vdots & \vdots & & \vdots \\ c_{n1} & c_{n2} & \cdots & c_{nm} \end{bmatrix}$$

式中：c_{ij} 代表武器装备在 i 状态下完成任务 j 的概率。

武器装备在实际的应用中,由于作战任务的紧迫性,装备一旦出现故障,没有完成任务的可能性,就不再投入使用,所以能力向量确定为

$$C = \begin{bmatrix} c_1 & 0 \end{bmatrix}^T$$

对于武器装备能力向量分量 c_1 的确定,方法众多,可以借助于 AHP 法、德尔菲等方法进行。

1)借助于 AHP 法确定能力指标体系权重。需对处于相同层级的指标进行两两对比,并依据比例标度表给出的 9 个数量等级构建判断矩阵。另外,借助一致性检验,保证权重的有效性。相同层级的指标权重形成向量,如相同层级的指标权重向量为 ω, ω 为 n 维向量, $\omega = \begin{bmatrix} \omega_1 & \omega_2 & \cdots & \omega_i & \cdots & \omega_n \end{bmatrix}^T$, 则 $\sum_{i=1}^{n} \omega_i = 1$。

2)使用德尔菲法,咨询相关领域专家,对武器装备的能力评价指标值进行打分、统计和分析。并根据统计结果获得不同层级指标的评估值 P_i。

评价等级可区分为优(0.9～1)、良(0.8～0.89)、中(0.6～0.79)、差(0.4～0.59)、很差(0.39 以下)五个层级。

3)依据能力指标体系,自下而上对各层级指标的评估值以及相对应的评价指标权重进行加权求和,即得武器装备能力向量分量 c_1,其中各层级指标的评估值以及相对应的评价指标权重加权求和为 $\sum_{i=1}^{n} \omega_i P_i$, ω_i 为能力指标权重, P_i 为能力指标的评估值。

(五)效能 E 计算

系统效能 E 的表达式为

$$E = A \cdot D \cdot C$$

根据计算的表达式可以看出,系统效能 E 的计算涉及系统的三个方面:

1)系统在执行任务时所处状态的概率。

2)系统在执行任务时会发生什么样的状态变化以及发生状态变化的可能性。

3)系统在某一状态下完成任务的概率或当系统状态发生变化时能够完成任务的概率。

三、ADC 法的优缺点

(一)优点

1)通用性强,既可以对简单系统也可以对一些复杂系统进行效能评价。

2)计算方便,易操作,确定系统的可用度向量、可信度矩阵和能力矩阵后,即可做出对于系统的量化评价。

(二)缺点

1)能力指标体系的构建没有统一的标准框架。

2)某种意义上讲,效能评估主观性较强。

例 4.6　执行抢险救援任务时,应尽最大限度借助专业人员、技术力量,使用装备器材,发挥其作用。应急救援车是抢险救援的重要装备。应急救援车所搭载工作臂是应急救援车应急救援的重要部分。已知某型应急救援车在执行任务的过程中,工作臂的平均无故障时

间为 900 h,故障的排除、修复时间在 10 h 内,且已知工作臂能力指标权重以及各指标能力评估均值(见表 5-11~表 5-14)。

表 5-11　工作臂能力指标体系权重表

一级指标	权重	二级指标	权重
可靠性	0.54	起重质量	0.24
		伸展长度	0.64
		工作半径	0.12
维修性	0.25	故障后可维修	0.75
		故障后可更换	0.25
保障性	0.21	展开时间	0.80
		待命时间	0.20

表 5-12　可靠性评估均值表

可靠性评估均值		
起重质量/t	伸展长度/m	工作半径/m
0.93	0.82	0.74

表 5-13　维修性评估均值表

维修性评估均值表	
故障后可维修	故障后可更换
0.74	0.54

表 5-14　保障性评估均值表

保障性评估均值	
展开时间	待命时间
0.65	0.71

已知一次任务中,工作臂的启动时间、展开时间、进行救援工作时间和撤收时间分别为 5 min,30 min,550 min 和 15 min,应用 ADC 法对该型应急救援车所搭载工作臂的效能进行评价。

解:1)确定可用度向量 **A**。

工作臂的平均无故障时间 900 h,故障的排除、修复时间在 10 h 内,因此

$$A = \begin{bmatrix} a_1 & a_2 \end{bmatrix} = \begin{bmatrix} \dfrac{\text{MTBF}}{\text{MTBF}+\text{MTBR}} & 1 - \dfrac{\text{MTBF}}{\text{MTBF}+\text{MTBR}} \end{bmatrix}$$

$$= \begin{bmatrix} \dfrac{900}{900+10} & \dfrac{10}{900+10} \end{bmatrix} \approx \begin{bmatrix} 0.99 & 0.01 \end{bmatrix}$$

2) 确定可信度矩阵 D。

救援车工作臂的平均无故障时间约为 900 h, 所以其平均故障率(即故障系数)为

$$\lambda = \frac{1}{\text{MTBF}} = \frac{1}{900}$$

在这里, 任务中投入使用的时间为工作臂的启动时间, 展开时间, 进行救援工作时间和撤收时间的综合, 即

$$t = (5+30+550+15)\,\text{min} = 600\ \text{min} = 10\ \text{h}$$

因此, 可信度矩阵 D 为

$$D = \begin{bmatrix} \mathrm{e}^{-\lambda t} & 1-\mathrm{e}^{-\lambda t} \\ 0 & 1 \end{bmatrix} = \begin{bmatrix} \mathrm{e}^{\frac{1}{900}\times 10} & 1-\mathrm{e}^{-\frac{1}{900}\times 10} \\ 0 & 1 \end{bmatrix}$$

$$\approx \begin{bmatrix} 0.99 & 0.01 \\ 0 & 1 \end{bmatrix}$$

3) 计算能力向量 C。

根据权重表以及对工作臂指标能力评估均值表, 因此

$$\begin{aligned} c_1 &= (0.24\times 0.93+0.64\times 0.82+0.12\times 0.74)\times 0.54 \\ &\quad + (0.75\times 0.74+0.25\times 0.54)\times 0.25 + (0.8\times 0.65+0.2\times 0.71) \\ &\quad \times 0.21 \approx 0.76 \end{aligned}$$

故 $C = \begin{bmatrix} 0.76 & 0 \end{bmatrix}^{\text{T}}$。

4) 综合效能计算。

依据 ADC 效能评估模型, 系统效能 E 计算的公式为

$$E = A \cdot D \cdot C$$

根据上述步骤的计算:

$$E = \begin{bmatrix} 0.99 & 0.01 \end{bmatrix} \cdot \begin{bmatrix} 0.99 & 0.01 \\ 0 & 1 \end{bmatrix} \cdot \begin{bmatrix} 0.76, & 0 \end{bmatrix}^{\text{T}} \approx 0.74$$

E 是一个衡量应急救援车所搭载工作臂整体完成应急救援任务能力的量, 说明应急救援车所搭载工作臂在应急救援中的整体有用程度, 表明应急救援车所搭载工作臂整体完成应急救援任务的能力大小。

该型抢险救援车工作臂在既定的条件下能够完成任务的能力大小为 0.74, 表明该型抢险救援车工作臂在复杂条件下执行抢险救援任务圆满完成抢险救援任务的能力较强, 说明该系统还需进一步改进和完善, 使其更好地发挥作用。

习　题

1. 什么是评价、评价分析？

2. 简述评价分析的分类。

3. 简述评价分析的过程。

4. 简述德尔菲法的过程。

5. 简述 AHP 法过程。

6. 什么是模糊综合评判法？简述模糊综合评价法的过程。

7. 什么是 DEA 法？简述 DEA 法的过程。

8. 什么是 ADC 法？简述 ADC 法的过程。

9. 某大学为提高教学水平，构建了教员教学质量评价系统，由上课学员对授课教员做出评价。其评价指标主要有 8 项：$u_1, u_2, u_3, u_4, u_5, u_6, u_7, u_8$，其对应权重系数为 0.15, 0.1, 0.1, 0.15, 0.1, 0.1, 0.15, 0.15。评价等级分为 v_1（好），v_2（较好），v_3（一般），v_4（较差），现有一个教学班，有 25 位学员，对某位授课教员的评价情况见表 5-15。

表 5-15　习题 9 表

	v_1	v_2	v_3	v_4
u_1	9	14	2	0
u_2	3	14	7	1
u_3	5	15	5	0
u_4	1	10	11	3
u_5	2	11	12	0
u_6	5	14	6	0
u_7	4	6	13	2
u_8	3	8	12	2

请运用模糊综合评价方法，评价该授课教员的等级。

10. 某领导岗位需要增配一名领导者，现有甲（P_1）、乙（P_2）、丙（P_3）三位候选人可供选择，选择的原则合理兼顾以下四个方面——思想品德（C_1）、工作成绩（C_2）、组织能力（C_3）、身体素质（C_4）。现设判断矩阵见表 5-16～表 5-20。

表 5-16　习题 10 表 1

	C_1	C_2	C_3	C_4
C_1	1	3	1	1
C_2	1/3	1	1/3	1/3

续表

	C_1	C_2	C_3	C_4
C_3	1	3	1	1
C_4	1	3	1	1

表 5 - 17　习题 10 表 2

C_1	P_1	P_2	P_3
P_1	1	1/4	1/2
P_2	4	1	3
P_3	5	3	1

表 5 - 18　习题 10 表 3

C_2	P_1	P_2	P_3
P_1	1	1/3	1/5
P_2	3	1	1/3
P_3	5	3	1

表 5 - 19　习题 10 表 4

C_3	P_1	P_2	P_3
P_1	1	1/3	5
P_2	3	1	7
P_3	1/5	1/7	1

表 5 - 20　习题 10 表 5

C_4	P_1	P_2	P_3
P_1	1	1/4	1/5
P_2	4	1	1/2
P_3	5	2	1

要求：

(1)画出此问题的层次结构模型；

(2)已知甲(P_1)、乙(P_2)、丙(P_3)相对于准则层 C_1 的权重分别为 0.14,0.63,0.24,甲(P_1)、乙(P_2)、丙(P_3)相对于准则层 C_2 的权重分别为 0.10,0.25,0.64,对甲(P_1)、乙(P_2)、丙(P_3)三人进行排序,选出最佳人选(可略去一致性检验过程)。

第六章　军事活动中的决策分析方法

决策问题贯穿人类社会的各种活动之中。军事活动中,广大军队人员,几乎处处面临着决策。因此,掌握科学的决策理论对军队人员尤为重要。本章对决策的基本含义、要素、分类以及决策的基本程序进行系统的介绍,并着重介绍非确定型决策、风险决策的理论和方法,以及贝叶斯决策分析和效用决策分析的基本理论和简单应用。

第一节　决策的基本理论

一、决策的含义和要素

(一)决策的含义

决策是决定、方案,有时指计策和谋略。另一种含义是做决定,选方案。狭义的决策是指从众多可行方案中选择一个最优或满意的方案的活动;广义的决策是为了解决某一问题或完成某一任务而确定目标,为实现该目标拟定多个可行方案,对各个方案进行评价并选择一个方案,最后实施所选择方案的整个过程。

军事活动中,无论是战略方面还是战术方面无不充斥着各种决策,决策的正确与否决定着战争的成败。战略方面,例如诸葛亮的《隆中对》为刘备分析了天下形势,提出了先取荆州为家,再取益州成鼎足之势,继而图取中原的战略决策;刘备采纳后,形成了魏蜀吴三国鼎立之势。战术方面,例如孙膑给田忌献策使得其在赛马比赛中胜了齐威王。

(二)决策的要素

一个完整的决策包含下面五个要素:

1)决策者,决策者可以是个人,也可以是集体。

2)至少有两个以上可供选择的行动方案。

3)存在不依决策者主观意志为转移的客观环境条件。

4)可以测知每一个行动方案在自然状态下的益损值。

5)衡量各种结果的评价准则。

二、决策的分类

决策可以从不同的角度来分类,这里主要介绍以下五种分类方式。

（一）按决策主体分类

1)个人决策：由一个人做出的决策或进行的决策称为个人决策。在形成这种决策时，个人的作用在一定程度上具有决定性，个人决策既有合理性又有局限性。

2)集体决策：以领导集体或专家集体为决策主体，他们在形成决策中起主导作用。集体决策的特点是能够集思广益、智能互补，协调各方面的利益和意志，能防止个人专断和减少决策失误。

（二）按决策规模分类

1)宏观决策（战略决策）：指在一个相对独立的系统内涉及全局性、根本性和长远性问题的决策。一般由高层领导核心做出。

2)微观决策（战术决策）：涉及具体问题的决策，主要指基层的局部性、战术性、执行性、事业性决策，一般由基层执行者做出。

3)中观决策（战役决策）：介于宏观决策与微观决策之间的决策。

（三）按决策问题的重复程度分类

1)常规性决策（程序化决策）：重复出现的、例行的、有相对固定处理方式的决策。

2)非常规性决策（非程序化决策）：首次出现的、偶然发生的、全新的、没有先例可循的决策。

（四）按人们解决问题的逻辑思维方式和决策依据分类

1)经验决策：凭借决策者个人的知识、智慧和经验做出的决策。

2)科学决策：指采用科学的方法、手段，遵循合理的决策程序进行的决策。

（五）按决策问题的性质和条件分类

1)确定型决策：在决策环境完全确定的情况下，通过对比或建立模型进行决策，一种方案只有一种确定后果。

2)风险型决策：存在多种可能的自然状态，而且每种自然状态出现的概率（可能性）大小已知，这样决策称为风险型决策。正因为各时间的发生或不发生具有某种概率，所以对决策者来讲要承担一定的风险。

3)非确定型决策：存在多种可能的自然状态，而且其自然状态发生的概率未知，结果完全不确定，这样的决策称为非确定型决策。非确定型决策只能靠决策者的主观倾向进行决策。

确定型决策直接运用有关模型来解决，本章主要讨论非确定型决策和风险型决策的决策方法。

三、科学决策的程序

科学决策是一个动态的过程，一般分为七个阶段，如图 6-1 所示。

1)发现问题。一切决策都必须从问题开始，决策者要善于发现问题，包括当前要解决的问题，长远发展中的问题，根据各方面收集的情报、资料，预测未来将要发生的问题。

2)确定目标。确定目标指在一定环境和条件下，决策者解决问题所希望达到的结果。

这是科学决策的重要步骤,是决策成败的关键之一。

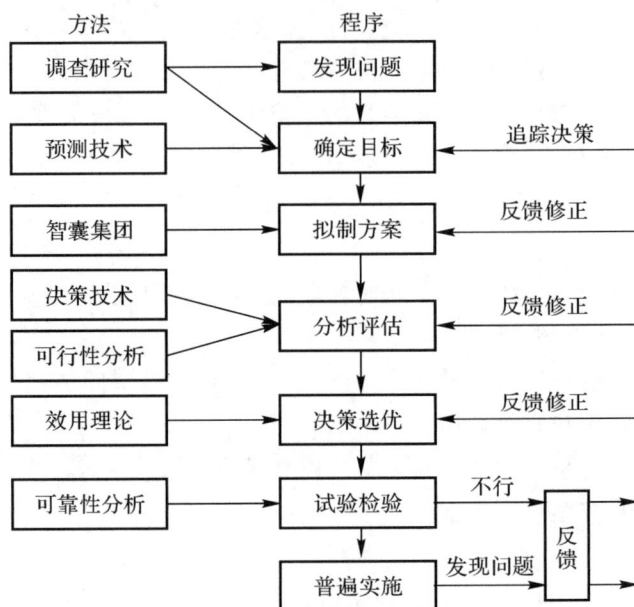

图 6-1 科学决策的程序

3)拟制方案。就是为达到目标而寻找途径,包括收集过去和现在的统计数据、资料和有关情况,运用智能技术制定出多个可供选择的方案。

4)分析评估。可采取"可行性分析""决策技术"(定量、定性方法)对拟订方案进行分析评价,使评估工作科学化。

5)决策选优。这是决策活动中最关键的环节,由决策系统来完成。标准是看在同样的约束条件下,哪一方案能以最低的代价、最短的时间、最好的效果实现预定的目标。

6)试验检验。方案选定后,在可能的情况下,一般要进行局部试验,以检验方案运行的可靠性。如证明成功即可进入普遍实施阶段,如发现问题则必须进行修正。

7)普遍实施。通过试验一般可靠程度是较高的,但在实施过程中,难免产生偏离目标的情况。因此,这一阶段应进一步加强信息反馈工作,及时纠正偏差,必要时进行"追踪决策"。

第二节　非确定型决策分析

对于非确定型决策问题,n 个自然状态($n>1$,即不为决策者所控制的客观存在的、将发生的状态)的概率未知,决策者也完全不知道决策的最后结果。一般来说,决策者不愿意在信息如此少的情况下做决策,但有时候决策者没有时间去获得足够的信息,这时就需要用非确定型决策方法进行决策。

非确定型决策的准则较多,用不同准则进行决策结果往往是不一样的,这是由决策的原则与选择标准不同而造成的,理论上不能断言哪一种评选准则是最合理的,但是其决策的方案仍可供决策者作为决策的参考。下面结合例 6.1 介绍 5 种常用的非确定型决策准则。

例 6.1 一持枪抢劫犯罪团伙逃至山林,武警某机动中队奉命执行搜捕任务,制定了 4 种搜捕方案:A_1,A_2,A_3,A_4。根据当地的气象资料,估计可能出现的天气状况有 3 种:S_1(晴天)、S_2(雨天)、S_3(大雾)。假定在各种自然条件下发现目标的概率已知(见表 6 - 1),应选择哪种搜捕方案?

表 6 - 1 目标被发现的概率表

方案	状态		
	S_1	S_2	S_3
A_1	0.8	0.6	0.2
A_2	0.6	0.4	0.3
A_3	0.7	0.5	0.1
A_4	0.5	0.4	0.4

一、悲观主义决策准则

基本思想:决策者总是从最不利的角度去考虑问题。认为不论做出什么决策,总会出现最不利的状态与之对应。这样,决策者只能对各决策方案的最小益损值进行比较,从中选择最大者对应的方案为满意方案。该准则也称最大最小准则。这是一种万无一失的保守型决策者的选择准则。其数学描述如下:

$$r^* = \max_{A_i \in A}\{\min_{S_j \in S}R(A_i,S_j)\} = \max_i\min_j\{r_{ij}\}$$

则 r^* 所对应的方案为所选方案。

这就是从最坏的情况着眼,争取其中最好结果的决策方法。一般来说,悲观主义准则适用于决策失误会造成很严重的后果的情况。

用悲观主义准则对例 6.1 进行决策(见表 6 - 2)。

表 6 - 2 悲观主义准则下的决策表

方案	状态			min
	S_1	S_2	S_3	
A_1	0.8	0.6	0.2	0.2
A_2	0.6	0.4	0.3	0.3
A_3	0.7	0.5	0.1	0.1
A_4	0.5	0.4	0.4	0.4 *

* 表示最优选择,其余表中类似。

用悲观主义准则选择方案 A_4。

二、乐观主义决策准则

与悲观准则相反,在该准则下,决策者总是从最有利的角度去考虑问题,即认为无论采取何种决策,总会出现最有利的自然状态与之对应。这样,决策者可以对各决策方案的最大益损值进行比较,从中选择最大值,相应的方案为最优方案。其数学描述如下:

$$r^* = \max_{A_i \in A} \{\max_{S_j \in S} R(A_i, S_j)\} = \max_i \max_j \{r_{ij}\}$$

则 r^* 所对应的方案为所选方案。

一般来说,决策者拥有较大的经济实力,即使该决策失败了,对他来说损失也不是很大,而成功的话收益会很大,这种情况用乐观准则。这种决策方法是一种偏于冒险的决策方法,在客观条件一无所知的情况下,一般不宜采用这种方法进行决策。

用乐观主义准则对例 6.1 进行决策(见表 6-3)。

表 6-3　乐观主义准则下的决策表

方案	状态			max
	S_1	S_2	S_3	
A_1	0.8	0.6	0.2	0.8 *
A_2	0.6	0.4	0.3	0.6
A_3	0.7	0.5	0.1	0.7
A_4	0.5	0.4	0.4	0.5

用乐观主义准则选择方案 A_1。

三、乐观系数准则(折中决策准则)

乐观系数准则也称折中准则,即决策者对客观条件的估计既不乐观也不悲观,主张一种平衡。通常用一个表示乐观程度的系数来进行这种平衡。其数学描述如下:

$$d_i = \alpha \max_j \{r_{ij}\} + (1-\alpha) \min_j \{r_{ij}\}, \quad i = 1, 2, \cdots, m$$

$$r^* = \max_i \{d_i\}$$

式中:α 为乐观系数($0 \leqslant \alpha \leqslant 1$)。则 r^* 所对应的方案为所选方案。

当 $\alpha = 1$ 时,就是乐观准则;当 $\alpha = 0$ 时,就是悲观准则。d_i 为第 i 方案的折中益损值。

假设乐观系数为 0.7,用乐观系数准则对例 6.1 进行决策(见表 6-4)。

表 6-4　乐观系数准则下的决策表

方案	状态			H_i
	S_1	S_2	S_3	$\alpha = 0.7$
A_1	0.8	0.6	0.2	0.62 *
A_2	0.6	0.4	0.3	0.51
A_3	0.7	0.5	0.1	0.52
A_4	0.5	0.4	0.4	0.47

用乐观系数准则选择方案 A_1。

四、等可能性决策准则

等可能准则的思想:认为各自然状态发生的可能性均相同,即若有 n 个自然状态,则每个自然状态出现的概率均为 $1/n$。这样,就可以求各方案益损值的期望值,取期望值最大所对应的方案为最优方案。其数学描述如下:

$$ER(A_i) = \frac{1}{n}\sum_{j=1}^{n} r_{ij}, \quad i=1,2,\cdots,m$$
$$r^* = \max_i\{ER(A_i)\}$$

式中:$ER(A_i)$ 为方案 A_i 的期望益损值。则 r^* 所对应的方案为所选方案。若有几个方案的期望益损值均为最大,则需要另用悲观准则在这几个方案中选择。

用等可能性准则对例 6.1 进行决策,见表 6−5。

表 6−5　等可能性准则下的决策表

方案	状态			$ER(A_i)$
	S_1	S_2	S_3	
A_1	0.8	0.6	0.2	0.53 *
A_2	0.6	0.4	0.3	0.43
A_3	0.7	0.5	0.1	0.43
A_4	0.5	0.4	0.4	0.43

用等可能性准则选择方案 A_1。

五、最小机会损失准则(最小后悔值准则)

在某种自然状态出现后,将会明确那个方案最优,而实际上选用其他方案后,就会觉得后悔,为此若算出每一自然状态各方案相对于最优方案的后悔值,又称为机会损失值,再按最大中取小的原则选取决策方案,这种决策方法就是最小机会损失准则,或称最小后悔值准则。其数学描述如下:

$$h_{ij} = \max_j\{r_{ij}\} - r_{ij}, \quad i=1,2,\cdots,m; \quad j=1,2,\cdots,n$$
$$h^* = \min_i\{\max_j h_{ij}\}$$

式中:则 h^* 所对应的方案为所选方案。h_{ij} 为在状态 S_j 下采取方案 A_i 的后悔值;h^* 为最小最大后悔值。

用最小机会损失准则对例 6.1 进行决策(见表 6−6)。

表 6−6　最小机会损失准则下的决策表

方案	状态			max
	S_1	S_2	S_3	
A_1	0	0	0.2	0.2 *

方案	状态			max
	S_1	S_2	S_3	
A_2	0.2	0.2	0.1	0.2 *
A_3	0.1	0.1	0.3	0.3
A_4	0.3	0.2	0	0.3

用最小机会损失准则选择方案 A_1，A_2。

第三节　风险型决策分析

在非确定型决策中是因人因地因时选择决策准则的，但在实际中，当决策者面临非确定型决策时，为了降低风险，往往通过收集有关各状态发生的信息，得到各种可能发生自然状态的概率，使非确定型决策问题转化为风险型决策问题来处理。

风险型决策方法主要有矩阵法和决策树法。

一、矩阵法

矩阵法解决风险型决策问题就是用矩阵决策表进行分析并选择最优方案。依据的准则主要有两个：最大概率准则和期望值准则。结合例 6.2 对这两个准则进行说明。

例 6.2　在例 6.1 的基础上，决策者通过以往的气象资料，统计出该时间各种海情发生的概率：S_1 的发生概率为 0.2，S_2 的发生概率为 0.5，S_3 的发生概率为 0.3。将这些概率值写入收益矩阵，得到表 6-7。

表 6-7　收益矩阵

方案	概率		
	S_1	S_2	S_3
	0.2	0.5	0.3
A_1	0.8	0.6	0.2
A_2	0.6	0.4	0.3
A_3	0.7	0.5	0.1
A_4	0.5	0.4	0.4

（一）最大概率准则

由概率论的知识可知，一个事件的概率越大，则该事件发生的概率就越大。最大可能准则就是选择一个概率最大的自然状态进行决策，而不考虑其他自然状态。这样，就将风险决策问题变成了一个确定性的决策。

该准则的数学描述如下：

$$P(S_k) = \max_j \{P(S_j)\}$$
$$r^* = \max_i \{r_{ik}\}$$

则 r^* 所对应的方案为所选方案。

$$\max_j \{P(S_j)\} = P(S_2) = 0.5$$
$$r^* = \max_i \{r_{i2}\} = r_{12} = 0.6$$

选择策略 A_1。

要注意的是,该方法适用于有一个自然状态的概率明显大于其他状态的概率,且收益矩阵中的元素相差不大的情况。当各自然状态的概率相差不大时,不宜使用该方法。

(二)期望值准则

1. 最大期望收益准则

最大期望收益准则就是先计算各方案的期望收益值,然后加以比较,期望收益最大值所对应的方案为最优方案。其数学描述为

$$\mathrm{ER}(A_i) = \sum_{j=1}^{n} P(S_j) \times r_{ij}, \quad i = 1, 2, \cdots, m$$
$$\mathrm{ER}(A_k) = \max_i \{\mathrm{ER}(A_i)\}$$

则方案 A_k 为最优方案。

用最大期望收益准则对例 6.2 进行决策(见表 6-8)。

表 6-8　最大期望收益准则下的决策表

方案	概率			收益期望值
	S_1	S_2	S_3	
	0.2	0.5	0.3	
A_1	0.8	0.6	0.2	0.52 *
A_2	0.6	0.4	0.3	0.41
A_3	0.7	0.5	0.1	0.42
A_4	0.5	0.4	0.4	0.42

用最大期望收益准则选择方案 A_1。

2. 最小机会损失期望准则

该准则是先计算各方案的损失期望值,然后加以比较,机会损失期望最小值所对应的方案为最优方案。其数学描述为

$$\mathrm{EL}(A_j) = \sum_{j=1}^{n} P(S_j) \times h_{ij}, \quad i = 1, 2, \cdots, m$$
$$\mathrm{EL}(A_k) = \min_i \{\mathrm{EL}(A_i)\}$$

式中:h_{ij} 为在状态为 S_j 下做出决策为 A_i 的机会损失。则方案 A_k 为最优方案。

用最小机会损失期望准则对例 6.2 进行决策(见表 6 - 9)。

表 6 - 9 最小机会损失期望准则下的决策表

方案	概率			机会损失 期望值
	S_1	S_2	S_3	
	0.2	0.5	0.3	
A_1	0	0	0.2	0.06 *
A_2	0.2	0.2	0.1	0.17
A_3	0.1	0.1	0.3	0.16
A_4	0.3	0.2	0	0.16

用最小机会损失期望准则选择方案 A_1。

上面是对于受益矩阵的风险决策分析方法,对于损失矩阵的和这个相反。

二、决策树法

决策树方法是利用树形图,选取最优方案的方法。它是利用树形图分支的特点,表示多种方案多种自然状态的各种组合,利用树形具有结合的特点,表示多种组合的综合结果以反映决策情况的一种树状网络图。这种方法形象、直观,容易理解,其决策选优准则仍然是期望值准则。

(一)决策树一般图形

图 6 - 2 符号意义如下:

□──决策点。从该点引出方案分支,每一个分支表示一个行动方案,分支上注明方案名。

○──状态点。每个方案分支的端点都对应一个"○",状态点上方的数字表示该方案的期望益损值。从各状态点引出的分支称为状态分支(也称概率分支),每一个分支代表一个状态,分支上注明状态名或代号(如 S_1)及其出现的概率。

△──结果点,其内或旁边的数字表示各方案在相应状态下的益损值(收益或损失值)。

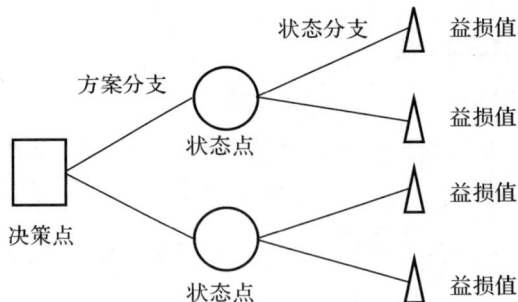

图 6 - 2 决策树示意图

(二)决策树法步骤

利用决策树进行决策的具体步骤如下:

步骤1:画出决策树。按从左到右的顺序画决策树,画决策树的过程本身就是对决策问题的再分析过程。

步骤2:按从右到左的顺序计算各方案的期望值,并将结果写在相应状态点的上方。

步骤3:选择期望收益最大(或期望损失最小)的方案作为最优方案,并将其对应的期望值写在决策点上。

结合下例说明决策树法的决策过程。

例6.3　一持枪抢劫犯罪团伙逃至山林,武警某机动中队奉命执行搜捕任务,制定了4种搜捕方案:A_1,A_2,A_3,A_4。根据当地的气象资料,估计可能出现的天气状况有3种:S_1(晴天)、S_2(雨天)、S_3(大雾)。决策者通过以往的气象资料,统计出可能出现的天气状况的概率:S_1的发生概率为0.2,S_2的发生概率为0.5,S_3的发生概率为0.3。在各种自然条件下发现目标的概率如表6-1所示。用决策树法来确定该机动中队应选择哪个搜捕方案。

解:利用决策树法来确定该机动中队应选择哪个搜捕方案,画出该问题的决策树,决策树如图6-3所示。

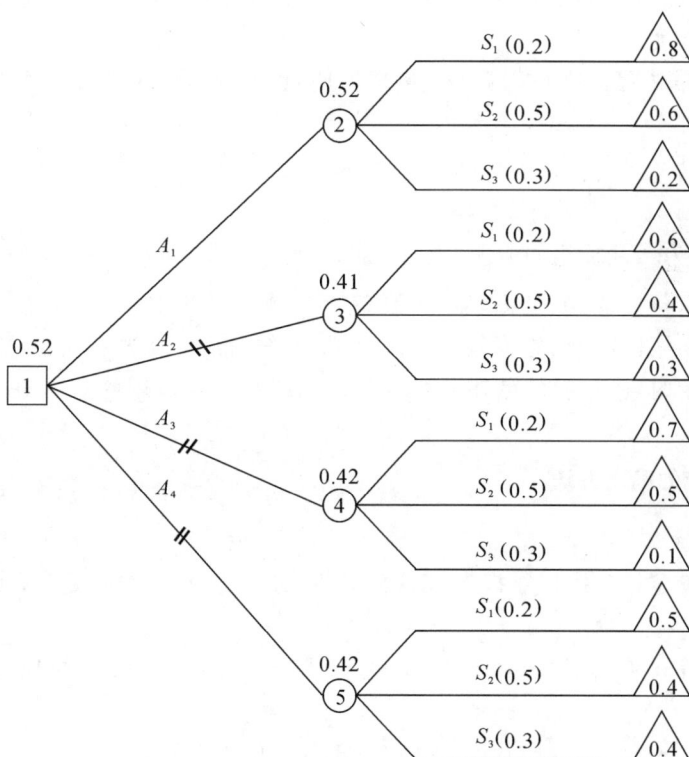

图6-3　例6.3问题的决策树

图6-3所描述的是一个单级决策问题。有些决策问题包括两级以上的决策,即所谓的多级决策(也称序贯决策)问题。多级决策问题通常用决策树处理,在决策树上选择方案清

晰明朗,不容易出现遗漏和错误,而矩阵法则难以完成。

第四节　决策分析中的效用度量

在现实的决策中,除借助于方案在不同状态下的益损值进行决策外,还可借助于决策者对于方案益损值的感受和反应进行决策。决策者对于方案益损值的感觉、感受或反应,称为效用。借助于效用进行决策是决策分析的重要内容。本节主要介绍效用与效用函数的基本概念、效用函数的确定方法和效用曲线的类型。

一、效用与效用值

效用是由贝努利(D. Berneulli)提出的,其用来表示决策者对于方案收益或损失的感觉、感受或反应,决策者对于方案收益或损失有自己独特的感觉、感受或反应(满足或满意),这种感觉、感受或反应就叫作"效用"。

决策者主观上衡量方案收益或损失所具有感觉、感受或反应(满足或满意)的程度称为效用值。效用值通常取 0～1 之间的数值表示,最大效用值为 1,表示决策者的最大满足或满意度,最小效用值为 0,表示决策者的最小满足或满意度。效用具有很强的主观特性,代表了决策者主观态度。

借助于决策者主观上对于方案收益或损失所具有的满足或满意程度进行决策,称为效用决策。

二、效用函数与效用曲线

(一)效用函数和效用曲线的概念

用横坐标表示益损值,纵坐标表示决策者的效用值,在直角坐标系内可画出一条表示决策者主观感受的曲线,该曲线称为效用曲线;效用曲线对应的函数称为效用函数。

当决策者一定时,决策者的效用函数和效用曲线固定。效用函数是益损值 v 的函数,用 $U(v)$ 表示。

(二)效用曲线的确定方法

1. 对比提问法

效用曲线的确定,通常由分析者和决策者用交互方法合作确定,需对具体的决策者提问。

主要依据恒等式 $PU(v_1) + (1-P)U(v_3) = U(v_2)$,若存在三个益损值 $v_1 > v_2 > v_3$,则必存在概率 P 使

$$PU(v_1) + (1-P)U(v_3) = U(v_2)$$

上式说明,对决策者而言,益损值 v_2 的效用值等价于益损值 v_1, v_3 的效用均值。

上式中有 v_1, v_2, v_3 和 P 四个变量。若其中任意三个变量为已知时,通过由决策者判断给出第四个变量的取值,可做出决策者的效用曲线。由于此方法由冯·诺伊曼(von Neumann)和摩根斯顿(O. Morgenstern)提出,所以此方法也称为标准测定法。

对比提问法的步骤：

步骤1：建立效用曲线直角坐标系，用横坐标表示益损值，用纵坐标表示效用值。

步骤2：确定效用曲线端点。根据方案后果，如益损值的取值范围，确定其最大值与最小值，并分别将其效用值定为1和0。

步骤3：确定其他益损值点的效用值。

依据恒等式 $PU(v_1)+(1-P)U(v_3)=U(v_2)$，通过与决策者问答的方法，确定出与除过端点，至少3个益损值相对应的效用值；每次取 $P=0.5$，固定 v_1，v_3 利用 $0.5U(v_1)+0.5U(v_3)=U(v_2)$ 改变 v_2 位置3次，提3问，确定3点，即可确定3个益损值相对应的效用值。

步骤4：各点光滑相连，做出效用函数曲线。

2.模糊数学隶属度法

设论域 $U=\{X_1,X_2,\cdots,X_n\}$，X_i 为决策表中各益损值（损失值取负值，收益值取正值）。其中 $\max\{X_i\}=b$，$\min\{X_i\}=a$，各益损值的效用值是论域上的一个模糊子集，隶属函数由下式给出：

$$u(x)=\begin{cases}0, & x\leqslant a\\ \left(\dfrac{x-a}{b-a}\right)^k, & a<x<b\\ 1, & x\geqslant b\end{cases}$$

$u(x)$ 为论域中各个元素的隶属度，且

$$x=b,\quad u(b)=1;\quad x=a,\quad u(a)=0$$

式中：指数 k 称为"效用算子"，反映了决策者主观因素作用的大小。

（三）效用曲线的类型和分析

决策者的效用曲线可区分为如图6-4所示的3种类型，这3种类型的效用曲线有各自的特点，反映了决策者的不同性格以及对风险所持的不同态度。

1.Ⅰ型效用曲线的特点

当收益值小时，效用值增加较快，随着收益值的增加，效用值的增加速度越来越慢。

当收益增大时，满意度放缓，对收益反应迟缓，对损失的反应敏感，因此决策者就有相当大的可能不愿冒大的风险，这是一类谨慎小心、稳健、保守的决策者。效用算子 $k<1$，稳妥保守型决策者。一般而言，决策者都是稳妥型，其效用曲线效用算子取 $k=0.5$。

2.Ⅱ型效用曲线的特点

效用值与收益值成正比。

决策者完全按照既定规律办事，这是一类循规蹈矩、心平气和的决策者。效用算子 $k=1$，循规蹈矩型决策者。

3.Ⅲ型效用曲线的特点

当收益很小时，效用值增加缓慢；而后，随着收益的增加，效用值迅速增加。

决策者对收益的反应敏感，对损失的反应迟缓，因此甘愿冒较大的风险，而不愿稳拿较

少的收益,这是一类谋求大利、不怕冒险、锐意进取的决策者。效用算子 $k>1$,冒险型决策者。

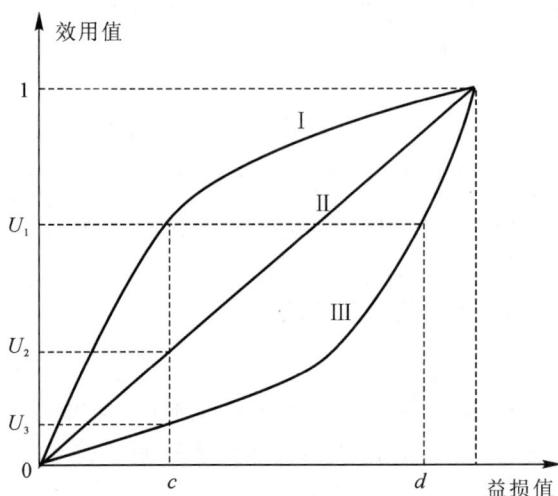

图 6-4 效用曲线类型

上述 3 种效用曲线是最基本的效用曲线,在实际应用中,为了更加准确地反映决策者对风险的态度,可以用 3 种基本效用曲线构造混合型效用曲线来表示。

为了反映不同的决策者对风险的态度,利用方案的效用期望值来代替收益期望值进行决策分析,决策结果能充分地反映决策者的意愿和主观偏好。

利用效用进行决策分为 3 步:建立决策者的效用函数;计算方案的效用值均值;根据方案的效用值决策。

下面结合下例介绍利用效用进行决策。

例 6.4 敌我双方坦克对抗,敌方有 2 种战术,我方有 2 种战术方案 A,B 与之对抗,双方对抗时我方对应的益损值表见表 6-10,试利用效用选取方案。

表 6-10 双方对抗时我方对应的益损值表

	I	II
	$P_1=0.7$	$P_2=0.3$
A	10	-5
B	2	4

解:设决策者的稳妥性较大,取效用算子 $k=1/2, a=-5, b=10$,隶属函数为

$$u(x)=\begin{cases} 0, & x\leqslant-5 \\ \left(\dfrac{x+5}{10+5}\right)^{1/2}, & -5<x<10 \\ 1, & x\geqslant10 \end{cases}$$

计算效用值得 $u(2)\approx0.68, u(4)\approx0.77$。

效用值决策表见表 6 - 11。

表 6 - 11　我方效用值决策表

	I	II
	$P_1 = 0.7$	$P_2 = 0.3$
A	1	0
B	0.68	0.77

各益损值的效用值确定后,将其按概率加权,由下式求各方案效用值的期望值:

方案 A:$0.7 \times 1 + 0.3 \times 0 = 0.7$。

方案 B:$0.7 \times 0.68 + 0.3 \times 0.77 \approx 0.71$。

选方案 B。

第五节　贝叶斯决策分析

对于风险型决策,各个自然状态 S_j 的发生概率 P_j 是已知的,一般是根据历史经验、统计资料得出,又称为"先验概率",具有较大的主观性。为此应该采取一定措施,掌握更多的信息,逐步修正先验概率,利用期望值和修正概率做出最优决策。

一、后验分析

在已知先验概率的基础上,进一步补充信息,然后利用贝叶斯公式修正先验概率。经过修正后的先验概率称之为"后验概率"。

(一)全概率公式和贝叶斯公式

设 S 为随机试验 E 的样本空间,$S_1,S_2,\cdots,S_n$ 为 E 的一组事件,事件之间两两不相容,且和为全集,对任一随机事件 H,其全概率公式为

$$P(H) = \sum_{j=1}^{n} P(H/S_j)P(S_j), \quad P(S_j) > 0$$

贝叶斯公式为

$$P(S_i \mid H) = \frac{P(H/S_j)P(S_j)}{P(H)} = \frac{P(H/S_j)P(S_j)}{\sum_{j=1}^{n} P(H/S_j)P(S_j)}$$

(二)后验分析

一般来说,设风险型决策的状态参数为 S,所谓补充信息是指增添了这样的一个信息:它指出某一随机事件 H 已经发生。这里的 H 为信息值。这一信息的可靠程度,可用在状态参数 S 固定时信息值的条件分布 $P(H|S)$ 来描述。这个条件分布称为似然分布。在 S 为只取 $S_1,S_2,\cdots,S_n$ 这 n 个值的离散型随机变量,信息 H 只取 $H_1,H_2,\cdots,H_k$ 这 k 个值的情况下,称矩阵

$$\begin{bmatrix} P(H_1|S_1) & P(H_2|S_1) & \cdots & P(H_k|S_1) \\ P(H_1|S_2) & P(H_2|S_2) & \cdots & P(H_k|S_2) \\ \vdots & \vdots & & \vdots \\ P(H_1|S_n) & P(H_2|S_n) & \cdots & P(H_k|S_n) \end{bmatrix}$$

为似然分布矩阵。它完整地描述了信息 H 与状态 S 间的关系。用补充信息改善状态参数原来的分布,就需要求出在信息值 H 发生的条件下 S 的条件分布 $P(S|H)$,称这个条件分布为状态参数 S 的后验分布。为区别起见,将状态参数 S 原来的分布 $P(S)$,即先验概率分布,称为先验分布。

利用补充信息进行决策的关键,就是由先验分布及似然分布产生后验分布,这一过程称为后验分析。

二、贝叶斯决策

贝叶斯决策的基本方法是,依据似然分布矩阵所提供的充分信息,用贝叶斯公式求出在信息值 H 发生的条件下,状态参数 S 的条件分布 $P(S|H)$,求出状态参数 S 的后验分布后,将各自然状态的后验概率代替其先验概率,进行决策分析。由于该决策方法中必须用到贝叶斯公式,故称其为贝叶斯决策。

例 6.5 假设某地 C 型疾病患病率为 1%,现通过医学检测可以对其进行筛查,患 C 型疾病,医学检测结果阳性的概率为 96%,不是 C 型疾病,医学检测结果为阴性的概率为96%,试分析如果该地某居民第一次医学检测结果为阳性,患病概率为多少?如果第二次医学检测结果仍为阳性,患病概率为多少?

解:用 S_1,S_2 分别表示 C 型疾病患病和不患病两种状态,则状态的先验分布为 $P(S_1)$$=1\%$,$P(S_2)=99\%$。

用 H_1,H_2 分别表示医学检查结果阳性和阴性两个信息值。

依题意有

$$P(H_1|S_1)=96\%, \quad P(H_2|S_1)=4\%$$
$$P(H_1|S_2)=4\%, \quad P(H_2|S_2)=96\%$$

则有

$$P(H_1)=P(H_1|S_1)P(S_1)+P(H_1|S_2)P(S_2)$$
$$=96\%\times1\%+4\%\times99\%=4.92\%$$

$$P(S_1|H_1)=\frac{P(H_1|S_1)P(S_1)}{P(H_1)}=\frac{96\%\times1\%}{4.92\%}\approx19.51\%$$

如果第一次医学检测结果为阳性,患病概率为 19.51%。

进行第二次医学检测,经计算得阳性、阴性信息见表 6-12。

表 6-12　二次医学检测阳性、阴性信息表

第二次检测	患病	未患病
诊断为阳性	$19.51\%\times96\%=18.7296\%$	$80.49\%\times4\%=3.2196\%$
诊断为阴性	$19.51\%\times4\%=0.7804\%$	$80.49\%\times96\%=77.2704\%$

$$P = \frac{18.729\ 6\%}{18.729\ 6\% + 3.219\ 6\%} \approx 85.33\%$$

如果第二次医学检测结果仍为阳性,患病的概率为85.33%。

例6.6 某支队营房维修工程安排开工计划。假定影响工期的唯一因素是天气情况。如果能安排开工并按期完成,可节省5万元;但如果开工后遇天气不好而拖延工期,将浪费3万元。据气象资料,估计最近安排开工后天气好的可能性是0.4,开工后天气坏的可能性是0.6。又如果最近不安排开工,将负担推迟开工的损失费0.5万元。不同状态下的益损值见表6-13。若决策时还可以从气象咨询事务所购买气象情报。过去资料表明,该事务所预报天气好的可靠性是0.6,预报天气坏的可靠性是0.7。问从这个目标出发,该项工程应否立即安排开工?

表6-13 益损值表 单位:元

方案	状态	
	天气好	天气坏
	$P_1 = 0.4$	$P_2 = 0.6$
开工	50 000	−30 000
不开工	−5 000	−5 000

解:借助于风险型决策进行方案选择,即

用t_1, t_2分别表示开工和不开工,用A_1, A_2分别表示天气好和天气坏两种状态,则状态的先验概率为$P(A_1) = 0.4, P(A_2) = 0.6$。

由于$v(t_2) = 50\ 000 \times 0.4 - 30\ 000 \times 0.6 = 2\ 000, v(t_2) = -5\ 000$,故由先验概率得其最优决策为$t^* = t_1$,即开工。

借助于贝叶斯决策进行方案选择:

用B_1, B_2分别表示预报天气好和预报天气坏两个状态。

设天气好,预报天气好的概率为

$$P(B_1 | A_1) = 0.6$$

设天气好,预报天气坏的概率为

$$P(B_2 | A_1) = 0.4$$

设天气坏,预报天气好的概率为

$$P(B_1 | A_2) = 0.3$$

设天气坏,预报天气坏的概率为

$$P(B_2 | A_2) = 0.7$$

上述各概率为条件概率,利用贝叶斯公式可计算出后验概率。

预报天气好概率为

$P(B_1) = P(B_1 | A_1) P(A_1) + P(B_1 | A_2) P(A_2) = 0.6 \times 0.4 + 0.3 \times 0.6 = 0.42$

预报天气坏的概率为

$P(B_2) = P(B_2 | A_1) P(A_1) + P(B_2 | A_2) P(A_2) = 0.4 \times 0.4 + 0.6 \times 0.7 = 0.58$

预报天气好,实际天气确实也好的概率为

$$P(A_1 \mid B_1) = \frac{P(B_1 \mid A_1)P(A_1)}{P(B_1 \mid A_1)P(A_1) + P(B_1 \mid A_2)P(A_2)}$$

$$= \frac{0.6 \times 0.4}{0.6 \times 0.4 + 0.3 \times 0.6} \approx 0.57$$

预报天气好,实际天气却坏的概率为

$$P(A_2 \mid B_1) = \frac{P(B_1 \mid A_2)P(A_2)}{P(B_1 \mid A_1)P(A_1) + P(B_1 \mid A_2)P(A_2)}$$

$$= \frac{0.3 \times 0.6}{0.6 \times 0.4 + 0.3 \times 0.6} \approx 0.43$$

预报天气坏,实际天气却好的概率为

$$P(A_1 \mid B_2) = \frac{P(B_2 \mid A_1)P(A_1)}{P(B_2 \mid A_1)P(A_1) + P(B_2 \mid A_2)P(A_2)} = \frac{0.4 \times 0.4}{0.4 \times 0.4 + 0.7 \times 0.6} \approx 0.28$$

预报天气坏,实际天气确实也坏的概率为

$$P(A_2 \mid B_2) = \frac{P(B_2 \mid A_2)P(A_2)}{P(B_2 \mid A_1)P(A_1) + P(B_2 \mid A_2)P(A_2)}$$

$$= \frac{0.7 \times 0.6}{0.4 \times 0.4 + 0.7 \times 0.6} \approx 0.72$$

当 B_1 发生,即预报天气好时,有

$$v'(t_1) = 5\,0000 \times P(A_1 \mid B_1) - 30\,000 \times P(A_2 \mid B_1)$$

$$= 50\,000 \times 0.57 - 30\,000 \times 0.43 = 15\,600$$

$$v'(t_2) = -5\,000$$

此时的最优策略是 t_1,即开工。

当 B_1 发生,即预报天气坏时,有

$$v''(t_1) = 50\,000 \times P(A_1 \mid B_2) - 30\,000 \times P(A_2 \mid B_2)$$

$$= 50\,000 \times 0.28 - 30\,000 \times 0.72 = -7\,600$$

$$v''(t_2) = -5\,000$$

此时的最优策略是 t_2,即不安排开工。

贝叶斯决策方法的一个重要特点是它利用补充信息来修正先验分布,使后验分布更加符合实际情况,从而提高决策的科学性和有效性。显然,补充信息的不同会对决策带来不同的影响。也就是说,不同的补充信息会产生不同的价值。同时,为了获得补充信息也需要成本。

信息分为完全信息和补充信息。获取信息有助于正确进行决策。信息的价值分为完全信息的价值和补充信息的价值。

信息的价值等于决策者根据信息所提供的状态进行决策取得的在该状态下的最大收益与其没有掌握这个信息进行决策所获得的收益之间的差值。

画出例 6.6 问题是否购买气象情报的多级决策树,如图 6-5 所示。

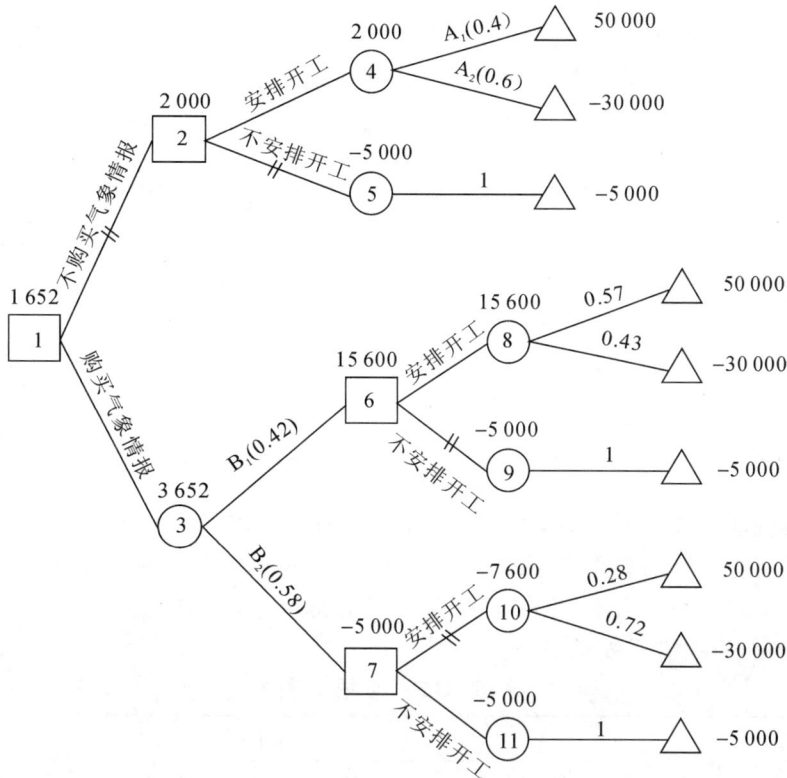

图 6-5 是否购买气象情报的多级决策树

分析决策点 6 和 7,说明若购买气象情报,如预报天气好安排开工,如果预报天气不好,那么不安排开工,其综合收益期望值为 3 652 元。

点 2 和点 3 相比,购买天气情报的收益期望值较高,因此采用购买气象情报的方案。

气象情报的价值为(3 652-2 000)元=1 652 元。

气象情报的价值为 1 652 元,为购买情报而付出代价的上限,如若购买情报超过这个上限,情报就不值得购买。

假如购买气象情报的费用为 1 000 元,购买气象情报的净收益期望值:(3 652-1 000)元=2 652 元。

习 题

1.试述构成一个决策问题的几个因素。

2.决策的类型有哪些?简述决策的基本程序。

3.简述确定型决策、风险型决策和非确定型决策之间的区别。非确定型决策能否转化为风险决策?

4.试述不确定型决策在决策中常用的五种准则,并指出它们之间的区别与联系。

5.如何确定效用曲线？效用曲线分为几类？它们分别表达了决策者对待决策风险的什么态度？

6.海警某中队执行海面搜索任务,搜索方案有 4 种:A_1,A_2,A_3,A_4。可能出现的海情有 3 种:S_1,S_2,S_3,它们分别代表 2 级浪以下、2 级或 3 级浪、4 级浪以上。假定执行任一方案时,在任一自然条件下发现目标的概率已知(见表 6-14),应选择哪种搜索方案?

表 6-14 习题 6 表

方案	状态		
	S_1	S_2	S_3
A_1	0.6	0.4	0.3
A_2	0.8	0.6	0.1
A_3	0.5	0.7	0.4
A_4	0.9	0.5	0.2

7.假设敌机群来袭的主要方向有 3 个,分别为 D_1,D_2,D_3,经预测其概率分别为 0.1,0.6,0.3,我防空兵有 3 种部署方案,分别为 A_1,A_2,A_3,可估算出我方每一种部署方案在敌机群不同方向来袭时被我方击落、击伤的敌机架数见表 6-15,问应选择哪一种部署方案,才能使被击落、击伤的敌机架数最多?

表 6-15 习题 7 表

方案	方向		
	$D_1=200$	$D_2=250$	$D_3=300$
	0.1	0.6	0.3
$A_1=200$	5	3	2
$A_2=250$	4	4	3
$A_3=300$	3	3	3

8.武警某支队食堂拟进行升级改造,有 4 种投资方案分别为 A_1,A_2,A_3,A_4,3 种可能遇到的自然状态分别为 Q_1,Q_2,Q_3 及其发生的概率分别为 1/2,1/3,1/6,每种情况的投资数量见表 6-16,请用决策树法进行决策,应选择哪种方案投资最少?

表 6-16 习题 8 表　　　　　　　　　　　　　　单位:百万元

方案	状态		
	Q_1	Q_2	Q_3
	1/2	1/3	1/6
A_1	4	7	4
A_2	5	2	3
A_3	8	6	10
A_4	3	1	9

9.某单位担负一桥梁施工任务,施工地区夏季多雨,需停工数月。在停工期间该工程队为避免损失,可以考虑将施工机械搬走或留在原处。如搬走,需支付搬运费 1 800 元。如留在原处,则一种方案是花 500 元筑一护堤,主要防止河水上涨发生高水位时对设备的侵袭。另一方案是不筑护堤,发生高水位时将损失 1 000 元。如果下暴雨发生特大洪水,不管是否筑堤,施工设备留在原处都将损失 60 000 元。其他水位时筑堤与否均无损失。据资料统计,该地区夏季发生高水位的概率是 25％,发生特大洪水的概率是 2％。试用决策树法进行决策。

第七章　军事活动中的博弈方法

在军事活动中,经常碰到各种各样具有对抗或竞争性质的行为,参与其中的各方都力图选取对自己最为有利的策略,千方百计去战胜对手。这种具有对抗或竞争性质的行为称为博弈。博弈论是研究对抗或竞争条件下决策者的决策行为及其规律的数学理论。

博弈论译自英文"Game Theory",在经济学著作中经常称为博弈论,在军事领域也称为对策论。博弈论是现代数学的一个分支,也是运筹学研究的重要内容之一。本章将重点介绍博弈论的基本概念,二人有限零和博弈、二人有限非零和博弈的概念及解法,以及 Lingo 软件应用。

第一节　博弈论概述

一、博弈论的发展历史

博弈充斥在人类生活的方方面面,小到人际交往、竞技比赛,大到国际间的贸易往来、商务谈判、军事战争。在这些行为中,竞争或者对抗的各方,各自都有不同的目标和利益。为了达到各自的目标和利益,各方就必须考虑对手的各种可能的行动方案,选取对自己最为有利或最为合理的方案。而博弈论就是研究竞争各方是否存在着最合理的行动方案,以及如何找到这个合理的行动方案的数学理论和方法。

在 2 000 多年以前,我国就已经产生了朴素的博弈思想,《孙子兵法》《孙膑兵法》《三十六计》《六韬》等经典著作中有许多精彩论述。《孙子兵法·谋攻篇》中指出,用兵之法,十则围之,五则攻之,倍则分之,敌则能战之,少则能逃之。这讲的就是面对不同规模数量的敌军时我军的用兵策略。革命战争时期,毛泽东将博弈思想精髓充分应用于作战指挥中,提出了"敌进我退,敌驻我扰,敌疲我打,敌退我追"的游击战术,为夺取战争胜利发挥了重要作用。

西方对于博弈行为的研究可上溯至 18 世纪初甚至更早,例如 1838 年古诺寡头模型以及 1883 年伯特兰德寡头竞争模型。到了 20 世纪初,博弈论逐步发展成熟。1921 年,法国数学家博雷尔(E. Borel)最早用数学语言描述博弈问题,提出了"策略"和"混合策略"的概念。1944 年,数学家冯·诺伊曼(von Neumann)与经济学家摩根斯坦(O. Morgenstern)合作撰写、出版了《博弈论与经济行为》,创立了博弈论研究的基本概念,提出了合作博弈的基本模型,标志着系统博弈理论的初步形成。

20 世纪 50—70 年代,博弈论进入蓬勃发展时期。1950 年,纳什(J. Nash)将博弈论扩展到非零和博弈,提出了纳什均衡(Nash Equilibrium)概念和均衡存在性定理,成为非合作博弈理论的奠基人。完全信息静态博弈是非合作博弈最基本的类型,也是博弈论的经典理论。1965 年,塞尔滕(R. Selten)将纳什均衡的概念引入动态博弈中,提出了子博弈完美纳什均衡。1967 年至 1968 年,豪尔绍尼(J. Harsanyi)把不完全信息引入博弈论研究,提出了贝叶斯纳什均衡的概念。基于上述 3 位学者长期致力于博弈论研究,并对现代经济学发展做出突出贡献,1994 年,纳什、泽尔腾和海萨尼共同获得诺贝尔经济学奖。

二、博弈问题的基本概念

"齐王赛马"是我国古代最为经典的博弈实例。下面通过"齐王赛马"的例子帮助大家理解博弈问题。

战国时期,齐威王有一天与田忌进行赛马。双方约定:比赛分三场;每一场比赛只能从自己上、中、下三个等级的马中各出一匹且每匹马只能出场一次;每一场比赛负者需付千金。已知在同等级的马中,田忌的马不如齐王的马,而如果田忌的马比齐王的马高一等级,则田忌的马可取胜。当时,田忌手下的一个谋士孙膑给田忌出了个主意:每次比赛时先让齐王牵出他要参赛的马,然后用下马对齐王的上马,用中马对齐王的下马,用上马对齐王的中马。比赛结果是田忌二胜一负,可得千金。由此看来,两个人各采取什么样的出马次序对胜负是至关重要的。

博弈现象表面上可能是形形色色、千差万别,但本质上却有很多共同之处。把这些共同之处抽象出来并运用数学语言加以描述,即得到所谓的博弈模型。任何一个博弈模型都必须包含以下 3 个基本要素:局中人、策略和赢得函数(支付函数)。下面结合"齐王赛马"的例子来具体分析。

(一)局中人

在博弈中,有权决定自己行动方案,并独立承担决策结果的参与者,称为局中人。通常用 I 表示局中人的集合。如果有 n 个局中人,那么 $I=\{1,2,\cdots,n\}$。一般要求一局博弈中至少要有两个局中人。局中人一定是拥有决策权的人,如在"齐王赛马"的例子中,局中人是齐王和田忌。田忌的谋士孙膑只有建议权而没有决策权,因而不是局中人。

关于局中人,既可以理解为狭义上的个体"人",比如下棋的局中人是两个人,也可以理解为广义上的集体概念,比如组织、国家等。军事战争中,局中人就是两支军队或者两个国家。当交战国不止两国时,在区分局中人个数时,要看国家之间的利益或者目标是一致还是对抗,如果属于联盟关系,即使有多个国家,也只看作一个局中人。此外,在分析博弈行为时,总是假设每个局中人都是"理智"的决策者,不考虑利用他人失误来扩大自身利益的可能性。

(二)策略

博弈中可供局中人选择的一个实际可行的完整的行动方案,称为该局中人的一个策略。局中人的所有可能策略全体构成该局中人的策略集。在任意一局博弈中,任何一个局中人有两个或两个以上的策略可供选择。在"齐王赛马"的例子中,用(上,中,下)表示出场参赛的 3 匹马依次为上马、中马和下马,这就是一个完整的行动方案,即为局中人的一个策略。可见,齐王和田忌各自都有 6 个策略:上、中、下,上、下、中,中、上、下,中、下、上,下、上、中和下、中、上。为便于区别,分别用 A_1,A_2,A_3,A_4,A_5,A_6 和 B_1,B_2,B_3,B_4,B_5,B_6,表示齐王和田忌的上述 6 个策略,则齐王和田忌的策略集分别为 $S_1 = \{A_1, A_2, \cdots, A_6\}$ 和 $S_2 = \{B_1, B_2, \cdots, B_6\}$。

(三)赢得函数(支付函数)

在一局博弈中,各局中人所选定的策略所形成的策略组称为一个局势,如果用 S_i 表示第 i 个局中人所采取的策略,那么 n 个局中人所形成的策略组 $S = (s_1, s_2, \cdots, s_n)$ 就是一个局势。在"齐王赛马"的例子中,它含有 36 个不同的局势。

在局势出现后,博弈的结果也就随之确定了,即对任意一个局势 S,局中人 i 可以得到一个赢得 $H_i(S)$。每个局中人的得失是全体局中人所采取的一组策略的函数,这一函数称为局中人的赢得函数。

在博弈中,局势一旦确定,该局势下各个局中人的赢得或支付值也就随之确定。在"齐王赛马"中,当齐王和田忌各自采取不同策略时,齐王的赢得函数值见表 7-1。

表 7-1 齐王的赢得函数值表

齐王	田忌					
	$B_{1(上,中,下)}$	$B_{2(上,下,中)}$	$B_{3(中,上,下)}$	$B_{4(中,下,上)}$	$B_{5(下,中,上)}$	$B_{6(下,上,中)}$
$A_{1(上,中,下)}$	3	1	1	1	1	-1
$A_{2(上,下,中)}$	1	3	1	1	-1	1
$A_{3(中,上,下)}$	1	-1	3	1	1	1
$A_{4(中,下,上)}$	-1	1	1	3	1	1
$A_{5(下,中,上)}$	1	1	-1	1	3	1
$A_{6(下,上,中)}$	1	1	1	-1	1	3

三、博弈的分类

根据局中人的数量不同,可以分为二人博弈和多人博弈。两国交战就属于两人博弈,打麻将就属于四人博弈。

根据局中人选择策略的数量是有限或无限,可以分为有限博弈和无限博弈。在齐王赛马中,齐王和田忌三局比赛的出马策略各有 6 种,因此属于有限博弈,三局比完,博弈随即终止。而无限博弈中,由于局中人的策略无穷无尽,因此博弈永远不会停止。

根据局中人赢得函数值的代数和是否为零,可以分为零和博弈和非零和博弈。零和博弈的各局中人之间利益始终是相互对立的,有获利一方必将有失利一方。其中,两人博弈属于最为激烈的零和博弈,一方所得就是一方所失。非零和博弈中,局中人之间的利益既可能是对立的,也可能是相容的。局中人的赢得函数值的代数和可能为负,如囚徒困境中两个小偷都要受到惩罚,也可能为正,如企业之间的经贸合作,互利共赢。

除此之外,根据博弈时各方掌握的信息结构是否完全,又可分为完全信息博弈和不完全信息博弈。如果局中人对其他对手的特征(偏好)策略或行动、赢得函数都有精确了解,那么为完全信息博弈,否则为不完全信息博弈。根据博弈时局中人的策略选择是同时还是先后进行,又可分为静态博弈和动态博弈。若局中人同时选择策略,或虽然行动有先后,但后行动者并不知道先行动者所选择的行动,为静态博弈,如商业投标。动态博弈则是局中人的行动有先后顺序,而且行动在后者可以观察到行动在先者的选择,并据此做出相应的选择。在齐王赛马中,田忌之所以最终能取胜,就在于齐王先出马,田忌根据齐王的马再确定自己的出马策略。

第二节　二人有限零和博弈

如果一局博弈只有两个局中人,每个局中人都只有有限个可选策略,在任意一个局势中两个局中人的得失代数和总为零,则这种博弈为"二人有限零和博弈"(two-person, zero-sum games),也称为矩阵博弈、矩阵对策。为便于表述,后文将二人有限零和博弈统称为矩阵博弈。

一般矩阵博弈用甲、乙表示局中人,假设甲有 m 个策略,表示为 $S_1 = \{\alpha_1, \alpha_2, \cdots, \alpha_m\}$;乙有 n 个策略,表示为 $S_2 = \{\beta_1, \beta_2, \cdots, \beta_n\}$。在甲选定策略 a_i、乙选定策略 β_j 后,就形成了一个局势 (α_i, β_j)。这样的局势有 $m \times n$ 个。对任一局势 (α_i, β_j),甲的赢得值为 a_{ij},可得甲的赢得矩阵 $A_{m \times n} = (a_{ij})_{m \times n}$。因为博弈是零和的,所以乙的赢得矩阵为 $-A_{m \times n}$。"齐王赛马"就是一个矩阵博弈例子,一局博弈结束后,齐王的赢得必为田忌的损失,反之亦然。

建立矩阵博弈模型,就是要根据对实际问题的叙述,确定甲和乙的策略集合以及相应的赢得矩阵,一般表示为 $G = \{S_1, S_2; A\}$。模型给定后,各局中人面临的问题便是如何选取自己最为有利的策略,以谋取最大的赢得(最小的损失)。在博弈过程中,局中人是如何选择自己策略的呢? 或者说,各个局中人在选择自己的最优策略时所依据的基本原则是什么呢?

博弈论的基本原则就是局中人在选择自己的最优策略时,总是作最坏的打算(对方一定采取最不利于己方的行动方案),向最好的方向努力(在不利的条件下争取尽可能大的赢得或尽可能小的损失)。博弈的全部目的就在于针对博弈过程中可能出现的各种情况,确定己方需要采取的最佳策略。在博弈问题的讨论中,通常认为局中人是理智的,一般不考虑决策失误、故意冒险等非理性因素。

一、有最优纯策略的情况

例 7.1　蓝军机群由 20 架飞机组成,可采取 3 种不同的突破方案 A_1, A_2, A_3 去克服红军的防空体系,而红军也可采取 3 种不同的设防方案 B_1, B_2, B_3 来阻止蓝军机群。双方对抗的结果用蓝军突防飞机数表示,对抗结果见表 7-2。

表 7-2　对抗结果表

蓝军	红军		
	B_1	B_2	B_3
A_1	9	4	5
A_2	8	9	6
A_3	6	7	3

解：假设两个局中人都是理智的。"理智行为"按照从最坏结果入手，争取好的结果。先选择每行的最小值，再在这些最小值中选择其中的最大值。当局中人蓝军选取策略 A_1 时，他的最小赢得是 4，这是选取此策略的最坏结果。一般地，局中人蓝军选取策略 A_i 时，他的最小赢得是 $\min_j(a_{ij})(i=1,2,3)$。对本例而言，蓝军选取策略 A_1, A_2, A_3 时，其最小赢得分别是 4，6，3。在最坏的情况下，最好的结果是 6。因此，局中人蓝军应选取策略 A_2。这样，不管局中红军选取什么策略，都能保证蓝军的赢得均不小于 6。对抗双方的最优策略表见表 7 – 3。

表 7 – 3 对抗双方的最优策略表

蓝军	红军			min
	B_1	B_2	B_3	
A_1	9	4	5	4
A_2	8	9	6	6 *
A_3	6	7	3	3
max	9	9	6 *	

同理，对于局中人红军来说，选取策略 B_j 时的最坏结果是赢得矩阵 $\boldsymbol{A}$ 中第 j 列各元素的最大者，即 $\max_i\{a_{ij}\}(j=1,2,3)$。对本例而言，红军选取策略 B_1, B_2, B_3 时，其最大损失分别是 9，9，6。在最坏的情况下，最好的结果是损失 6。因此，局中人红军应选取策略 B_3。这样，不管局中人蓝军选取什么策略，局中人红军的损失均不超过 6。即蓝军选择方案 A_2，红军选择方案 B_3。

上述分析表明，局中人蓝军和红军的"理智行为"分别是选择纯策略 A_2 和 B_3，这时，局中人蓝军的赢得值和局中人红军的损失值的绝对值相等，局中人蓝军得到了其预期的最少赢得 6，而局中人红军也不会给局中人蓝军带来比 6 更多的所得，相互的竞争使博弈出现了一个平衡局势 (A_2, B_3)，这个局势就是双方均可接受的，且对双方来说都是一个最稳妥的结果。因此，A_2 和 B_3 分别是局中人蓝军和红军的最优策略，结果是蓝军突防 6 架飞机、红军损失 6 架飞机。上例之解是博弈均衡的产物，任何一方如果擅自改变自己的策略都将为此付出代价。

例 7.1 是一个典型矩阵博弈，该类问题最优策略的求解思路如下所示。

定义 7.1 设 $G=\{S_1, S_2; \boldsymbol{A}\}$ 为矩阵博弈，其中双方的策略集和赢得矩阵分别为 $S_1 = \{\alpha_1, \alpha_2, \cdots, \alpha_m\}$，$S_2 = \{\beta_1, \beta_2, \cdots, \beta_n\}$，$\boldsymbol{A} = (a_{ij})_{m \times n}$。若有等式

$$\max_i\{\min_j a_{ij}\} = \min_j\{\max_i a_{ij}\} = a_{i^* j^*} \tag{7-1}$$

成立，则称 $a_{i^* j^*}$ 为该矩阵博弈的鞍点，称该博弈问题为有鞍点的矩阵博弈。记 $v^* = a_{i^* j^*}$ 为博弈 G 的值，局势 $(\alpha_{i^*}, \beta_{j^*})$ 为博弈 G 的解或平衡局势。α_{i^*} 和 β_{j^*} 分别称为局中人甲、乙的最优纯策略。

把策略 α_{i^*} 和 β_{j^*} 称为最优纯策略，是由于当一方采取上述策略时，若另一方存在侥幸心理而不采取相应的策略，他就会为自己的侥幸付出代价。其结果只能使己方的赢得减少，

损失增大。

由于 $a_{i^*j^*}$ 既是其所在行的最小元素,同时又是其所在列的最大元素,即

$$a_{ij^*} \leqslant a_{i^*j^*} \leqslant a_{i^*j} \tag{7-2}$$

所以将这一事实推广到一般矩阵博弈,可得以下定理。

定理 7.1　矩阵博弈 $\{S_1, S_2; A\}$ 在策略意义上有解的充分必要条件是存在着局势 $(\alpha_{i^*}, \beta_{j^*})$,使得对于一切 $i = 1, 2, \cdots, m$ 和 $j = 1, 2, \cdots, n$ 均有式(7-2)成立。

证明:

(1)充分性:由于对于一切 $i = 1, 2, \cdots, m$ 和 $j = 1, 2, \cdots, n$ 均有

$$\max_i a_{ij^*} \leqslant a_{i^*j^*} \leqslant \min_j a_{i^*j}$$

又因

$$\min_j \{\max_i a_{ij}\} \leqslant \max_i a_{ij^*}, \quad \min_j a_{i^*j} \leqslant \max_i \{\min_j a_{i^*j}\}$$

所以

$$\min_j \{\max_i a_{ij}\} \leqslant a_{i^*j^*} \leqslant \max_i \{\min_j a_{ij}\} \tag{7-3}$$

此外,由于对于一切 $i = 1, 2; \cdots, m$ 和 $j = 1, 2, \cdots, n$ 均有

$$\min_j a_{ij} \leqslant a_{ij} \leqslant \max_i a_{ij}$$

所以

$$\max_i \{\min_j a_{ij}\} \leqslant \min_j \{\max_i a_{ij}\} \tag{7-4}$$

由式(7-3)和式(7-4)得

$$\max_i \{\min_j a_{ij}\} = \min_j \{\max_i a_{ij}\} = a_{i^*j^*}$$

(2)必要性:设存在 i^* 和 j^* 使得

$$\min_j a_{i^*j} = \max_i \{\min_j a_{ij}\}, \quad \max_i a_{ij^*} = \min_j \{\max_i a_{ij}\}$$

则由

$$\max_i \{\min_j a_{ij}\} = \min_j \{\max_i a_{ij}\}$$

有

$$\max_i a_{ij^*} = \min_j a_{i^*j} \leqslant a_{i^*j^*} \leqslant \max_i a_{ij^*} = \min_j a_{i^*j}$$

所以,对于一切 $i = 1, 2, \cdots, m$ 和 $j = 1, 2, \cdots, n$ 均有

$$a_{ij^*} \leqslant \max_i a_{ij^*} \leqslant a_{i^*j^*} \leqslant \min_j a_{i^*j} \leqslant a_{i^*j}$$

例 7.2　设矩阵博弈 $G = [S_1, S_2; A]$,其中 $S_1 = \{\alpha_1, \alpha_2, \alpha_3, \alpha_4\}$, $S_2 = \{\beta_1, \beta_2, \beta_3\}$,

$$A = \begin{bmatrix} -4 & 2 & -6 \\ 4 & 3 & 5 \\ 8 & -1 & -10 \\ -3 & 0 & 6 \end{bmatrix} 。$$

解:赢得矩阵 A 的各行最小元素的最大值与各列最大元素的最小值相等,即

$$\max_i \{\min_j a_{ij}\} = \min_j \{\max_i a_{ij}\}$$

$$\max_i\{-6,3,-10,-3\}=\min_j\{8,3,6\}=3$$

所以该矩阵博弈的解(最佳局势)为(α_2,β_2)，$V_G=3$。

例 7.3 在第二次世界大战中，美国在新几内亚作战期间，得到日军将从新不列颠岛东岸的腊包尔港派出大型护航船队驶往新几内亚莱城的情报。日军船队可走两条路线，每条航线的航程都是 3 天，其中北面航线云多雾大，能见度差，南面航线能见度好便于侦察。美军也有 2 种行动方案，即分别在南北航线上集中航空兵主力进行侦察。用能争取到的轰炸天数作为评定方案好坏的指标，即作为支付函数的值。

若是美北—日北方案，由于天气的影响，将延误美军侦察效果，因而只能争取到 2 天的轰炸时间。

若是美北—日南方案，由于美军侦察主力已在北线耽误了 1 天，到南线虽然可立即发现日军舰队，也只能争取到 2 天的轰炸时间。

若是美南—日北方案，由于美军在南线侦察耽搁了 1 天，到北线后又要影响 1 天时间，所以只能争取到 1 天的轰炸时间。

若是美南—日南方案，由于美军当天发现日军，能轰炸 3 天。

这是一个典型的矩阵博弈问题，其赢得矩阵见表 7-4。

表 7-4 赢得矩阵

美军	日军		
	B_1（北）	B_2（南）	min
A_1（北）	2	2	2 *
A_2（南）	1	3	1
max	2 *	3	

问美军、日军各选择哪种方案较为合适？

解：由于

$$\max_i\{\min_j a_{ij}\}=\min_j\{\max_i a_{ij}\}=a_{11}{}^*=2$$

所以，矩阵博弈的解为(A_1,B_1)，即日军走北线，美军在北线上集中航空兵主力进行侦察。

当时的历史情况与分析结果是一致的，即肯尼将军命令盟军侦察机重点搜索北线；而山本五十六命令日本舰队取道北线航行。盟军飞机在 1 天后发现日本舰队，基地在南线的盟军轰炸机群远程飞行，在恶劣天气中，实施了 2 天有效的轰炸，重创了日本舰队。这次海空战是日本在新几内亚战争的转折点，日军大本营称之为俾斯麦海峡的悲剧。

例 7.4 矩阵博弈 $G=\{S_1,S_2;A\}$，其中赢得矩阵为

$$A=\begin{bmatrix} 7 & 5 & 6 & 5 \\ 2 & -3 & 9 & -4 \\ 6 & 5 & 7 & 5 \\ 0 & 1 & -1 & 2 \end{bmatrix}$$

解：每一行的最小值列向量为 $[5 \quad -4 \quad 5 \quad -1]^{\mathrm{T}}$，每一列的最大值行向量为 $[7 \quad 5 \quad 9 \quad 5]$。于是，有

$$\max_i\{\min_j a_{ij}\} = \min_j\{\max_i a_{ij}\} = a_{i^*j^*} = 5$$

式中：$i^* = 1,3$；$j^* = 2,4$。

故 $(\alpha_1,\beta_2)(\alpha_1,\beta_4)(\alpha_3,\beta_2)(\alpha_3,\beta_4)$ 四个局势均为博弈的解，且 $a_{i^*j^*} = 5$。

由此例可知，矩阵博弈的解可以是不唯一的。

二、没有最优纯策略的情况

对于矩阵博弈 $G = \{S_1, S_2; \boldsymbol{A}\}$ 来说，局中人甲有把握的最少赢得是

$$v_1 = \max_i\{\min_j a_{ij}\}$$

局中人乙有把握的最多损失是

$$v_2 = \min_j\{\max_i a_{ij}\}$$

当 $v_1 = v_2$ 时，矩阵博弈 $G = \{S_1, S_2; \boldsymbol{A}\}$ 存在策略意义上的解。然而，并非总有 $v_1 = v_2$，实际出现更多的情形是 $v_1 < v_2$，此时矩阵博弈不存在策略意义上的解。例如：

$$\boldsymbol{A} = \begin{bmatrix} 3 & 4 & 5 \\ 5 & 7 & 8 \\ 6 & 3 & 4 \end{bmatrix}$$

对此矩阵博弈来说，有

$$v_1 = \max_i\{\min_j a_{ij}\} = 5$$
$$v_2 = \min_j\{\max_i a_{ij}\} = 6$$
$$v_2 = 6 > 5 = v_1$$

于是，当双方按照从最不利情形中选择最有利的原则选择纯策略时，应分别选择 α_2 和 β_1，此时局中人甲的赢得为 5（即乙的损失为 5），乙的损失比预期的 6 少。出现此情形的原因就在于局中人甲选择了策略 α_2，使其对手减少了本该付出的损失。故对于策略 β_1 来讲，α_2 并不是局中人甲的最优策略。局中人甲会考虑选取策略 α_3，以使局中人乙付出本该付出的损失；乙也会将自己的策略从 β_1 改变为 β_2，以使自己的损失为 3；甲又会随之将自己的策略从 α_3 改变为 α_2，来对付乙的 β_2。如此这般，对于两个局中人来说，根本不存在一个双方均可以接受的平衡局势；对于决策双方而言，就是一个不断改变决策的循环。或者说当 $v_1 < v_2$ 时，矩阵博弈 G 不存在策略意义上的解。

在这种情形下，任何一方若采用一种固定的策略则一定会有损失。为了避免这种情况的出现，就只有不断变换自己的策略，在自己一方的策略集合中交替使用各个策略，才能取得较为理想的结果。

一个比较自然且合乎实际的想法是，既然不存在策略意义上的最优纯策略，那么是否可以利用最大期望赢得，规划一个选取不同策略的概率分布呢？由于这种策略是局中人策略集上的一个概率分布，故称之为混合策略。

定义 7.2　设矩阵博弈 $G = \{S_1, S_2; \boldsymbol{A}\}$，其中双方的策略集和赢得矩阵分别为 $S_1 = \{\alpha_1, \alpha_2, \cdots, \alpha_m\}$，$S_2 = \{\beta_1, \beta_2, \cdots, \beta_n\}$，$\boldsymbol{A} = (a_{ij})_{m \times n}$。

令

$$X = \{x \in E^m \mid x_i \geqslant 0, i = 1, 2, \cdots, m; \sum_{i=1}^{m} x_i = 1\}$$

$$Y = \{y \in E^n \mid y_j \geqslant 0, j = 1, 2, \cdots, n; \sum_{j=1}^{n} y_j = 1\}$$

则 X 和 Y 分别称为局中人甲、乙的混合策略集;$x \in X$、$y \in Y$,分别称为局中人甲、乙的混合策略;而 (x, y) 称为一个混合局势;局中人甲的赢得函数记为

$$E(x, y) = x^\top A y = \sum_{i=1}^{m} \sum_{j=1}^{n} a_{ij} x_i y_j \qquad (7-5)$$

这样得到一个新的博弈,记为 $G' = \{X, Y; E\}$,博弈 G' 称为博弈 G 的混合拓展。

定义 7.3　设 $G' = \{X, Y; E\}$ 为矩阵博弈 $G = \{S_1, S_2; A\}$ 的混合拓展,如果存在

$$V_G = \max_{x \in X} \{\min_{y \in Y} E(x, y)\} = \min_{y \in Y} \{\max_{x \in X} E(x, y)\} \qquad (7-6)$$

则使式 (7-6) 成立的混合局势 (x^*, y^*) 称为矩阵博弈 G 在混合意义上的解,x^* 和 y^* 分别称为局中人甲和乙的最优混合策略,V_G 为矩阵博弈 $G = \{S_1, S_2; A\}$ 或 $G' = \{X, Y; E\}$ 的值。

为方便起见,我们无须对矩阵博弈 $G = \{S_1, S_2; A\}$ 及其混合拓展 $G' = \{X, Y; E\}$ 加以区别,均可以用 $G = \{S_1, S_2; A\}$ 来表示。当矩阵博弈 $G = \{S_1, S_2; A\}$ 在纯策略意义上无解时,自动转向讨论混合策略意义上的解。

设局中人甲采取策略 α_i 时,其相应的赢得函数为 $E(i, y)$,于是

$$E(i, y) = \sum_{j=1}^{n} a_{ij} y_j \qquad (7-7)$$

设局中人乙采取策略 β_j 时,甲的赢得函数为 $E(x, j)$,于是

$$E(x, j) = \sum_{i=1}^{m} a_{ij} x_i \qquad (7-8)$$

由式 (7-7) 和式 (7-8) 可得

$$E(x, y) = \sum_{i=1}^{m} \sum_{j=1}^{n} a_{ij} x_i y_j = \sum_{i=1}^{m} (\sum_{j=1}^{n} a_{ij} y_j) x_i = \sum_{i=1}^{m} E(i, y) x_i \qquad (7-9)$$

和

$$E(x, y) = \sum_{i=1}^{m} \sum_{j=1}^{n} a_{ij} x_i y_j = \sum_{j=1}^{n} (\sum_{i=1}^{m} a_{ij} x_i) y_j = \sum_{j=1}^{n} E(x, j) y_j \qquad (7-10)$$

定理 7.2　局势 (x^*, y^*) 是矩阵博弈 $G = \{S_1, S_2; A\}$ 在混合策略意义上解的充分必要条件是对于一切 $x \in X, y \in Y$ 均存在:

$$E(x, y^*) \leqslant E(x^*, y^*) \leqslant E(x^*, y) \qquad (7-11)$$

一般矩阵博弈在策略意义上的解很可能是不存在的,但在混合策略意义上的解却总是存在的。

定理 7.3　设 $x^* \in X, y^* \in Y$,则 (x^*, y^*) 是矩阵博弈 $G = \{S_1, S_2; A\}$ 的解的充分必要条件是对于任意的 $i(i = 1, 2, \cdots, m)$ 和 $j(j = 1, 2, \cdots, n)$ 均存在

$$E(i, y^*) \leqslant E(x^*, y^*) \leqslant E(x^*, j) \qquad (7-12)$$

证明:设 (x^*, y^*) 是矩阵博弈 $G = \{S_1, S_2; A\}$ 的解,则由定理 7.2 可知式 (7-11) 成立。由于纯策略是混合策略的特例,故式 (7-12) 成立。反之,设式 (7-12) 成立,由

$$E(\boldsymbol{x},\boldsymbol{y}^*) = \sum_{i=1}^{m} E(i,\boldsymbol{y}^*)x_i \leqslant E(\boldsymbol{x}^*,\boldsymbol{y}^*) \cdot \sum_{i=1}^{m} x_i = E(\boldsymbol{x}^*,\boldsymbol{y}^*)$$

$$E(\boldsymbol{x}^*,\boldsymbol{y}) = \sum_{j=1}^{n} E(\boldsymbol{x}^*,j)y_j \geqslant E(\boldsymbol{x}^*,\boldsymbol{y}^*) \cdot \sum_{j=1}^{n} y_j = E(\boldsymbol{x}^*,\boldsymbol{y}^*)$$

证毕。

定理 7.4 设 $\boldsymbol{x}^* \in X$、$\boldsymbol{y}^* \in Y$,则 $(\boldsymbol{x}^*,\boldsymbol{y}^*)$ 是矩阵博弈 $G=\{S_1,S_2;\boldsymbol{A}\}$ 的解的充分必要条件是存在数 v,使得 $\boldsymbol{x}^*$ 和 $\boldsymbol{y}^*$ 分别是不等式组

$$\left. \begin{array}{l} \sum_{i=1}^{m} a_{ij}x_i \geqslant v, \quad j=1,2,\cdots,n \\[2mm] \sum_{i=1}^{m} x_i = 1, \quad x_i \geqslant 0, \quad i=1,2,\cdots,m \end{array} \right\} \qquad (7-13)$$

和

$$\left. \begin{array}{l} \sum_{j=1}^{n} a_{ij}y_j \leqslant v, \quad i=1,2,\cdots,m \\[2mm] \sum_{j=1}^{n} y_j = 1 \\[2mm] y_j \geqslant 0, \quad j=1,2,\cdots,n \end{array} \right\} \qquad (7-14)$$

的解且 $v=V_G$。

此处不做证明。

定理 7.5 对任一矩阵博弈 $G=\{S_1,S_2;\boldsymbol{A}\}$,一定存在混合策略意义上的解。

证明: 由定理 7.3 可知,此命题只需证明存在 $\boldsymbol{x}^* \in X$,$\boldsymbol{y}^* \in Y$ 使得式(7-12)成立。

为此,考虑如下两个线性规划问题 1 和 2。

线性规划问题 1:$\max z = w$。

$$\begin{cases} \sum_{i=1}^{m} a_{ij}x_i \geqslant w, \quad j=1,2,\cdots,n \\[2mm] \sum_{i=1}^{m} x_i = 1 \\[2mm] x_i \geqslant 0, \quad i=1,2,\cdots,m \end{cases}$$

线性规划问题 2:$\min z = v$。

$$\begin{cases} \sum_{j=1}^{n} a_{ij}y_j \leqslant v, \quad i=1,2,\cdots,m \\[2mm] \sum_{j=1}^{n} y_j = 1 \\[2mm] y_j \geqslant 0, \quad j=1,2,\cdots,n \end{cases}$$

这两个线性规划问题互为对偶,而且 $\boldsymbol{x}=[1 \quad 0 \quad 0 \quad \cdots \quad 0]^T \in E^m$,$w=\min_j\{a_{1j}\}$ 是第一个问题的一个可行解;而 $\boldsymbol{y}=[1 \quad 0 \quad \cdots \quad 0]^T \in E^n$,$v=\max_i\{a_{i1}\}$ 是第二个问题的一个可行解。

由线性规划的对偶理论可知,这两个线性规划问题分别存在最优解 $(\boldsymbol{x}^*,w^*)$ 和 $(\boldsymbol{y}^*,$

v^*),且 $w^* = v^*$,即存在 $\boldsymbol{x}^* \in X, \boldsymbol{y}^* \in Y$ 和数 v^*,使得对任意的 $i(i=1,2,\cdots,n)$ 和 $j(j=1,2,\cdots,n)$ 均存在

$$\sum_{j=1}^{n} a_{ij} y_j^* \leqslant v^* \leqslant \sum_{i=1}^{m} a_{ij} x_i^* \qquad (7-15)$$

或

$$E(i, \boldsymbol{y}^*) \leqslant v^* \leqslant E(\boldsymbol{x}^*, j) \qquad (7-16)$$

又由

$$E(\boldsymbol{x}^*, \boldsymbol{y}^*) = \sum_{i=1}^{m} E(i, \boldsymbol{y}^*) x_i^* \leqslant v^* \cdot \sum_{i=1}^{m} x_i^* = v^*$$

$$E(\boldsymbol{x}^*, \boldsymbol{y}^*) = \sum_{j=1}^{n} E(\boldsymbol{x}^*, j) y_j^* \geqslant v^* \cdot \sum_{j=1}^{n} y_j^* = v^*$$

得到 $v^* = E(\boldsymbol{x}^*, \boldsymbol{y}^*)$,故由式(7-16)可知式(7-12)成立,证毕。

定理 7.5 的证明是一个构造性的证明,它不仅证明了矩阵博弈解的存在性,而且给出了利用线性规划方法求解矩阵博弈的思想。

定理 7.6 设 $(\boldsymbol{x}^*, \boldsymbol{y}^*)$ 是矩阵博弈 $G = \{S_1, S_2; \boldsymbol{A}\}$ 的解,且 $v = V_G$,有下列命题成立:

(1) 若 $x_i^* > 0$,则 $\sum_{j=1}^{n} a_{ij} y_j^* = v$;

(2) 若 $y_j^* > 0$,则 $\sum_{i=1}^{m} a_{ij} x_i^* = v$;

(3) 若 $\sum_{j=1}^{n} a_{ij} y_j^* < v$,则 $x_i^* = 0$;

(4) 若 $\sum_{i=1}^{m} a_{ij} x_i^* > v$,则 $y_j^* = 0$。

定义 7.4 设矩阵博弈 $G = \{S_1, S_2; \boldsymbol{A}\}$,其中 $\boldsymbol{A} = (a_{ij})_{m \times n}$,若对于一切 $j(j=1,2,\cdots,n)$ 均存在 $a_{i_1 j} \geqslant a_{i_2 j}$,即 $\boldsymbol{A} = (a_{ij})_{m \times n}$ 中的第 i_1 行的每一个元素均不小于第 i_2 行的每一个对应元素,则对于局中人甲来说,策略 α_{i_1} 优超于策略 α_{i_2},同样,若对于一切 $i(i=1,2,\cdots,n)$ 均存在 $a_{i j_1} \leqslant a_{i j_2}$,即 $\boldsymbol{A} = (a_{ij})_{m \times n}$ 中的第 j_2 列的每一个元素均不大于第 j_2 列的每一个对应元素,则对局中人乙来说策略 β_{j_1} 优超于策略 β_{j_2}。

定理 7.7 设矩阵博弈 $G = \{S_1, S_2; \boldsymbol{A}\}$,若在 S_1(或 S_2)中出现被优超的策略,那么去掉 S_1(或 S_2)中被优超的策略所形成的新的矩阵博弈与原矩阵博弈同解。

例 7.5 求解矩阵博弈 $G = \{S_1, S_2; \boldsymbol{A}\}$,其中赢得矩阵为

$$\boldsymbol{A} = \begin{bmatrix} \dfrac{1}{2} & -1 \\ 0 & 1 \\ -\dfrac{5}{2} & 0 \\ \dfrac{1}{2} & 0 \end{bmatrix}$$

解:对于局中人甲来说,策略 α_4 优于策略 α_1,α_2 优于策略 α_3,故可去掉第 1 和第 3 行,

得到新的赢得矩阵,即

$$\boldsymbol{A}_1=\begin{bmatrix} 0 & 1 \\ \dfrac{1}{2} & 0 \end{bmatrix}$$

$\boldsymbol{A}_1$ 无鞍点存在,故求解具有混合策略的博弈。

$$\begin{cases} 0x_2+\dfrac{1}{2}x_4=v \\ x_2+0x_4=v \\ x_2+x_4=1 \\ x_2,x_4\geqslant0 \end{cases}$$

和

$$\begin{cases} 0y_1+1y_2=v \\ \dfrac{1}{2}y_1+0y_2=v \\ y_1+y_2=1 \\ y_1,y_2\geqslant0 \end{cases}$$

可得

$$\begin{cases} x_2^*=\dfrac{1}{3} \\ x_4^*=\dfrac{2}{3} \\ y_1^*=\dfrac{2}{3} \\ y_2^*=\dfrac{1}{3} \end{cases}$$

于是,原矩阵博弈 $G=\{S_1,S_2;\boldsymbol{A}\}$ 的一个解为

$$\boldsymbol{x}^*=\begin{bmatrix} 0 & \dfrac{1}{3} & 0 & \dfrac{2}{3} \end{bmatrix}^{\mathrm{T}}$$

$$\boldsymbol{y}^*=\begin{bmatrix} \dfrac{2}{3} & \dfrac{1}{3} \end{bmatrix}^{\mathrm{T}}$$

$$V_G=\dfrac{1}{3}$$

例 7.6　求解矩阵博弈 $G=\{S_1,S_2;\boldsymbol{A}\}$,其中赢得矩阵为

$$\boldsymbol{A}=\begin{bmatrix} 4 & 0 & 2 & 3 & -2 \\ -2 & 1 & 4 & -4 & 3 \\ 7 & 3 & 8 & 4 & 5 \\ 4 & 6 & 5 & 6 & 6 \\ 5 & 2 & 7 & 4 & 3 \end{bmatrix}$$

解:对于局中人甲来说,策略 α_4 优于策略 α_1,α_3 优于策略 α_2,故可去掉第 1 和第 2 行,

得到新的赢得矩阵,即

$$\boldsymbol{A}_1 = \begin{bmatrix} 7 & 3 & 8 & 4 & 5 \\ 4 & 6 & 5 & 6 & 6 \\ 5 & 2 & 7 & 4 & 3 \end{bmatrix}$$

在 $\boldsymbol{A}_1$ 中,第 1 列优超于第 3 列、第 2 列优超于第 4 列、第 2 列优超于第 5 列,故可去掉第 3~5 列,得到新的赢得矩阵,即

$$\boldsymbol{A}_2 = \begin{bmatrix} 7 & 3 \\ 4 & 6 \\ 5 & 2 \end{bmatrix}$$

在 $\boldsymbol{A}_2$ 中,第 1 行优超于第 3 行,故可去掉第 3 行,得到新的赢得矩阵,即

$$\boldsymbol{A}_3 = \begin{bmatrix} 7 & 3 \\ 4 & 6 \end{bmatrix}$$

$\boldsymbol{A}_3$ 无鞍点存在,应用定理 7.4 求下述两个不等式组:

$$\begin{cases} 7x_3 + 4x_4 \geqslant v \\ 3x_3 + 6x_4 \geqslant v \\ x_3 + x_4 = 1 \\ x_3, x_4 \geqslant 0 \end{cases}$$

和

$$\begin{cases} 7y_1 + 3y_2 \leqslant v \\ 4y_1 + 6y_2 \leqslant v \\ y_1 + y_2 = 1 \\ y_1, y_2 \geqslant 0 \end{cases}$$

可得

$$\begin{cases} x_3^* = \dfrac{1}{3} \\ x_4^* = \dfrac{2}{3} \\ y_1^* = \dfrac{1}{2} \\ y_2^* = \dfrac{1}{2} \end{cases}$$

于是原矩阵博弈 $G = \{S_1, S_2; \boldsymbol{A}\}$ 的一个解为

$$\boldsymbol{x}^* = \begin{bmatrix} 0 & 0 & \dfrac{1}{3} & \dfrac{2}{3} & 0 \end{bmatrix}^{\mathrm{T}}$$

$$\boldsymbol{y}^* = \begin{bmatrix} \dfrac{1}{2} & \dfrac{1}{2} & 0 & 0 & 0 \end{bmatrix}^{\mathrm{T}}$$

$$V_G = 5$$

三、混合策略的基本解法

在求解一个矩阵博弈时,应首先判断其是否有鞍点,当鞍点不存在时,再采用求解混合

策略的基本解法。其方法较多,如代数法、图解法、线性规划法、表上作业法、迭代法等,此处仅介绍代数法、图解法、线性规划法。

(一)代数法

1. 2×2 矩阵

2×2 矩阵是指局中人的赢得矩阵是 2×2 阶矩阵的博弈,赢得矩阵一般表示为

$$A = \begin{bmatrix} a_{11} & a_{12} \\ a_{21} & a_{22} \end{bmatrix}$$

首先判断赢得矩阵 A 是否有鞍点,既得最优纯策略;A 没有鞍点,则各局中人的最优混合策略中的 x_i^* 和 x_l^* 均大于零,由定理 7.6,可求下述两个方程组:

$$\begin{cases} a_{11} x_1 + a_{21} x_2 = v \\ a_{12} x_1 + a_{22} x_2 = v \\ x_1 + x_2 = 1 \end{cases}$$

和

$$\begin{cases} a_{11} y_1 + a_{12} y_2 = v \\ a_{21} y_1 + a_{22} y_2 = v \\ y_1 + y_2 = 1 \end{cases}$$

求解这两个方程组,可得

$$x_1^* = \frac{a_{22} - a_{21}}{(a_{11} + a_{22}) - (a_{12} + a_{21})}$$

$$x_2^* = \frac{a_{11} - a_{12}}{(a_{11} + a_{22}) - (a_{12} + a_{21})}$$

$$y_1^* = \frac{a_{22} - a_{12}}{(a_{11} + a_{22}) - (a_{12} + a_{21})}$$

$$y_2^* = \frac{a_{11} - a_{21}}{(a_{11} + a_{22}) - (a_{12} + a_{21})}$$

$$V_G = \frac{a_{11} a_{22} - a_{12} a_{21}}{(a_{11} + a_{22}) - (a_{12} + a_{21})}$$

2. $m \times n$ 对策

根据定理 7.4,求解矩阵博弈解(x^*, y^*)的问题等价于求解式(7-13)和式(7-14),又根据定理 7.5 和定理 7.6,如果假设最优策略中的 x_i^* 和 y_j^* 均不为零,即可将上述两个不等式组的求解转化为求解下述两个方程组的问题:

$$\left. \begin{array}{l} \sum_{i=1}^{m} a_{ij} x_i = v, \quad j = 1, 2, \cdots, n \\ \sum_{i=1}^{m} x_i = 1 \end{array} \right\} \tag{7-17}$$

$$\left.\begin{aligned} \sum_{j=1}^{n} a_{ij} y_j = v, \quad i=1,2,\cdots,m \\ \sum_{j=1}^{n} y_j = 1 \end{aligned}\right\} \qquad (7-18)$$

如果式(7-17)式和(7-18)存在非负解 $\boldsymbol{x}^*$ 和 $\boldsymbol{y}^*$,那么已经得到了博弈的一个解$(\boldsymbol{x}^*,\boldsymbol{y}^*)$。

例 7.7 设甲、乙双方各使用三种火炮进行对抗,甲的赢得结果可用表 7-5 中的支付矩阵来表示。试求矩阵博弈的解。

表 7-5 甲、乙双方对抗的支付矩阵

甲	乙		
	B_1	B_2	B_3
A_1	2	-3	4
A_2	-3	4	-5
A_3	4	-5	6

解:首先,判断有无鞍点(见表 7-6)。

表 7-6 有无鞍点的判断表

甲	乙			min
	B_1	B_2	B_3	
A_1	2	-3	4	-3^*
A_2	-3	4	-5	-5
A_3	4	-5	6	-5
max	-4^*	-4^*	6	

此问题无鞍点。设甲取策略 A_1,A_2,A_3 的概率为 x_1,x_2,x_3,乙取策略 B_1,B_2,B_3 的概率为 y_1,y_2,y_3。赢得值为 v。

对于甲方有方程组,有

$$\begin{cases} 2x_1-3x_2+4x_3=v \\ -3x_1+4x_2-5x_3=v \\ 4x_1-5x_2+6x_3=v \\ x_1+x_2+x_3=1 \\ x_i \geqslant 0, \quad i=1,2,3 \end{cases}$$

则

$$\begin{cases} x_1=\dfrac{1}{4} \\ x_2=\dfrac{1}{2} \\ x_3=\dfrac{1}{4} \\ v=0 \end{cases}$$

对于乙方有方程组,有

$$
\begin{cases}
2y_1 - 3y_2 + 4y_3 = v \\
-3y_1 + 4y_2 - 5y_3 = v \\
4y_1 - 5y_2 + 6y_3 = v \\
y_1 + y_2 + y_3 = 1 \\
y_i \geqslant 0, \quad i = 1,2,3
\end{cases}
$$

则

$$
\begin{cases}
y_1 = \dfrac{1}{4} \\
y_2 = \dfrac{1}{2} \\
y_3 = \dfrac{1}{4} \\
v = 0
\end{cases}
$$

即

$$
\boldsymbol{x}^* = \begin{bmatrix} \dfrac{1}{4} & \dfrac{1}{2} & \dfrac{1}{4} \end{bmatrix}^{\mathrm{T}}
$$

$$
\boldsymbol{y}^* = \begin{bmatrix} \dfrac{1}{4} & \dfrac{1}{2} & \dfrac{1}{4} \end{bmatrix}^{\mathrm{T}}
$$

$$
V_G = 0
$$

这表明,甲、乙双方应各以 $\dfrac{1}{4}$,$\dfrac{1}{2}$,$\dfrac{1}{4}$ 的概率交替使用 3 种武器。

(二)图解法

图解法是代数法的一种变形,利用图形来解决矩阵博弈。此方法对于 $2 \times n$ 或 $m \times 2$ 阶的较为方便,但对于 n 和 m 均大于 3 的,就难以解决。

$1. 2 \times n$ 矩阵

例 7.8 求解矩阵博弈 $G = \{S_1, S_2; \boldsymbol{A}\}$,其中 $S_1 = \{\alpha_1, \alpha_2\}$,$S_2 = \{\beta_1, \beta_2, \beta_3\}$、赢得矩阵

$\boldsymbol{A} = \begin{bmatrix} 2 & 1 & 10 \\ 6 & 5 & 2 \end{bmatrix}$。

解:由于第二列优于第一列,故将矩阵第一列划去,得新的赢得矩阵,即

$$
\boldsymbol{A}_1 = \begin{bmatrix} 1 & 10 \\ 5 & 2 \end{bmatrix}
$$

设局中人甲混合策略 $[x \quad 1-x]^{\mathrm{T}}$,$x \in [0,1]$。局中人甲分别采取纯策略 α_1 和 α_2 对付局中人乙纯策略 β_2 和 β_3 时的赢得值为 $V_a^1 = x + 5(1-x)$ 和 $V_a^2 = 10x + 2(1-x)$。用图表示为两条直线,$x \in [0,1]$,如图 7-3 所示。

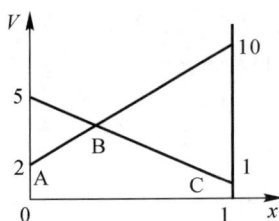

图 7 - 3　局中人甲赢得值的直线示意图

局中人甲根据小中取大原则：

$$V_\alpha = \max_{0 \leqslant x \leqslant 1} \{ \min [x+5(1-x), 10x+2(1-x)] \}$$

当局中人甲选择混合策略 $[x \quad 1-x]^{\mathrm{T}}$ 时，其最少可能的赢得为局中人乙选择 β_2 和 β_3 时所确定的两条直线 $V_\alpha^1 = x+5(1-x)$ 和 $V_\alpha^2 = 10x+2(1-x)$ 在 x 处的纵坐标中最小者，即如折线 ABC 所示。从图 7-3 可知，按小中取大原则，应选择 V_α 等于 B 处的赢得值。

求解可得

$$\begin{cases} x = \dfrac{1}{4} \\ V_\alpha = 4 \end{cases}$$

所以局中人甲的最优策略为 $\boldsymbol{x}^* = \left[\dfrac{1}{4} \quad \dfrac{3}{4} \right]^{\mathrm{T}}$。

对于化简的赢得矩阵 $\boldsymbol{A}_1 = \begin{bmatrix} 1 & 10 \\ 5 & 2 \end{bmatrix}$，设局中人乙的混合策略为 $[y \quad 1-y]^{\mathrm{T}}, y \in [0,1]$。

局中人乙选择 β_2 和 β_3 对付局中人甲纯策略 α_1 和 α_2 时的损失值为

$$\begin{cases} V_\beta^1 = y+10(1-y) \\ V_\beta^2 = 5y+2(1-y) \end{cases}$$

用图表示为两条直线，$y \in [0,1]$，如图 7-4 所示。

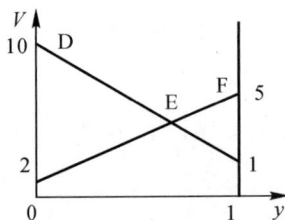

图 7 - 4　局中人乙损失值的直线示意图

局中人乙根据大中取小原则：

$$V_\beta = \min_{0 \leqslant y \leqslant 1} \{ \max [y+10(1-y), 5y+2(1-y)] \}$$

当局中人乙选择混合策略 $[y \quad 1-y]^{\mathrm{T}}$ 时，其最大可能的损失为局中人甲选择 α_1 和 α_2 时所确定的两条直线 $V_\beta^1 = y+10(1-y)$ 和 $V_\beta^2 = 5y+2(1-y)$ 在 y 处的纵坐标中最大者，即如折线 DEF 所示。从图 7-4 可知，按大中取小原则，应选择 V_β 等于 E 处的损失值。

求解可得

$$\begin{cases} y=\dfrac{2}{3} \\ V_\beta=4 \end{cases}$$

若记 $\boldsymbol{y}^*=\begin{bmatrix} y_1^* & y_2^* & y_3^* \end{bmatrix}^{\mathrm{T}}$ 为局中人乙的最优策略,则可得

$$\begin{cases} y_2^*=\dfrac{2}{3} \\ y_3^*=\dfrac{1}{3} \end{cases}$$

所以局中人乙的最优策略为

$$\boldsymbol{y}^*=\begin{bmatrix} 0 & \dfrac{2}{3} & \dfrac{1}{3} \end{bmatrix}^{\mathrm{T}}$$

2. $m\times2$ 矩阵

例 7.9　求解矩阵博弈 $G=\{S_1,S_2;\boldsymbol{A}\}$,其中 $S_1=\{\alpha_1,\alpha_2,\alpha_3\}$,$S_2=\{\beta_1,\beta_2\}$,赢得矩阵 $\boldsymbol{A}=\begin{bmatrix} 2 & 3 \\ 3 & 2 \\ -2 & 6 \end{bmatrix}$。

解:设局中人乙的混合策略为 $\begin{bmatrix} y & 1-y \end{bmatrix}^{\mathrm{T}}$,$y\in[0,1]$。局中人乙选择 β_1 和 β_2 对付局中人甲纯策略 α_1、α_2 和 α_3 时的损失值为

$$\begin{cases} V_\beta^1=2y+3(1-y) \\ V_\beta^2=3y+2(1-y) \\ V_\beta^3=-2y+6(1-y) \end{cases}$$

用图表示为三条直线,$y\in[0,1]$,如图 7-5 所示。局中人乙根据大中取小原则:

$$V_\beta=\min_{0\leqslant y\leqslant 1}\{\max[2y+3(1-y),-2y+6(1-y),3y+2(1-y)]\}$$

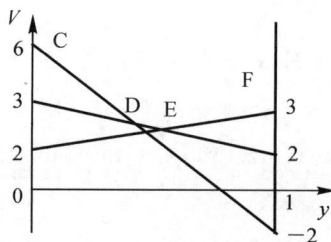

图 7-5　局中人乙损失值的直线示意图

当局中人乙选择混合策略 $\begin{bmatrix} y & 1-y \end{bmatrix}^{\mathrm{T}}$ 时,其最大可能的损失为局中人甲选择 α_1,α_2 和 α_3 时所确定的两条直线 $V_\beta^1=2y+3(1-y)$,$V_\beta^2=3y+2(1-y)$ 和 $V_\beta^3=-2y+6(1-y)$ 在 y 处的纵坐标中最大者,即如折线 CDEF 所示。从图 7-5 可知,按大中取小原则,应选择 V_β 等于 E 处的损失值:

$$\begin{cases} 2y+3(1-y)=V_\beta \\ 3y+2(1-y)=V_\beta \end{cases}$$

求解得

$$\begin{cases} y = \dfrac{1}{2} \\ V_\beta = \dfrac{5}{2} \end{cases}$$

所以局中人乙的最优策略为

$$\boldsymbol{y}^* = \begin{bmatrix} \dfrac{1}{2} & \dfrac{1}{2} \end{bmatrix}^{\mathrm{T}}$$

局中人甲不可能选择 α_3 策略，因此用图解法得

$$\boldsymbol{x}^* = \begin{bmatrix} \dfrac{1}{2} & \dfrac{1}{2} & 0 \end{bmatrix}^{\mathrm{T}}$$

(三)线性规划法

由定理 7.5 可知，任一矩阵博弈的求解均等价于求解一对互为对偶的线性规划问题；而定理 7.4 表明，矩阵博弈 $G = \{S_1, S_2; \boldsymbol{A}\}$ 的解 $\boldsymbol{x}^*$ 和 $\boldsymbol{y}^*$ 等价于如下两个不等式组的解：

$$\left. \begin{array}{l} \displaystyle\sum_{i=1}^{m} a_{ij} x_i \geqslant v, \quad j = 1, 2, \cdots, n \\[3mm] \displaystyle\sum_{i=1}^{m} x_i = 1 \\[3mm] x_i \geqslant 0, \quad i = 1, 2, \cdots, m \end{array} \right\} \tag{7-19}$$

$$\left. \begin{array}{l} \displaystyle\sum_{j=1}^{n} a_{ij} y_j \leqslant v, \quad i = 1, 2, \cdots, m \\[3mm] \displaystyle\sum_{j=1}^{n} y_j = 1 \\[3mm] y_j \geqslant 0, \quad j = 1, 2, \cdots, n \end{array} \right\} \tag{7-20}$$

式中：

$$v = \max_{\boldsymbol{x} \in X}\{\min_{\boldsymbol{y} \in Y} E(\boldsymbol{x}, \boldsymbol{y})\} = \min_{\boldsymbol{y} \in Y}\{\max_{\boldsymbol{x} \in X} E(\boldsymbol{x}, \boldsymbol{y})\} = V_G$$

定理 7.8 设矩阵博弈 $G = \{S_1, S_2; \boldsymbol{A}\}$ 的值为 V_G，则

$$V_G = \max_{\boldsymbol{x} \in X}\{\min_{1 \leqslant j \leqslant n} E(\boldsymbol{x}, j)\} = \min_{\boldsymbol{y} \in Y}\{\max_{1 \leqslant i \leqslant m} E(i, \boldsymbol{y})\} \tag{7-21}$$

证明： 因 V_G 是矩阵博弈的值，故

$$V_G = \max_{\boldsymbol{x} \in X}\{\min_{\boldsymbol{y} = Y} E(\boldsymbol{x}, \boldsymbol{y})\} = \min_{\boldsymbol{y} = Y}\{\max_{x = m} E(\boldsymbol{x}, \boldsymbol{y})\}$$

一方面，任给 $\boldsymbol{x} \in X$ 有

$$\min_{1 \leqslant j \leqslant n} E(\boldsymbol{x}, j) \geqslant \min_{\boldsymbol{y} \in Y} E(\boldsymbol{x}, \boldsymbol{y})$$

故

$$\max_{\boldsymbol{x} \in X}\{\min_{1 \leqslant j \leqslant n} E(\boldsymbol{x}, j)\} \geqslant \max_{\boldsymbol{x} \in X}\{\min_{\boldsymbol{y} \in Y} E(\boldsymbol{x}, \boldsymbol{y})\} \tag{7-22}$$

另一方面，任给 $\boldsymbol{x} \in X, \boldsymbol{y} = Y$ 有

$$E(\boldsymbol{x}, \boldsymbol{y}) = \sum_{j=1}^{n} E(\boldsymbol{x}, j) \cdot y_j \geqslant \min_{1 \leqslant j \leqslant n} E(\boldsymbol{x}, j)$$

即

$$\min_{\boldsymbol{x} \in Y} E(\boldsymbol{x}, \boldsymbol{y}) \geqslant \min_{1 \leqslant j \leqslant n} E(\boldsymbol{x}, j)$$

故

$$\max_{\boldsymbol{x} \in Y} \{ \min_{\boldsymbol{y} \in Y} E(\boldsymbol{x}, \boldsymbol{y}) \} \geqslant \max_{\boldsymbol{x} \in X} \{ \min_{1 \leqslant j \leqslant n} E(\boldsymbol{x}, j) \} \qquad (7-23)$$

由式(7-22)和式(7-23)得

$$V_G = \max_{\boldsymbol{x} \in X} \{ \min_{1 \leqslant j \leqslant n} E(\boldsymbol{x}, j) \}$$

同理可得

$$V_G = \min_{\boldsymbol{y} \in Y} \{ \max_{1 \leqslant j \leqslant m} E(i, \boldsymbol{y}) \}$$

证毕。

不妨假设 $v > 0$。令 $x'_i = \dfrac{x_i}{v}$，则不等式组［见式(7-19)］变为

$$\left. \begin{array}{l} \sum\limits_{i=1}^{m} a_{ij} x_1 \geqslant 1, \quad j = 1, 2, \cdots, n \\[3mm] \sum\limits_{i=1}^{m} x'_i = \dfrac{1}{v} \\[3mm] x'_i \geqslant 0, \quad i = 1, 2, \cdots, m \end{array} \right\} \qquad (7-24)$$

根据定理7.8，有 $v = \max\limits_{\boldsymbol{x} \in X} \{ \min\limits_{1 \leqslant j \leqslant n} \sum\limits_{i=1}^{m} a_{ij} x_i \}$。于是式(7-24)等价于式(7-25)所示的线性规划问题：

$$\begin{array}{l} \min z = \sum\limits_{i=1}^{m} x'_i \\[3mm] \mathrm{s.\,t.} \left\{ \begin{array}{l} \sum\limits_{i=1}^{m} a_{ij} x'_i \geqslant 1, \quad j = 1, 2, \cdots, n \\[3mm] x'_i \geqslant 0, \quad i = 1, 2, \cdots, m \end{array} \right. \end{array} \qquad (7-25)$$

同理，令 $y'_j = \dfrac{y_j}{v}$，则式(7-20)变为

$$\left. \begin{array}{l} \sum\limits_{j=1}^{m} a_{ij} y'_j \leqslant 1, \quad i = 1, 2, \cdots, m \\[3mm] \sum\limits_{i=1}^{m} y'_j = \dfrac{1}{v} \\[3mm] y'_j \geqslant 0, \quad j = 1, 2, \cdots, n \end{array} \right\} \qquad (7-26)$$

式中：$v = \min\limits_{\boldsymbol{y} \in Y} \max\limits_{1 \leqslant i \leqslant m} \sum\limits_{j=1}^{n} a_{ij} y_j$，于是式(7-26)等价于

$$\begin{array}{l} \max z = \sum\limits_{j=1}^{n} y'_j \\[3mm] \mathrm{s.\,t.} \left\{ \begin{array}{l} \sum\limits_{j=1}^{n} a_{ij} y'_j \leqslant 1, \quad i = 1, 2, \cdots, m \\[3mm] y'_j \geqslant 0, \quad j = 1, 2, \cdots, n \end{array} \right. \end{array} \qquad (7-27)$$

显然,式(7-25)和式(7-27)所示的线性规划问题互为对偶问题,故可利用单纯形法及其对偶性质求解。在求解时,一般先求式(7-27)的解,因为这样容易得到初始的可行基;而式(7-25)的解利用对偶性质直接得到。

例 7.10 利用线性规划求解矩阵博弈,其中 $A = \begin{bmatrix} 8 & 2 & 4 \\ 2 & 6 & 6 \\ 6 & 4 & 4 \end{bmatrix}$。

解:对于 A,由于第 2 列优超于第 3 列,故可划去第 3 列,得到新的赢得矩阵 $A = \begin{bmatrix} 8 & 2 \\ 2 & 6 \\ 6 & 4 \end{bmatrix}$,求解问题可化为如下两个互为对偶的线性规划问题:

$$\min\{x_1 + x_2 + x_3\}$$
$$\text{s. t.} \begin{cases} 8x_1 + 2x_2 + 6x_3 \geqslant 1 \\ 2x_1 + 6x_2 + 4x_3 \geqslant 1 \\ x_1, x_2, x_3 \geqslant 0 \end{cases}$$

和

$$\max\{y_1 + y_2\}$$
$$\text{s. t.} \begin{cases} 8y_1 + 2y_2 \leqslant 1 \\ 2y_1 + 6y_2 \leqslant 1 \\ 6y_1 + 4y_2 \leqslant 1 \\ y_1, y_2 \geqslant 0 \end{cases}$$

利用单纯形法求解第二个线性规划问题,解得第二个线性规划问题的解为

$$y = \begin{bmatrix} \dfrac{1}{14} & \dfrac{1}{7} \end{bmatrix}^T$$
$$z_y = \dfrac{1}{14} + \dfrac{1}{7} = \dfrac{3}{14}$$

则第一个线性规划问题的解为

$$x = \begin{bmatrix} 0 & \dfrac{1}{14} & \dfrac{1}{7} \end{bmatrix}^T$$
$$z_x = 0 + \dfrac{1}{14} + \dfrac{1}{7} = \dfrac{3}{14}$$

于是

$$V_G = \dfrac{1}{z_y} = \dfrac{1}{z} = \dfrac{14}{3}$$

又因为开始就划去第 3 列,故 $y_3^* = 0$,因此

$$x^* = V_G \begin{bmatrix} 0 & \dfrac{1}{14} & \dfrac{1}{7} \end{bmatrix}^T = \begin{bmatrix} 0 & \dfrac{1}{3} & \dfrac{2}{3} \end{bmatrix}^T$$
$$y^* = V_G \begin{bmatrix} \dfrac{1}{14} & \dfrac{1}{7} & 0 \end{bmatrix}^T = \begin{bmatrix} \dfrac{1}{3} & \dfrac{2}{3} & 0 \end{bmatrix}^T$$

第三节　二人有限非零和博弈

在博弈过程中,如果局中人之间并不全是严格竞争对抗的关系,也就是各方得失总和不为零,此时各方的博弈就是非零和博弈。当局中人为二人,策略集为有限多个时,若二人之间可能存在共同的利益或损失,则这种博弈称为二人有限非零和博弈,博弈模型表示为 $G=\{S_1,S_2;(A,B)\}$。

一、占优策略均衡

在博弈中,不论其他局中人选择什么策略,该局中人的某个策略选择给他带来的收益始终高于其他策略选择,或者至少不低于其他策略选择,则该策略必然是此局中人首选的策略。该策略称为该局中人的"占优策略"(Dominant Strategies)。

定义 7.5　设 $s^*=\{s_1^*,s_2^*,\cdots,s_n^*\}$ 是 n 人博弈 $G=(S_1,S_2,\cdots,S_n;u_1,u_2,\cdots,u_n)$ 的一个策略组合。如果对于所有的 s_{-i},都有

$$u_i(s_i^*,s_{-i})>u_i(s_i',s_{-i}) \quad \forall s_{-i},\forall s_i'\neq s_i^* \tag{7-28}$$

成立,则称 $s^*=\{s_1^*,s_2^*,\cdots,s_n^*\}$ 为该博弈的一个占优策略均衡。$s_{-i}=\{s_1,s_2,\cdots,s_{i-1},s_{i+1},\cdots,s_n\}$ 表示除 i 之外的所有局中人的策略组成的向量。

占优策略均衡是博弈分析中最基本的均衡概念之一,现以"军备竞赛"的策略选择为例说明占优策略均衡。

假设 A、B 两国进行军备竞赛,各有三个可供选择的策略。策略一是扩军,需耗费 30 00 亿美元;策略二是有限军备,成本为 1 000 亿美元;策略三是不设防,不需任何耗费。

如果一方采取扩军策略,另一方采取有限军备策略,那么前者因为军事力量较强而获得 1 000 亿美元的收益,但得支付 3 000 亿美元的军费开支,最终赢利为 $-2\,000$ 亿美元,而后者因为力量较弱失去了 1 000 亿美元,最终赢利为 $-2\,000$ 亿美元;如果一方扩军,另一方不设防,那么前者获益 1 0000 亿美元,纯赢利 7 000 亿美元,后者由于力量弱,将面临丧失主权的风险,赢利记为 $-\infty$;如果一方采取有限军备策略,另一方不设防,则前者纯赢利 9 000 亿美元,后者赢利记为 $-\infty$。具体的收益矩阵见表 7-7。

表 7-7　两国军备竞赛的博弈收益矩阵　　　　单位:亿美元

		B 国		
		扩军	有限军备	不设防
A 国	扩军	$(-3\,000,-3\,000)$	$(-2\,000,-2\,000)$	$(7\,000,-\infty)$
	有限军备	$(-2\,000,-2\,000)$	$(-1\,000,-1\,000)$	$(9\,000,-\infty)$
	不设防	$(-\infty,7\,000)$	$(-\infty,9\,000)$	$(0,0)$

在这个博弈中,不论对方采取什么策略,对于己方而言,选择有限军备策略得到收益均大于其他策略,即"有限军备"都是双方的"占优策略",(有限军备,有限军备)就是一个占优策略均衡。

二、重复剔除的占优策略均衡

在每个局中人都有占优策略的情况下,占优策略均衡是一个非常合理的预测,但在绝大多数博弈中,占优策略均衡是不存在的。尽管如此,我们仍可以应用占优的逻辑找出均衡。使用的是"重复剔除严格劣策略"(Iterated Elimination of Strictly Dominated Strategies)的思路。

劣策略,也叫下策,是指在两个可选策略中,收益明显差于另一个,理性的局中人不会选择的策略。在博弈过程中,如果局中人能够理性分析出各自的劣策略,就可以通过重复剔除劣策略来寻求博弈的均衡。通过重复剔除劣策略后剩下的唯一的策略组合,称为重复剔除的占优策略均衡。

以红、蓝两军交战为例,以击毁对方的坦克数为赢得值,得到以双方的收益矩阵见表 7-8。

表 7-8 两军交战收益表

		蓝军		
		B_1	B_2	B_3
红军	A_1	(3,2)	(4,5)	(3,4)
	A_2	(2,6)	(2,4)	(4,2)

表 7-8 中,红军有两种策略,蓝军有三种策略。对红军来说,当蓝军选择 B_1,B_2 策略时,红军选 A_1 是占优的;而当蓝军选择 B_3 策略时,红军选 A_2 是占优的。对蓝军来说,当红军选择 A_1 策略时,蓝军选 B_2 是占优的;当红军选择 A_2 策略时,蓝军选 B_1 是占优的。所以,对于红、蓝双方而言,都没有占优策略。

但是进一步分析发现,对于蓝军而言,B_3 策略的收益严格小于 B_2 策略的收益,所以 B_3 策略是严格劣于 B_2 策略的,所以我们将 B_3 策略剔除,得到表 7-9。

表 7-9 两军交战收益表

		蓝军	
		B_1	B_2
红军	A_1	(3,2)	(4,5)
	A_2	(2,6)	(2,4)

再分析发现,对于红军而言,A_2 策略是严格劣于 A_1 策略的,所以我们将 A_2 策略剔除,得到表 7-10。

表 7-10 两军交战收益表

		蓝军	
		B_1	B_2
红军	A_1	(3,2)	(4,5)

这时可以明显看出均衡策略是(A_1, B_2)。

根据这一例子,可以得出重复剔除劣策略的占优均衡思想:假定某局中人存在劣策略,那么首先找出这个参与人的劣策略,把这个劣策略剔除掉,重新构造一个新的博弈,其中不包含已经剔除的策略;如果新的博弈中存在某个局中人有劣策略,然后就再剔除这个局中人的劣策略;继续重复这个过程,直到剩下唯一的策略组合为止。

三、纳什均衡

在很多博弈中,局中人并不存在占优策略,这时该如何找到博弈的均衡解呢? 这里就需要应用纳什均衡的概念。

纳什策略是指在对方选择某种策略的情况下,局中人选择的策略是自己所能选择的最优策略。各方的纳什策略的组合,构成纳什均衡。

假设有 n 个人参与博弈,给定其他人策略既定的条件下,每个人选择自己的最优策略(个人最优策略可能依赖于也可能不依赖于其他人的策略),所有局中人选择的策略组合就是纳什均衡。在这种策略组合下,没有任何一个局中人有积极性选择其他策略,从而没有任何人有积极性打破这种均衡。也就是说,如果有人选择改变自己的策略,只会让整个结果更差,而不会更好。因此,大家选择的策略组合形成了一个稳定的状态,即纳什均衡。

以"战略结盟"的策略选择为例说明纳什均衡。

假设 A,B 两国考虑是否与对方形成战略同盟,各有"结盟"和"不结盟"两个可供选择的策略。已知 A 国军事实力雄厚,B 国军事实力较弱,选择结盟的一方需要给予对方一定的军事支持。当一方选择结盟而另一方反悔时,结盟一方的付出则变成沉没成本。双方具体的收益矩阵见表 7 - 11。

表 7 - 11　战略结盟的博弈收益矩阵　　　　单位:亿美元

		B 国	
		结盟	不结盟
A 国	结盟	$(\underline{100}, \underline{150})$	$(-100, 0)$
	不结盟	$(0, -50)$	$(\underline{0}, \underline{0})$

为了寻找到均衡,可以采用画线法。在博弈中,每个局中人首先找出在对方的每种策略选择下自己的相对优势策略,然后在对方的策略和自己的相对优势策略组成的策略组合时自己的收益之下画一短线。两个收益数字下面都划有短线对应的策略组合就是该博弈的纳什均衡。这种策略组合可以有一组或多组。

根据表 7 - 11,若 A 国选择结盟,B 国一定会选择结盟;若 A 国选择不结盟,B 国一定会选择不结盟。因此,该博弈存在两个纯策略纳什均衡,即(结盟,结盟)和(不结盟,不结盟)。

实际上,占优策略均衡是纳什均衡的特例。占优策略均衡一定是纳什均衡,而纳什均衡却不一定是占优策略均衡。

四、非零和混合策略

有些博弈不存在纯策略纳什均衡，但一定存在混合意义上的纳什均衡。

以军方购买装备为例，供应商可以选择提供高质和低质两种质量的装备，军方可采取严检和松检两种策略，供应商提供高质装备、军方严检都要耗费更多成本，当军方严检发现装备质量差时，会对供应商进行惩罚。军方和供应商的收益矩阵见表 7-12。

表 7-12　军方与供应商的收益表

		军方	
		严检	松检
供应商	高质	(3,−1)	(2,2)
	低质	(1,0)	(5,−3)

通过画线法可知，该博弈无纳什均衡。因此，要考虑一个混合纳什均衡，计算两个局中人的赢得期望。

设 P 为供应商选择高质的概率，则 $1-P$ 为选择低质的概率。Q 为军方严检的概率，则 $1-Q$ 为松检的概率。

当供应商选择提供高质装备时，军方的期望收益为 $V_1 = Q \times (-1) + (1-Q) \times 2$；

当供应商选择提供低质装备时，军方的期望收益为 $V_2 = Q \times 0 + (1-Q) \times (-3)$。

令 $V_1 = V_2$，得 $Q = 5/6$。同理有 $P = 4/5$。

因此，军方监管越严格，供应商越倾向于提供高质量的装备。

第四节　Lingo 软件应用

一般的博弈问题都可以写出相应的数学规划模型。本节重点介绍如何利用 Lingo 软件去解博弈论模型中的有关问题。

例 7.11　甲、乙两人进行"石头、剪子、布"的游戏。石头胜剪子，剪子胜布，布胜石头。那么，甲、乙如何做，使自己获胜的可能最大？此问题的赢得矩阵见表 7-13。

表 7-13　赢得矩阵

		乙		
		石头	剪子	布
甲	石头	0	1	−1
	剪子	−1	0	1
	布	1	−1	0

解：用 Lingo 计算，输入图 7-6、图 7-7 中的代码。

甲以 1/3 的概率出石头、剪子、布中每种策略的一种，其赢得值为 0，同样可求出乙有同样的结论。

```
Lingo Model - exam0903a
sets:
  playerA/1..3/: x;
  playerB/1..3/;
  game(playerA,playerB) : C;
endsets
data:
  C = 0  1 -1
     -1  0  1
      1 -1  0;
enddata
max=v_A;
@free(v_A);
@for(playerB(j):
   @sum(playerA(i) : C(i,j)*x(i))>=v_A);
@sum(playerA : x)=1;
```

图 7 - 6　问题输入

```
Solution Report - exam0903a
Global optimal solution found.
Objective value:                        0.000000
Infeasibilities:                        0.000000
Total solver iterations:                       4

Model Class:                                  LP

Total variables:              4
Nonlinear variables:          0
Integer variables:            0

Total constraints:            5
Nonlinear constraints:        0

Total nonzeros:              13
Nonlinear nonzeros:           0

                      Variable        Value      Reduced Cost
                           V_A     0.000000          0.000000
                          X( 1)    0.3333333         0.000000
                          X( 2)    0.3333333         0.000000
                          X( 3)    0.3333333         0.000000
                         C( 1, 1)  0.000000          0.000000
                         C( 1, 2)  1.000000          0.000000
                         C( 1, 3) -1.000000          0.000000
                         C( 2, 1) -1.000000          0.000000
                         C( 2, 2)  0.000000          0.000000
                         C( 2, 3)  1.000000          0.000000
                         C( 3, 1)  1.000000          0.000000
                         C( 3, 2) -1.000000          0.000000
                         C( 3, 3)  0.000000          0.000000
```

图 7 - 7　结果输出

例 7.12　甲、乙两队举行包括三个项目的对抗赛。两队各有一名健将级运动员(甲队为李,乙队为王),在三个项目中成绩很突出。但规则准许他们每个人分别只能参加两项比赛,而每队的其他两名运动员则可参加全部三项比赛。各运动员的成绩见表 7 - 14。那么,甲、乙两队如何做,使自己收益最大?

表 7 - 14　甲、乙两队运动员成绩

	甲队			乙队		
	赵	钱	李	王	张	孙
蝶泳	54.7	58.2	52.1	53.6	56.4	59.8
仰泳	62.2	63.4	58.2	56.5	59.7	61.5
蛙泳	69.1	70.5	65.3	67.8	68.4	71.3

解: 分别用甲 1、甲 2 和甲 3 表示甲队中李姓健将不参加蝶泳、仰泳、蛙泳比赛的策略,分别用乙 1、乙 2 和乙 3 表示乙队中王姓健将不参加蝶泳、仰泳、蛙泳比赛的策略。当甲队采用策略甲 1,乙队采用策略乙 1 时,在 100 m 蝶泳中,甲队中赵获第一、钱获第三得 6 分,乙队中张获第二,得 3 分;在 100 m 仰泳中,甲队中李获第二,得 3 分,乙队中王获第一,张获第三,得 6 分;在 100 m 蛙泳中,甲队中李获第一,得 5 分,乙队中王获第二、张获第三,得 4 分。也就是说,对应于策略(甲 1,乙 1),甲、乙两队各自的得分为(14,13)。甲、乙两队采用不同策略的得分见表 7 - 15。问题输入如图 7 - 8 所示,结果输出如图 7 - 9 所示。

表 7 - 15　甲、乙两队采用不同策略的得分　　　　　　单位:分

	乙 1	乙 2	乙 3
甲 1	(14,13)	(13,14)	(12,15)
甲 2	(13,14)	(12,15)	(12,15)
甲 3	(12,15)	(12,15)	(13,14)

```
Lingo Model - exam0908
sets:
    optA/1..3/: x;
    optB/1..3/: y;
    AXB(optA,optB) : Ca, Cb;
endsets
data:
    Ca = 14 13 12
         13 12 12
         12 12 13;
    Cb = 13 14 15
         14 15 15
         15 15 14;
enddata
Va=@sum(AXB(i,j): Ca(i,j)*x(i)*y(j));
Vb=@sum(AXB(i,j): Cb(i,j)*x(i)*y(j));
@for(optA(i):
    @sum(optB(j) : Ca(i,j)*y(j))<=Va);
@for(optB(j):
    @sum(optA(i) : Cb(i,j)*x(i))<=Vb);
@sum(optA : x)=1; @sum(optB : y)=1;
@free(Va); @free(Vb);
```

图 7 - 8　问题输入

甲队采用的策略是甲 1、甲 3 方案各占 50%，乙队采用的策略是乙 2、乙 3 方案各占 50%，甲队的平均得分为 12.5 分，乙队的平均得分为 14.5 分。

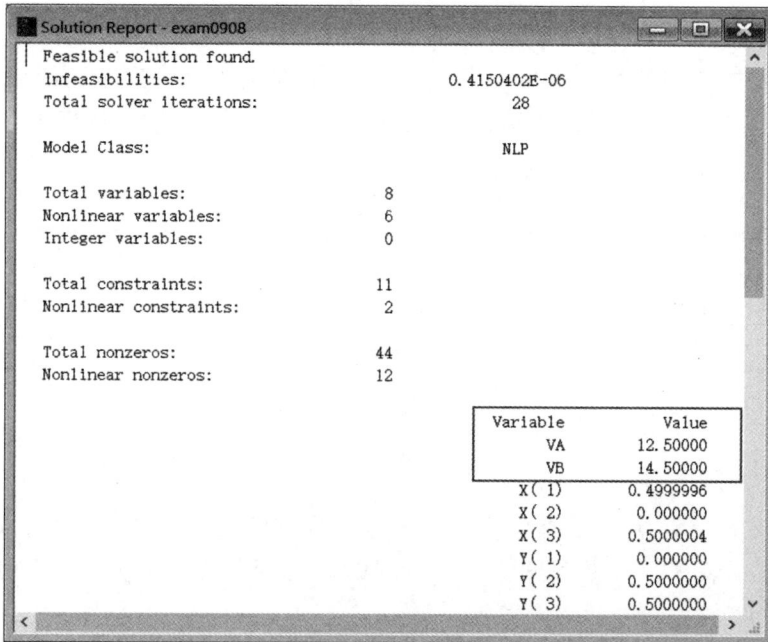

图 7-9 结果输出

习 题

1. 试述组成博弈模型的三个基本要素及各要素的含义。

2. 试述二人有限零和博弈在研究博弈模型中的地位、意义。为什么它又被称为矩阵博弈？

3. 解释下列概念，并说明同组概念之间的联系和区别：

(1)策略、纯策略、混合策略；

(2)鞍点、平衡局势、纯局势、纯策略意义下的解；

(3)优超，某纯策略被另一纯策略优超。

4. 判断下列说法是否正确：

(1)矩阵博弈中当局势达到平衡时，任何一方单方面改变自己的策略(纯策略或混合策略)将意味着自己更少的赢得或更大的损失；

(2)任何矩阵博弈一定存在混合策略意义下的解，并可以通过求解两个互为对偶的线性规划问题得到；

(3)矩阵博弈的博弈值相当于进行若干次对策后局中人 I 的平均赢得值或局中人 II 的平均赢得值。

5. 已知 A,B 两人博弈时 A 的赢得矩阵如下，求双方各自的最优策略及博弈值。

$$A = \begin{bmatrix} 1 & 2 & 3 \\ 2 & 5 & 6 \\ 5 & 8 & 9 \end{bmatrix} \qquad B = \begin{bmatrix} -3 & -2 & 6 \\ 2 & 0 & 2 \\ 5 & -2 & 2 \end{bmatrix}$$

6. 红军有三套不同的战术方案 A_1, A_2, A_3，蓝军有三套对付红军的战术方案 B_1, B_2，B_3。若已知红军采取 A_i 方案而蓝军采取 B_j 方案时，红军毁伤蓝军目标的数学期望见表7—16。双方应采取怎样的策略？

表 7 – 16　习题 6 表

红军	蓝军		
	B_1	B_2	B_3
A_1	6	3	3
A_2	3	3	9
A_3	3	12	3

7. 红军有三种反坦克武器，蓝军有三种型号的装甲目标。当双方采用不同的兵器对抗时，红军毁伤蓝军装甲目标数见表7－17。判断此博弈是否有鞍点，双方应采取怎样的策略？

表 7 – 17　习题 7 表

红军	蓝军		
	B_1	B_2	B_3
A_1	1	−1	−1
A_2	−1	−1	3
A_3	−1	2	−1

8. 设甲、乙双方在对抗时均有三种方案，甲方的赢得矩阵见表7—18。判断此矩阵博弈是否有鞍点，双方应采取怎样的策略。

表 7 – 18　习题 8 表

甲方	乙方		
	B_1	B_2	B_3
A_1	6	4	4
A_2	2	2	6
A_3	2	6	4

9. 设甲、乙各使用三种火炮进行对抗，甲方的赢得矩阵见表7—19。双方应采取怎样的策略？

表 7 - 19　习题 9 表

甲	乙		
	B_1	B_2	B_3
A_1	3	1	4
A_2	5	-6	-1
A_3	4	-2	-3

10.甲、乙二人零和博弈,已知甲的赢得矩阵,先尽可能按优超原则进行简化,再利用图解法求解。

$$(1)\boldsymbol{A}=\begin{bmatrix} 2 & 4 \\ 2 & 3 \\ 3 & 2 \\ -2 & 6 \end{bmatrix}$$

$$(2)\boldsymbol{A}=\begin{bmatrix} 3 & 5 & 4 & 2 \\ 5 & 6 & 2 & 4 \\ 2 & 1 & 4 & 0 \\ 3 & 3 & 5 & 2 \end{bmatrix}$$

$$(3)\boldsymbol{A}=\begin{bmatrix} 5 & 7 & -6 \\ -6 & 0 & 4 \\ 7 & 8 & -5 \end{bmatrix}$$

$$(4)\boldsymbol{A}=\begin{bmatrix} 4 & 2 & 3 & -1 \\ -4 & 0 & -2 & -2 \end{bmatrix}$$

11.甲、乙二人零和博弈,已知甲的赢得矩阵,利用线性规划方法求解。

$$(1)\boldsymbol{A}=\begin{bmatrix} 2 & 0 & 2 \\ 0 & 3 & 1 \\ 1 & 2 & 1 \end{bmatrix}$$

$$(2)\boldsymbol{A}=\begin{bmatrix} -1 & 2 & 1 \\ 1 & -2 & 2 \\ 3 & 4 & -3 \end{bmatrix}$$

12.在下列矩阵中确定 p 和 q 的取值范围,使得该矩阵在元素 a_{22} 处存在鞍点。

$$(1)\boldsymbol{A}=\begin{bmatrix} 1 & q & 3 \\ p & 2 & 1 \\ 3 & 6 & 2 \end{bmatrix}$$

$$(2)\boldsymbol{A}=\begin{bmatrix} 2 & 4 & 3 \\ 10 & 8 & q \\ 3 & p & 2 \end{bmatrix}$$

13.求解下列矩阵博弈。

$$(1)\boldsymbol{A}=\begin{bmatrix} 0 & 1 & 2 \\ 2 & 0 & 1 \\ 1 & 2 & 0 \end{bmatrix}$$

$$(2)\boldsymbol{A}=\begin{bmatrix} 7 & 2 & 9 \\ 2 & 9 & 0 \\ 9 & 0 & 11 \end{bmatrix}$$

$$(3)\boldsymbol{A}=\begin{bmatrix} 1 & -1 & 7 \\ 3 & -2 & 0 \\ 0 & 1 & 0 \end{bmatrix}$$

$$(4)\boldsymbol{A}=\begin{bmatrix} 1 & 3 & 3 \\ 4 & 2 & 1 \\ 3 & 2 & 2 \end{bmatrix}$$

第八章　军事活动中的排队方法

在军事活动中,经常会遇到各种排队等候的现象。例如,集中文印室打印文件人员排队等候,毁损的武器装备送达维修部门不能及时维修需要等待等。除能看见或亲身体会的排队现象外,还存在无形的排队现象,例如在通信系统、网络系统中的拥堵现象。

第一节　排队论概述

一、排队论的产生及发展

20 世纪初,厄兰格(A. K. Erlang)研究电话通话问题,开创了排队论这门应用型学科。20 世纪 30 年代中期,费勒(W. Feller)将生灭过程引入了此领域。20 世纪中叶,肯德尔(D. G. Kendall)利用嵌入式马尔可夫链的方法进一步深入地研究了排队系统理论,并首次提出排队系统的模型结构用 $A/B/C$ 的形式表示。

此后,学者开始探讨排队系统和复杂排队模型的近似解,赋予应用价值。经过多年发展,排队论已逐渐成为一个独立的分支,在通信网络、交通运输等领域得到了广泛的应用。特别在军事领域:可以利用排队论为各类装备保障力量编组、数量优化等提供理论依据,优化指挥信息系统的传输模型;利用数据资料,优化军队医院的服务流程,提升伤病员救治率;依据不同作战特点,研究发生过程的规律,进行作战效能评估。

二、排队过程的表示形式

一个排队系统可以描述为:顾客源到达服务设施前排队等候,接受服务,服务完成后离开。在排队论中,把顾客的到达和离开称为排队系统的输入和输出。其基本结构如图 8-1 所示。

图 8-1　排队系统基本结构

三、排队系统的组成和特征

排队系统主要由输入过程、排队规则和服务过程 3 个部分组成。

(一)输入过程

1)相继到达排队系统的时间间隔分为确定型和随机型。确定型(定长输入)是指顾客相继到达的时间间隔固定为常数,时间间隔为确定型,一般含有人为因素,多数排队系统的顾客到达时间间隔都是随机型的。如伤员到医疗队看病的间隔时间是随机的。若是随机的,则必须研究顾客相继到达的间隔时间所服从的概率分布,或者研究在一定的时间间隔内到达 $K(K=1,2,\cdots)$ 个顾客的概率有多大。如果顾客相继到达的间隔时间服从负指数分布,那么在一定的时间间隔内到达的顾客数是服从泊松分布的。

2)顾客到达系统的方式分为单个到达和成批到达。

3)顾客源分为有限集和无限集。校医院组织本校学员体检,学员作为顾客是有限集;某公开政务数据库服务器访问的顾客源可以认为是无限集。

4)顾客的到达是否独立。现在顾客的到达对以后顾客的到达没有影响则称为是独立到达,排队论主要研究的是顾客到达是相互独立事件。

5)输入过程是否平稳。输入过程平稳是指相继到达的时间间隔分布或数量指标与时间无关,排队论重点研究输入过程为平稳事件。

(二)排队规则

1)即时制是指当所有服务台均被占用时,到达系统的顾客随即离开。

2)等候制是指当所有服务台均被占用时,顾客不离开将进行排队。排队规则类型包括先到先服务、后到先服务、随机服务、优先权服务。后到先服务最典型实例为仓库里取训练器材,后放的训练器材由于堆在最外侧,一般先被取走。优先权服务典型实例如情报系统中,紧急情报、生存信息、指挥命令的优先处理。

(三)服务过程

1)服务台数量分为单服务台和多服务台类型。多服务台结构包括并列、串列、混合排列模式。

图 8 - 2(a)为单服务台系统,图 8 - 2(b)为多服务台并列系统,图 8 - 2(c)为多服务台串列系统,图 8 - 2(d)为多服务台混合排列系统。

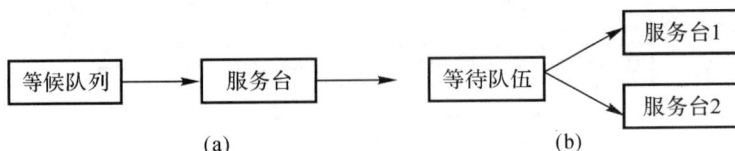

图 8 - 2 服务过程分类

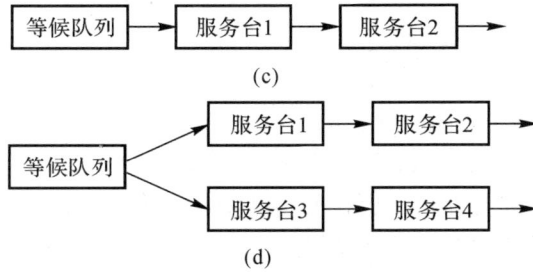

续图 8 - 2 服务过程分类

2）服务的方式包括服务单个顾客和成批顾客。服务单个顾客是本书主要研究内容。

3）对顾客的服务时间是确定的还是随机的，服务过程是否平稳。大多数情形服务时间是随机的、平稳的且顾客的服务时间彼此相互独立。

四、排队模型的分类

堪道尔提出的排队系统模型结构：

$$X/Y/Z$$

其中：X 指顾客相继到达间隔时间的分布；Y 为服务时间的分布；Z 为并列的服务台的数目。

在模型中表示间隔时间和服务时间分布的符号表达是：

M：负指数分布，用 Markov 开头字母表示。

D：定长分布，表示时间是不变的。

E_K：K 阶厄兰格分布。

G：一般随机分布。

到 1971 年，基础排队模型被扩充为

$$X/Y/Z/A/B/C$$

此后，其成为排队模型的标准形式。新增加的三项：A 表示排队系统的容量限制，B 表示顾客源数目，C 表示服务规则，通常只考虑先到先服务的情况，因此 C 部分可省略。

五、排队系统研究的问题

（一）排队论研究内容

1）性态问题：研究排队系统当中的队长分布、等待时间分布和忙期分布等。

2）最优化问题：静态优化是指排队系统的最优设计，研究目的就是如何协调顾客和服务设施的矛盾，既让服务设施利用率高又可以使顾客排队不要过长，满意率高。动态优化是指如何有效运营，发挥排队系统最大经济效益。

3）排队系统的统计推断：根据实际排队现象判断符合哪类排队模型，根据模型解决问题。

（二）系统运行指标

（1）系统中顾客数量的概率分布 $[P_n(t)]$

系统状态是计算排队系统运行指标的基础,具体是指系统中顾客的数量。如果系统中有 n 个顾客,系统的状态为 n,即可能的取值为:

1)当队长无限制时,$n=0,1,2,\cdots$;

2)当队长为有限制,最大值为 N 时,$n=0,1,2,\cdots,N$;

3)当服务为即时制,服务台个数为 c 时,$n=0,1,2,\cdots,c$;

系统状态的概率一般是随时间 t 变化的,在时刻 t 系统状态为 n 的概率记为 $P_n(t)$。对各类型的排队模型都以代表稳定状态下系统中包含 n 个顾客的概率,n 的取值为 $0 \sim N$。当 $n=0$ 时,$P_0(t)$ 现实意义为所有服务台全部空闲的概率。

(2)队长(L_s)

排队系统中顾客数期望值。

(3)排队长(L_q)

排队系统中排队等待服务的顾客数期望值。

在对一个排队系统做定量分析时,通常先要计算系统中的顾客数量 n 的概率分布 $P(n)$,然后计算系统其他运行指标。由上述定义可知。

$$L_s = \sum_{n=1}^{\infty} n p_n$$

$$L_q = \sum_{n=c}^{\infty} (n-c) p_n = \sum_{n=0}^{\infty} n p_{c+n}$$

式中:c 为系统中并列服务台的数目。

(4)逗留时间(W_s)

一个顾客在系统中的停留时间期望值。

(5)等待时间(W_q)

一个顾客在系统中排队等待的时间期望值为 $W_q = W_s - \tau$,其中 τ 为服务时间。

(6)忙期(T_b)

服务机构连续工作时间期望值。

(7)损失率($P_损$)

受排队系统的规则限制,顾客被拒绝服务造成损失的概率。

(8)服务强度

1)平均到达率 λ:单位时间内到达服务系统的平均顾客数。

$1/\lambda$ 为相邻两个顾客到达系统的平均间隔时间。

2)平均服务率 μ:单位时间内被服务完毕后离开系统的平均顾客数。

$1/\mu$ 表示每个顾客的平均服务时间。

3)服务强度 ρ:每个服务台单位时间内的平均服务时间。

一般有 $\rho = \dfrac{\lambda}{c\mu}$,其中 c 为系统中并列服务台的数目。

4)有效到达率 λ_e:单位时间内进入服务系统的平均顾客数。平均到达率和有效到达率 λ_e 是不一致的。

当系统达到稳态时,如果系统的有效到达率为 λ_e,每个顾客平均服务时间为 $1/\mu$,那么下面的 Little 公式成立：

$$\left.\begin{aligned} L_s &= \lambda_e W_s \\ L_q &= \lambda_e W_q \\ W_s &= W_q + \frac{1}{\mu} \\ L_s &= L_q + \frac{\lambda_e}{\mu} \end{aligned}\right\} \tag{8-1}$$

第二节　$M/M/1/\infty/\infty$ 与 $M/M/c/\infty/\infty$ 排队模型分析

一、$M/M/1/\infty/\infty$ 排队模型

$M/M/1/\infty/\infty$ 排队模型表示为顾客相继到达的间隔时间分布服从 λ 的泊松分布，顾客接受服务时间服从参数为 μ 的负指数分布，单服务台，队长无限，先到先服务。

要研究一个排队系统首先要得到系统的状态概率（即系统中有 n 个顾客的概率）$P_n(t)$。

在时间间隔 $[t, t+\Delta t]$ 内有

有一个顾客到达的概率为

$$\lambda \Delta t + o(\Delta t)$$

没有一个顾客到达的概率为

$$1 - \lambda \Delta t + o(\Delta t)$$

有一个顾客被服务完的概率为

$$\mu \Delta t + o(\Delta t)$$

没有一个顾客被服务完的概率为

$$1 - \mu \Delta t + o(\Delta t)$$

多于一个顾客到达或被服务完离去的概率为

$$o(\Delta t)$$

现在考虑在 $t+\Delta t$ 时刻系统中有 n 个顾客（即状态为 n）的概率 $P_n(t+\Delta t)$，可能的情况见表 8-1。

表 8-1　概率可能情况表

情况	时刻 t 的顾客数	在区间 $(t, t+\Delta t)$		在时刻 $t+\Delta t$ 的顾客数	$P_n(t+\Delta t)$
		到达	离去		
A	n	$\times$	$\times$	n	$P_n(t)(1-\lambda \Delta t)(1-\mu \Delta t)$
B	$n+1$	$\times$	$\checkmark$	n	$P_{n+1}(t)(1-\lambda \Delta t)\mu \Delta t$
C	$n-1$	$\checkmark$	$\times$	n	$P_{n-1}(t)(\lambda \Delta t)(1-\mu \Delta t)$
D	n	$\checkmark$	$\checkmark$	n	$P_n(t)(\lambda \Delta t)(\mu \Delta t)$

情况 A,B,C,D 是相互独立的事件,则有

$$P_n(t+\Delta t)=P_n(t)(1-\lambda\Delta t-\mu\Delta t)+P_{n+1}(t)\mu\Delta t+P_{n-1}(t)\lambda\Delta t+o(\Delta t)$$

移项整理,两边同除以 Δt,并令 $\Delta t\to 0$,则得

$$\frac{\mathrm{d}P_n(t)}{\mathrm{d}t}=\lambda P_{n-1}(t)+\mu P_{n+1}(t)-(\lambda+\mu)P_n(t),\quad n=1,2,\cdots$$

类似地,当 $n=0$ 时,可有 $\dfrac{\mathrm{d}P_0(t)}{\mathrm{d}t}=-\lambda P_0(t)+\mu P_1(t)$。

于是,一般有

$$\begin{cases}\dfrac{\mathrm{d}P_0(t)}{\mathrm{d}t}=-\lambda P_0(t)+\mu P_1(t)\\[2mm]\dfrac{\mathrm{d}P_n(t)}{\mathrm{d}t}=\lambda P_{n-1}(t)+\mu P_{n+1}(t)-(\lambda+\mu)P_n(t),\quad n>1\end{cases}$$

此方程为差分微分方程,其解是贝塞尔(Bessell)函数,不便于应用,为此,我们只研究它的稳态解。假设当 $t\to\infty$ 时,极限存在,$P_n(t)$ 与 t 无关,记 $P_n(t)$ 为 P_n,即有 $\dfrac{\mathrm{d}P_n(t)}{\mathrm{d}t}=0$,则

$$\begin{cases}-\lambda P_0+\mu P_1=0\\\lambda P_{n-1}+\mu P_{n+1}-(\lambda+\mu)P_n=0,\quad n>1\end{cases}$$

或

$$\begin{cases}\lambda P_0=\mu P_1\\\lambda P_{n-1}+\mu P_{n+1}=(\lambda+\mu)P_n\end{cases}$$

状态 n 随时间变化的过程是一个生灭过程。"生"即为一个顾客的进入排队系统将使系统状态从 n 改变为 $n+1$,"灭"即为一个顾客的离开将使系统状态从 n 改变为 $n-1$。状态转移可以用图 8-3 来表示,其中结点代表状态,箭线代表状态转移。

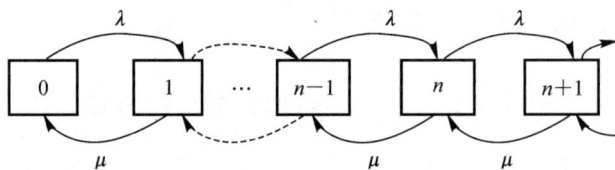

图 8-3 状态转移率图

其体现了流的平衡原理。所谓流的平衡原理就是在稳定状态下,流入任意一个结点的流量等于流出该结点的流量。

流量是指如果从状态 i 到状态 j 转移弧上的转移率为 r_{ij},那么这条转移弧所发生的流量就是 $r_{ij}p_i$。

任何状态 $n\geqslant 1$,系统状态从 n 转移到 $n+1$ 或 $n-1$ 的转移率(输出率)为 $\lambda P_n+\mu P_n$。而系统状态从 $n-1$ 或 $n+1$ 转移到 n 的转移率(输入率)为 $\lambda P_{n-1}+\mu P_{n+1}$。

可解得

$$P_1 = \frac{\lambda}{\mu} P_0, P_n = \left(\frac{\lambda}{\mu}\right)^n P_0, \quad n \geqslant 1$$

若设

$$\rho = \frac{\lambda}{\mu} < 1$$

则

$$\sum_{n=1}^{\infty} P_n = \sum_{n=1}^{\infty} \rho^n P_0 = P_0 \sum_{n=0}^{\infty} \rho^n = P_0 \frac{1}{1-\rho} = 1$$

可推得

$$\left.\begin{array}{l} P_0 = 1 - \rho, \quad \rho < 1 \\ P_n = (1-\rho)\rho^n, \quad n \geqslant 1 \end{array}\right\} \qquad (8-2)$$

式(8-2)中 $\rho = \frac{\lambda}{\mu}$ 有其实际意义: $\rho = \frac{\lambda}{\mu}$ 为平均到达率和平均服务率之比,即在相同时段内顾客到达的平均数与被服务完毕顾客的平均数之比。

当 ρ 表示为 $\rho = \frac{1/\mu}{1/\lambda}$ 时, ρ 表示顾客的平均服务时间和顾客到达的平均间隔时间之比。 ρ 越接近于 1,说明排队系统服务台越忙,强度越大。

在 $\rho < 1$ 的条件下,标准 $M/M/1$ 系统的重要运行指标如下:

由式(8-2)可知系统处于忙期(正为顾客服务)的概率

$$\rho = 1 - P_0$$

$$L_s = \sum_{n=0}^{\infty} n P_n = \sum_{n=0}^{\infty} n(1-\rho)\rho^n = (1-\rho) \sum_{n=0}^{\infty} n\rho^n$$

$$= (1-\rho)\rho \sum_{n=0}^{\infty} \frac{\mathrm{d}}{\mathrm{d}\rho}(\rho^n) = (1-\rho)\rho \frac{\mathrm{d}}{\mathrm{d}\rho}\left(\sum_{n=0}^{\infty} \rho^n\right) = (1-\rho)\rho \frac{\mathrm{d}}{\mathrm{d}\rho}\left(\frac{1}{1-\rho}\right)$$

$$= (1-\rho)\rho \frac{1}{(1-\rho)^2} = \frac{\rho}{1-\rho} = \frac{\lambda}{\mu-\lambda}$$

$$L_q = L_s - \frac{\lambda}{\mu} = \frac{\lambda}{\mu-\lambda} - \frac{\lambda}{\mu} = \frac{\lambda^2}{\mu(\mu-\lambda)}$$

$$W_s = \frac{L_s}{\lambda} = \frac{1}{\lambda} \cdot \frac{\lambda}{\mu-\lambda} = \frac{1}{\mu-\lambda}$$

$$W_q = \frac{L_q}{\lambda} = \frac{1}{\lambda} \cdot \frac{\lambda^2}{\mu(\mu-\lambda)} = \frac{\lambda}{\mu(\mu-\lambda)}$$

综合以上结果,可得标准 $M/M/1$ 排队系统的重要运行指标为

$$\left.\begin{array}{l} P_0 = 1 - \rho \\ P_n = (1-\rho)\rho^n, \quad n \geqslant 1 \\ L_s = \frac{\lambda}{\mu-\lambda} \\ L_q = \frac{\rho\lambda}{\mu-\lambda} \end{array}\right\}$$

$$W_s = \frac{1}{\mu - \lambda}$$

$$W_q = \frac{\rho}{\mu - \lambda} \qquad (8-3)$$

在 $M/M/1$ 情形下，顾客在系统中的逗留时间服从参数为 $\mu - \lambda$ 的负指数分布。其分布函数

$$F_W(t) = P(W \leqslant t) = \begin{cases} 1 - e^{-(\mu - \lambda)t}, & t \geqslant 0 \\ 0, & t < 0 \end{cases}$$

由此可得顾客的平均逗留时间为

$$W_s = E(W) = \frac{1}{\mu - \lambda}$$

例 8.1 某部装备出状况后会送达装备维修小组，经统计发现损坏装备是按照泊松分布到达维修小组，平均每天 3 件，维修小组修理该装备的时间服从泊松分布，平均为 6 h，求该维修部门排队系统的运行指标。

解：本题为 $M/M/1/\infty/\infty$ 系统，有

$$\lambda = 3$$

$$\mu = 4$$

$$\rho = \frac{\lambda}{\mu} = \frac{3}{4} = 0.75$$

$$P_0 = 1 - \rho = 1 - 0.75 = 0.25$$

$$L_s = \frac{\lambda}{\mu - \lambda} = \frac{3}{4 - 3} \text{件} = 3 \text{ 件}$$

$$L_q = \frac{\lambda^2}{\mu(\mu - \lambda)} = \rho L_s = (0.75 \times 3)\text{件} = 2.25 \text{ 件}$$

$$W_s = \frac{1}{\mu - \lambda} = \frac{1}{4 - 3} \text{天} = 1 \text{ 天}$$

$$W_q = \frac{\lambda}{\mu(\mu - \lambda)} = \rho W_s = (0.75 \times 1)\text{天} = 0.75 \text{ 天}$$

损坏装备需要等待的概率 $= 1 - P_0 = 1 - 0.25 = 0.75$。

二、$M/M/c/\infty/\infty$ 排队模型

$M/M/c/\infty/\infty$ 排队模型表示为顾客相继到达的间隔时间分布服从 λ 的泊松分布，顾客接受服务时间服从参数为 μ 的负指数分布，各个服务台是相互独立的，队长无限，先到先服务。对于此排队系统，平均服务率与系统状态有关，即

$$\mu_n = \begin{cases} c\mu, & n \geqslant c \\ n\mu, & n < c \end{cases}$$

同时系统的服务强度 $\rho = \frac{\lambda}{c\mu} < 1$，这样系统不会排成无限队列。

$M/M/c/\infty/\infty$ 系统的状态转移率如图 $8-4$ 所示。

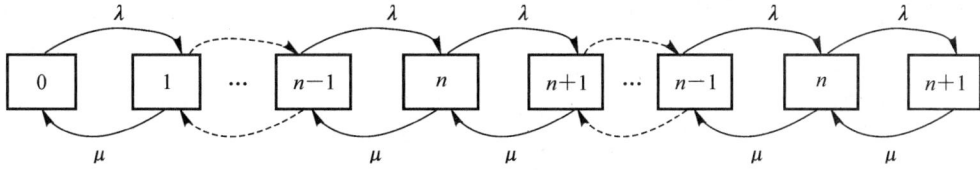

图 $8-4$　状态转移率图

类似地,可以得到系统状态概率的平衡方程为

$$\begin{cases} \mu P_1 = \lambda P_0 \\ (n+1)\mu P_{n+1} + \lambda P_{n-1} = (\lambda + n\mu)P_n, & 1 \leqslant n < c \\ n\mu P_{n+1} + \lambda P_{n+1} = (\lambda + c\mu)P_n, & n \geqslant c \end{cases}$$

用递推法求解上述差分方程,可求得

$$P_0 = \left[\sum_{n=0}^{c-1} \frac{1}{n!} \left(\frac{\lambda}{\mu} \right)^n + \frac{\left(\frac{\lambda}{\mu} \right)^c}{c!\ \left(1 - \frac{\lambda}{c\mu} \right)} \right]^{-1}$$

$$P_n = \begin{cases} \dfrac{1}{n!} \left(\dfrac{\lambda}{\mu} \right)^n P_0, & n < c \\[3mm] \dfrac{1}{c!\ c^{n-c}} \left(\dfrac{\lambda}{\mu} \right)^n P_0, & n \geqslant c \end{cases}$$

由此可得系统的其他运行指标:

$$L_q = \sum_{n=c}^{\infty} (n-c) P_n \xrightarrow{\ \diamond\ n-c=k\ } \sum_{k=0}^{\infty} k P_{c+k} = \sum_{k=0}^{\infty} k \cdot \frac{\left(\frac{\lambda}{\mu} \right)^{c+k}}{c!\ c^k} \cdot P_0$$

$$= \frac{\left(\frac{\lambda}{\mu} \right)^c}{c!} P_0 \sum_{k=0}^{\infty} k \left(\frac{\lambda}{c\mu} \right)^k = \frac{\left(\frac{\lambda}{\mu} \right)^c}{c!} P_0 \sum_{k=0}^{\infty} k\rho^k$$

$$= \frac{\left(\frac{\lambda}{\mu} \right)^c}{c!} P_0 \cdot \rho \sum_{k=0}^{\infty} \frac{\mathrm{d}}{\mathrm{d}\rho}(\rho^k) = \frac{\left(\frac{\lambda}{\mu} \right)^c}{c!} P_0 \cdot \rho \frac{\mathrm{d}}{\mathrm{d}\rho}\left(\frac{1}{1-\rho} \right)$$

$$= \frac{\rho \left(\frac{\lambda}{\mu} \right)^c}{c!\ (1-\rho)^2} \cdot P_0 = \frac{\rho(c\rho)^c}{c!\ (1-\rho)^2} \cdot P_0$$

$$L_s = L_q + \frac{\lambda}{\mu}$$

$$W_q = \frac{L_q}{\lambda}$$

$$W_s = \frac{L_s}{\lambda}$$

例 8.2　接例 8.1 经计算分析发现,为降低装备维修排队等待时间,提升装备的使用

率,决定新增一个装备维修小组,试分析新增维修小组后该系统的各项运行指标。

解:本题为 $M/M/c/\infty/\infty$ 系统,有

$$\lambda = 3$$

$$\mu = 4$$

$$\rho = \frac{\lambda}{c\mu} = \frac{3}{2 \times 4} = \frac{3}{8} = 3.75 \times 10^{-1}$$

$$P_0 = \left[\sum_{n=0}^{c-1} \frac{1}{n!} \left(\frac{\lambda}{\mu} \right)^n + \frac{\left(\frac{\lambda}{\mu} \right)^c}{c! \left(1 - \frac{\lambda}{c\mu} \right)} \right]^{-1}$$

$$= \left[1 + 0.75 + \frac{0.75^2}{2! \left(1 - 0.375 \right)} \right]^{-1} \approx 0.45$$

$$L_q = \frac{\rho (c\rho)^c}{c! (1-\rho)^2} P_0 = \left[\frac{0.375 \times 0.75^2}{2! (1-0.375)^2} \times 0.45 \right] 件 \approx 0.12 \ 件$$

$$L_s = L_q + \frac{\lambda}{\mu} = (0.12 + 0.75) 件 = 0.87 \ 件$$

$$W_q = \frac{L_q}{\lambda} = \frac{0.12}{3} 天 = 0.04 \ 天$$

$$W_s = \frac{L_s}{\lambda} = \frac{0.87}{3} 天 = 0.29 \ 天$$

损坏装备需要等待的概率为

$$1 - P_0 - P_1 = 1 - P_0 - \left(\frac{\lambda}{\mu} \right)^1 P_0$$

$$= 1 - 0.45 - 0.75 \times 0.45 \approx 0.21$$

第三节　$M/M/1/N/\infty$ 与 $M/M/c/N/\infty$ 排队模型分析

一、$M/M/1/N/\infty$ 排队模型

该排队模型可容纳 N 个顾客,当超出容量时,顾客会自动离开此系统。

对 $M/M/1/N$ 来说,系统状态是有限集合,即 $n \in S = \{0, 1, 2, \cdots, N\}$。可用图 8-5 表明系统状态之间的状态关系:

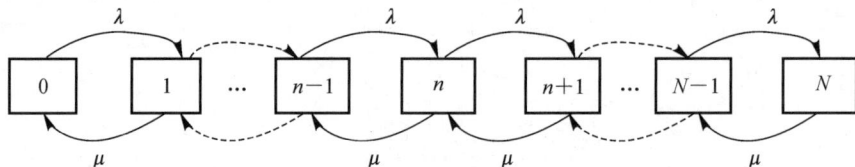

图 8-5　状态转移率图

在稳态条件下:

$$\begin{cases} \mu P_1 = \lambda P_0 \\ \mu P_{n+1} + \lambda P_{n-1} = (\lambda + \mu) P_n, \quad 1 \leqslant n \leqslant N-1 \\ \mu P_N = \lambda P_{N-1} \end{cases}$$

求解可得

$$P_1 = \frac{\lambda}{\mu} P_0$$

$$P_n = \left(\frac{\lambda}{\mu}\right)^n P_0, \quad 1 \leqslant n \leqslant N$$

在等待空间有限的情形下允许 $\rho > 1$,但是损失会非常大。

由于

$$\sum_{n=0}^{N} P_n = \sum_{n=0}^{N} \left(\frac{\lambda}{\mu}\right)^n P_0 = P_0 \sum_{n=0}^{N} \rho_n = 1$$

所以

$$P_0 = \frac{1}{\sum\limits_{n=0}^{N} \rho^n} = \frac{1-\rho}{1-\rho^{N+1}}, \quad \rho \neq 1$$

$$P_n = \frac{1-\rho}{1-\rho^{N+1}} \cdot \rho^n, \quad 0 \leqslant n \leqslant N$$

据此可以计算系统的有关运行指标:

$$L_s = \sum_{n=0}^{N} n P_n = \frac{1-\rho}{1-\rho^{N+1}} \sum_{n=0}^{N} n P^n = \frac{1-\rho}{1-\rho^{N+1}} \cdot \rho \sum_{n=0}^{N} (\rho^n)$$

$$= \frac{(1-\rho)\rho}{1-\rho^{N+1}} \cdot \frac{d}{d\rho}\left(\frac{1-\rho^{N+1}}{1-\rho}\right) = \frac{(1-\rho)\rho}{1-\rho^{N+1}} \cdot \frac{-(N+1)\rho^N(1-\rho) + (1-\rho^{N+1})}{(1-\rho^2)}$$

$$= \frac{\rho}{1-\rho} - \frac{(N+1)\rho^{N+1}}{1-\rho^{N+1}}$$

与排队人数无限制情况下 $L_s = \frac{\rho}{1-\rho}$ 比较,当排队人数有限制时,且 $\rho < 1$,系统中的平均顾客数会降低。

当 $N \to \infty$ 时,有

$$L_s = \frac{\rho}{1-\rho} - \frac{(N+1)\rho^{N+1}}{1-\rho^{N+1}} \to \frac{\rho}{1-\rho}$$

此时系统空间有限的情形转化为等候空间无限的情形:

$$L_q = L_s - \frac{\lambda_e}{\mu} = L_s - (1 - P_0)$$

$$W_s = \frac{L_s}{\lambda_e} = \frac{L_s}{\mu(1-P_0)}$$

$$W_q = W_s - \frac{1}{\mu}$$

例 8.3　假设某军用加油站有一台加油设备,有 3 个空车位,当 3 个车位都被占用时,后来的特种车辆不会继续排队将自行离开。特种车辆到达间隔时间服从泊松分布,加油站

平均每小时到达特种车辆 3 辆,加油服务时间服从负指数分布,加油平均时长为 15 min。试分析此加油站排队系统的运行情况。

解:这是一个 $M/M/1/N/\infty$ 系统,$N=3+1=4$。

特种车辆一到达即刻就能得到服务的概率为

$$\rho=\frac{\lambda}{\mu}=\frac{3}{4}=0.75$$

$$P_0=\frac{1-\rho}{1-\rho^5}=\frac{1-\frac{3}{4}}{1-(\frac{3}{4})^5}\approx0.33$$

加油站内的平均特种车辆数为

$$L_s=\sum_{i=0}^{4}i\times P_i=P_1+2P_2+3P_3+4P_4$$

$$=\rho P_0(1+2\rho+3\rho^2+4\rho^3)$$

$$=[0.75\times0.33\times(1+2\times0.75+3\times0.75^2+4\times0.75^3)]\text{辆}$$

$$\approx1.45\text{ 辆}$$

有效的到达率 λ_e 为

$$\lambda_e=\mu(1-P_0)=[4\times(1-0.33)]\text{辆/h}=2.68\text{ 辆/h}$$

特种车辆在加油站的平均逗留时间和平均等待时间为

$$W_s=\frac{L_s}{\lambda_e}=\frac{1.45}{2.68}\text{ h}\approx0.54\text{ h}$$

$$W_q=\frac{L_q}{\lambda_e}=\frac{0.78}{2.68}\text{ h}\approx0.29\text{ h}$$

二、$M/M/c/N/\infty$ 排队模型

$M/M/c/N/\infty$ 模型是指顾客流为泊松流,平均到达率为 λ,各服务台的服务时间服从负指数分布,有 c 个服务台,排队系统的最大容量为 N 且 $N\geqslant c$。

当系统的状态为 n 时,每个服务台的服务率为 μ,则系统的总服务率:当 $0<n<c$ 时为 $n\mu$;当 $n\geqslant c$ 时为 $c\mu$。

其状态转移率如图 8-6 所示。

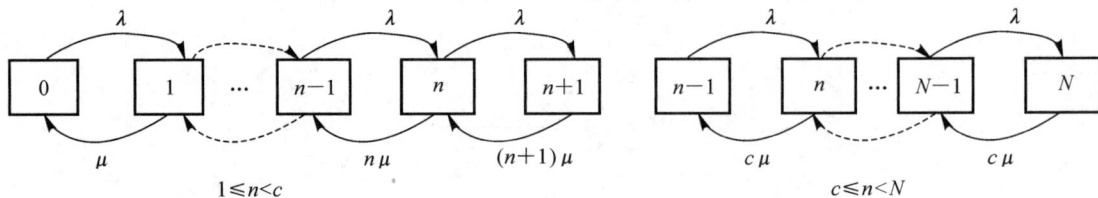

图 8-6 状态转移率图

由图 8-6 可得

$$\begin{cases} \mu P_1 = \lambda P_0 \\ (n+1)\mu P_{n+1} + \lambda P_{n-1} = (\lambda + n\mu)P_n, \quad 1 \leqslant n < c \\ c\mu P_{n+1} + \lambda P_{n-1} = (\lambda + c\mu)P_n, \quad c \leqslant n < N \\ c\mu P_N = \lambda P_{N-1} \end{cases}$$

可得排队系统相关指标如下：

$$P_0 = \left[\sum_{n=0}^{c} \frac{1}{n!}(c\rho)^n + \frac{c^c}{c!} \frac{\rho(\rho^c - \rho^N)}{1-\rho} \right]^{-1}, \quad \rho \neq 1$$

$$P_n = \begin{cases} \dfrac{(c\rho)^n}{n!} P_0, \quad 1 \leqslant n < c \\ \dfrac{c^c}{c!} \rho^n P_0, \quad c \leqslant n \leqslant N \end{cases}$$

其中：

$$\rho = \frac{\lambda}{c\mu}$$

$$L_q = \sum_{n=c}^{N-c}(n-c)P_n = \frac{(c\rho)^c \rho}{c!(1-\rho)^2}\left[1 - \rho^{N-c} - (N-c)\rho^{N-c}(1-\rho)\right] \cdot P_0$$

$$L_s = L_q + \frac{\lambda_e}{\mu} = L_q + \frac{\lambda(1-P_N)}{\mu} = L_q + c\rho(1-P_N)$$

$$W_q = \frac{L_q}{\lambda_e} = \frac{L_q}{\lambda(1-P_N)}$$

$$W_s = W_q + \frac{1}{\mu}$$

特别地,当 $N=c$ 时,系统的状态概率为

$$P_0 = \left[\sum_{k=0}^{c} \frac{(c\rho)^k}{k!} \right]^{-1}$$

$$P_n = \frac{(c\rho)^n}{c!} P_0$$

其他运行指标为

$$L_q = W_q = 0$$

$$W_s = \frac{1}{\mu}$$

$$L_s = \sum_{n=1}^{c} nP_n = c\rho(1-P_c)$$

例 8.4 某咨询室有 5 台固定电话,咨询电话按服从泊松分布接入,平均每分钟进来 6 次(忙线时电话不等待),咨询时长服从负指数分布,每次时间为 2 min,求该室电话机全部被占用概率和每分钟电话平均占用量。

解:这是一个 $M/M/c/N/\infty$ 系统,则

$$c = N = 5$$

$$\mu = \frac{1}{2} = 0.5$$

$$\lambda = 6$$

$$c\rho = \frac{\lambda}{\mu} = 12$$

$$P_0 = \left[\sum_{n=0}^{c} \frac{1}{n!}(c\rho)^n \right]^{-1} = \left(1 + 12 + \frac{12^2}{2!} + \frac{12^3}{3!} + \frac{12^4}{4!} + \frac{12^5}{5!} \right)^{-1} \approx 3 \times 10^{-4}$$

全部占用概率为

$$P_5 = \frac{(c\rho)^5}{5!} P_0 = \frac{12^5}{5!} \times 0.0003 \approx 0.62$$

每分钟电话平均占有量为

$$L_s = c\rho(1 - P_c) = [12 \times (1 - 0.62)] \text{台} = 4.56 \text{ 台}$$

第四节　一般服务时间排队系统分析

一、$M/G/1$ 模型

对于 $M/G/1$ 模型,服务时间 T 是一般分布[但要求期望值 $E(T)$ 和方差 $\mathrm{Var}(T)$ 都存在],其他条件与 $M/M/1$ 相同。上述条件下总有下述关系成立:

$$L_s = \rho + \frac{\rho^2 + \lambda^2 \cdot \mathrm{Var}(T)}{2(1-\rho)}$$

此式被称为 Pollaczek-Khintchine(P-K)公式,不论 T 是什么分布,若 λ,$E(T)$ 和 $\mathrm{Var}(T)$ 已知,均可以求出平均顾客数 L,从而通过相关公式求出 W_s,W_q 和 L_q。

例 8.5　假设某部有一台数据服务器,访问者到达为泊松流,平均每分钟访问 15 次,服务器为访问者服务的时间 $V(\min) \sim N(0.01, 0.02^2)$。试求该服务器排队系统主要运行指标。

解: 由题意知其为 $M/G/1$ 系统,则

$$\lambda = 15$$

$$E(V) = \frac{1}{\mu} = 0.01$$

$$D(V) = \sigma^2 = 0.02^2$$

$$\rho = \frac{\lambda}{\mu} = 15 \times 0.01 = 0.15$$

$$P_0 = 1 - \rho = 1 - 0.15 = 0.85$$

$$L_q = \frac{\rho^2 + \lambda^2 \sigma^2}{2(1-\rho)} = \left[\frac{0.15^2 + 15^2 \times 0.02^2}{2 \times (1 - 0.15)} \right] \text{次} \approx 6.62 \times 10^{-2} \text{次}$$

$$L_s = L_q + \frac{\lambda}{\mu} = (0.0662 + 0.15) \text{次} \approx 0.22 \text{ 次}$$

$$W_q = \frac{L_q}{\lambda} = \frac{0.0662}{15} \text{ min} \approx 4.41 \times 10^{-3} \text{ min}$$

$$W_s = \frac{L_s}{\lambda} = \frac{0.22}{15} \text{ min} \approx 1.47 \times 10^{-2} \text{ min}$$

二、服务时间定长的 $M/D/1$ 模型

由于有 $T=\dfrac{1}{\mu}$ 和 $\mathrm{Var}(T)=0$，所以 P－K 公式将简化为 $L_s=\rho+\dfrac{\rho^2}{2(1-\rho)}$。

例 8.6　某军用加油站，给特种车辆加油时间均为 15 min，特种车辆按泊松分布到达，平均每 20 min 一辆。试求此排队系统的运行指标。

解: 由题知是 $M/D/1$ 排队系统，则

$$\lambda=\frac{1}{20}=0.05$$

$$E(T)=\frac{1}{\mu}=15$$

$$\rho=\frac{\lambda}{\mu}=0.75$$

$$\mathrm{Var}(T)=0$$

$$L_s=\left[0.75+\frac{0.75^2}{2\times(1-0.75)}\right]\text{辆}\approx1.88\text{ 辆}$$

$$L_q=(1.88-0.75)\text{辆}=1.13\text{ 辆}$$

$$W_s=\frac{1.88}{0.05}\text{ min}=37.6\text{ min}$$

$$W_q=\frac{1.13}{0.05}\text{ min}=22.6\text{ min}$$

三、服务时间厄兰格分布的 $M/E_k/1$ 模型

假设 $T_1,T_2,\cdots,T_k$ 为 k 个具有相同分布而又相互独立的负指数分布，其概率密度分别为

$$f(t_i)=k\mu\mathrm{e}^{-k\mu t_i},\quad t\geqslant0$$

式中: μ,k 是取正值的参数，且 k 取整数。

顾客按顺序接受服务台的 k 项服务，且每一项服务的服务时间都具有相同的负指数分布，则总的服务时间服从 k 阶厄兰格分布。

由厄兰格分布定义可知，如果某种随机变量 T 可表示为 k 个相互独立的、服从相同参数 $k\mu$ 的负指数分布的随机变量 $T_i(i=1,2,\cdots,k)$ 的和，那么 $T=\sum\limits_{i=1}^{k}T_i$ 服从参数为 μ 的 k 阶厄兰格分布，且

$$E(T_i)=\frac{1}{k\mu}$$

$$D(T_i)=\frac{1}{k^2\mu^2},\quad i=1,2,\cdots,k$$

$$E(T)=\frac{1}{\mu}$$

$$D(T) = \frac{1}{k\mu^2}$$

若服务强度 $\rho = \frac{\lambda}{\mu} < 1$，由 P-K 公式求得

$$L_q = \frac{\rho^2 + \lambda^2 \frac{1}{k\mu^2}}{2(1-\rho)} = \frac{(k+1)\rho^2}{2k(1-\rho)}$$

其他指标由 Little 公式求得。

例 8.7 某军用装备生产需要经过 4 道工序，该装备各工序时间均服从期望值为 1 h 的负指数分布。该装备的原材料按泊松分布到达，平均 5 h 1 件，试求该装备生产的期望时间。

解：依题意可知

$$\lambda = 0.2$$

$$\frac{1}{4\mu} = 1$$

$$\mu = 0.25$$

$$\rho = \frac{\lambda}{\mu} = \frac{0.2}{0.25} = 0.8$$

$$E(t) = \frac{1}{\mu} = 4$$

$$\mathrm{Var}(t) = \frac{1}{k\mu^2} = 4$$

$$L = \left[0.8 + \frac{(4+1) \times 0.8^2}{2 \times 4 \times (1-0.8)} \right] 件 = 2.8 件$$

$$W = \frac{L}{\lambda} = \frac{2.8}{0.2} \, h = 14 \, h$$

即该装备生产的期望时间为 14 h。

第五节 排队系统的优化

在得到排队系统的有关属性后，更重要的是对系统进行优化，以节省资源，提高效率。

一、模型 M/M/1 中的最优服务率

(一) 标准型 M/M/1

假设系统单位时间的服务费用与 μ 值成正比；每一个顾客在系统中停留时间的等待费用与等待时间成正比，则系统总费用

$$z = c_s \mu + c_w L_s$$

式中：c_s 表示当 $\mu = 1$（单位时间内服务一个顾客）时服务机构的服务费用；c_w 为每个顾客在系统中停留单位时间的费用。

由 $L_s=\dfrac{\lambda}{\mu-\lambda}$，则 $z=c_s\mu+c_w\dfrac{\lambda}{(\mu-\lambda)}$，求其极小值。

即令 $\dfrac{dz}{d\mu}=0$，则 $c_s-\dfrac{c_w\lambda}{(\mu-\lambda)^2}=0$。

解出最优解 $\mu^*=\lambda+\sqrt{\dfrac{c_w}{c_s}\lambda}$。

(二)系统容量有限的：$M/M/1/N/\infty$

设 P_N 为系统中顾客被拒绝的概率，则 $\lambda(1-P_N)$ 表示稳定状态下单位时间内实际服务完成的顾客数。

设系统服务完 1 个顾客能收入 G 元，于是单位时间收入的期望值为 $\lambda(1-P_N)G$，则系统的纯利润为

$$z=\lambda(1-P_N)G-c_s\mu$$
$$=\lambda G\frac{1-\rho^N}{1-\rho^{N+1}}-c_s\mu$$
$$=\lambda\mu G\frac{\mu^N-\lambda^N}{\mu^{N+1}-\lambda^{N+1}}-c_s\mu$$

令 $\dfrac{dz}{d\mu}=0$，可解得

$$\rho^{N+1}\frac{N-(N+1)\rho+\rho^{N+1}}{(1-\rho^{N+1})^2}=\frac{c_s}{G}$$

其中 $P_N=\dfrac{\rho^N-\rho^{N+1}}{1-\rho^{N+1}}$，$\rho=\dfrac{\lambda}{\mu}$，而 c_s,G,λ,N 均为已知，用数值方法求解出 μ^* 的数值解。

二、$M/M/S$ 模型中最优服务台数 S^* 的确定

在稳态的假设下，单位时间内各服务设施成本费为 c'_s，每个顾客在系统中停留单位时间的费用为 c_w，则总费用值期望值为 $z=c'_sc+c_wL_s$，其中：$L_s=L_s(c)$，即与服务设施的个数 c 有关，因此总费用为 $z=z(c)$，记 c 的最优值为 c^*，则 $z(c^*)$ 是最小费用。由于 c 只能取整数，即 $z(c)$ 是离散函数。

根据 $z(c^*)$ 为最小值，可有

$$\begin{cases}z(c^*)\leqslant z(c^*-1)\\z(c^*)\leqslant z(c^*+1)\end{cases}$$

由 $z=c'_sc+c_wL_s$，则有

$$\begin{cases}c'_sc^*+c_wL_s(c^*)\leqslant c'_s(c^*-1)+c_wL_s(c^*-1)\\c'_sc^*+c_wL_s(c^*)\leqslant c'_s(c^*+1)+c_wL_s(c^*+1)\end{cases}$$

化简整理得

$$L_s(c^*)-L_s(c^*+1)\leqslant\frac{c'_s}{c_w}\leqslant L_s(c^*-1)-L_s(c^*)$$

第六节　Lingo 软件应用

本节重点介绍如何利用 Lingo 软件去解排队系统的有关问题。

例 8.8　设打印室有 3 名打字员,平均每个文件的打印时间为 10 min,而文件的到达率为每小时 15 件,试求该打印室的主要数量指标。

解:此问题输入如图 8－7 所示,结果如图 8－8 所示。

计算结果分析:在打字室内现有的平均文件数为 6.011 件,等待打印平均文件数 3.511 件,每份文件在打字室平均停留时间为 0.4 h(24 min),排队等待打印的平均时间 0.234 h(14 min),打印室不空闲的概率为 0.702。

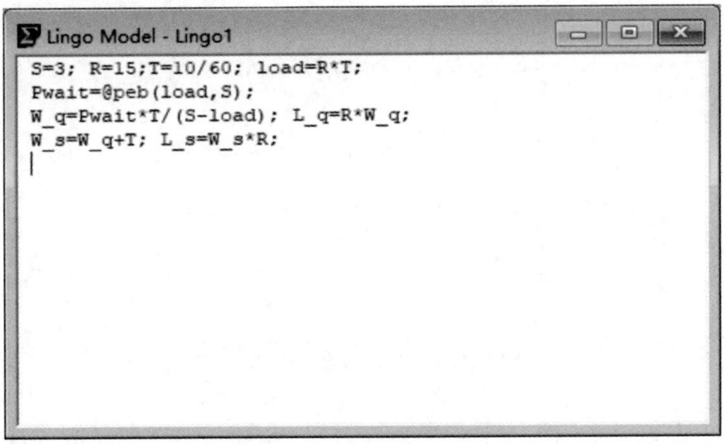

```
Lingo Model - Lingo1
S=3; R=15;T=10/60; load=R*T;
Pwait=@peb(load,S);
W_q=Pwait*T/(S-load); L_q=R*W_q;
W_s=W_q+T; L_s=W_s*R;
```

图 8－7　问题输入

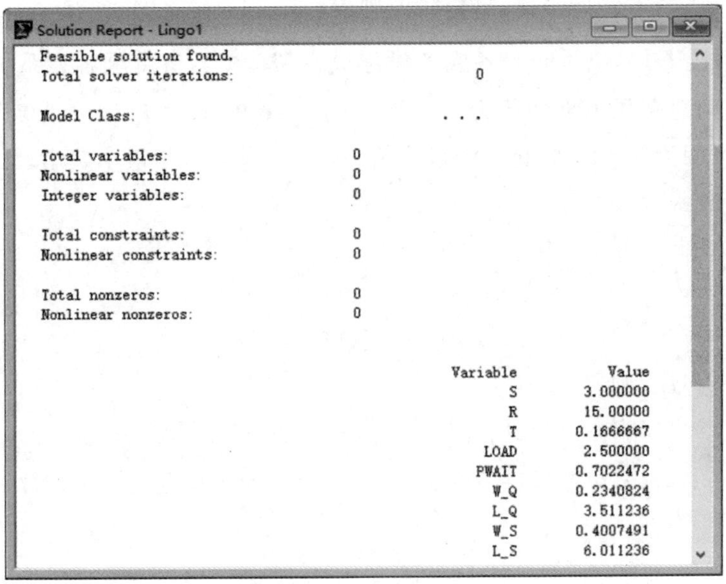

```
Solution Report - Lingo1
Feasible solution found.
Total solver iterations:                    0

Model Class:                              . . .

Total variables:             0
Nonlinear variables:         0
Integer variables:           0

Total constraints:           0
Nonlinear constraints:       0

Total nonzeros:              0
Nonlinear nonzeros:          0

                        Variable           Value
                               S        3.000000
                               R        15.00000
                               T       0.1666667
                            LOAD        2.500000
                           PWAIT       0.7022472
                             W_Q       0.2340824
                             L_Q        3.511236
                             W_S       0.4007491
                             L_S        6.011236
```

图 8－8　结果输出

注：

Lingo 中常用的函数如下：

(1) @ peb (load, S)

该函数的返回值是当到达负荷为 load，服务系统中有 S 个服务器且允许排队时系统繁忙的概率，也就是顾客等待的概率。

(2) @ pel (load, S)

该函数的返回值是当到达负荷为 load，服务系统中有 S 个服务器且不允许排队时系统损失概率，也就是顾客得不到服务离开的概率。

(3) @ pfs (load, S, K)

该函数的返回值是当到达负荷为 load，顾客数为 K，平行服务器数量为 S 时，有限源的泊松服务系统等待的期望值。

习　　题

1. 排队系统由哪几部分组成？说明各组成部分的特征。

2. 说明下列符号的意义：

(1) $M/D/2$。

(2) $E/M/1$。

(3) $D/E_k/5$。

(4) $M/G/5$。

3. 某科室有一名军医坐诊，看病的伤员服从泊松分布，以平均 15 人次/h 的速度到达。军医看病的时间服从负指数分布，平均每人 4 min。试求：

(1) 该医生空闲的概率；

(2) 科室内伤员平均数；

(3) 伤员平均逗留时间。

4. 假设某部加油站只有一个加油泵，有 3 个排队车位。假设特种车辆到达间隔和加油时间均服从负指数分布，平均每 4 min 到达一辆，特种车辆加油平均需要 5 min，试问：

(1) 加油泵空闲的概率是多少？

(2) 排队车位有空置的概率为多少？

(3) 加油的特种车辆平均逗留时间为多少？

5. 我方阵地配有狙击手，若敌方目标输入为泊松流，我方射击时间服从负指数分布。试求：

(1) 我方有一名狙击手时，平均射击时间为 5 s，敌方输入率为 3 名/min 时的 L_s，L_q，W_s，W_q 的值；

(2) 我方有两名狙击手时，平均射击时间为 10 s，敌方输入率为 3 名/min 时的 L_s，L_q，W_s，W_q 的值。

6. 某区域有 12 个停车位。车到达服从泊松分布，以 12 辆/h 的平均速度到达，车停留时间服从负指数分布，平均停留时间为 15 min。试求：

(1)该区域停车位平均空闲数;

(2)24 h 在该区域找不到位置停放车的平均数。

7.假设某指挥所有电话机一部,各分队对指挥所的呼叫按泊松分布到达,平均速度为 6 次/h;通话时间服从负指数分布,平均通话时间为 5 min。试求:

(1)有 2 个分队要呼叫的概率;

(2)至少有 1 个分队呼叫的概率;

(3)平均等待的分队数。

8.为了消灭敌阵地上出现的活动隐现目标,我方阵地上配置了 2 名狙击手,若目标按最简单流出现,平均速度为 6 人/min,射击时间服从负指数分布,平均速度为 4 人/min,当 2 名狙击手在射击时,后出现的目标按先后顺序"等待"射击。试求:

(1)系统中无目标的概率,系统中的平均目标数,平均等待时间,平均停留时间,平均等待的目标数;

(2)若目标每次出现的时间平均为 15 s,射击命中概率为 0.9,估计 2 名狙击手的效率。

9.某指挥所只有 1 条线路与各战斗分队相连接,假定对电话的需求符合泊松流,每次使用线路的时间为负指数分布,以 3 min/个的强度使用。试求:

(1)若要保证在需要使用电话时不等待的概率达到 0.9,用户对电话的使用强度以多大为宜;

(2)利用(1)的计算结果,求等待通话的分队不低于 2 个的概率;

(3)若战斗分队对电话以 8 min/个的强度使用,仍要求不等待的概率为 0.9,每次使用时间应限制在多大范围为宜。

10.某工作室使用 10 台相同的设备,当设备运行时每台每小时可获利 40 元。每台设备平均 8 h 出现一次故障,每名工人维修一台设备的平均时间是 6 h,以上指标均服从负指数分布。每名维修工人的工资为 10 元/h。试求:

(1)总的费用最小时维修工人的数量;

(2)使停工维修的设备期望数少于 3 台的维修工人数;

(3)使设备停工待修的期望时间少于 3 h 的维修工人数。

第九章 军事活动中的图与网络分析方法

图论广泛地应用在军事科学、社会科学等领域,伴随着计算机技术的快速成熟,图论的理论也得到了进一步发展,应用范围越来越广。目前将庞大复杂的军事指挥和管理问题用图来描述,可以解决很多决策优化问题。图论包含的内容很多,限于篇幅,本章仅介绍图论的一些基本概念,几种主要的分析方法,以及 Lingo 软件应用。

第一节 图的基本概念

在日常军事活动中,大量的人、事、物以及其之间的关系,常可以用图来描述,图论中的图是反映现实世界中具体实物及其相互关系的一种抽象工具,它比地图、分子结构图、电路图等更抽象。

例9.1 某防化中队储存五种化学药品,其中,某些药品是不能放在同一库房里的,为了反映这种情况,可以用点 v_1, v_2, v_3, v_4, v_5 分别代表这五种药品,若药品 v_i 和药品 v_j 不能存放在同一库房,则在 v_i 和 v_j 之间连一条线,如图 9-1 所示。如果问题归结为寻求存放这些化学药品的最少库房个数,那么该问题就是染色问题。事实上,至少需要三个库房来存放这些药品,即 v_1 和 v_4,v_2 和 v_5,v_3 各存放在一个库房里。

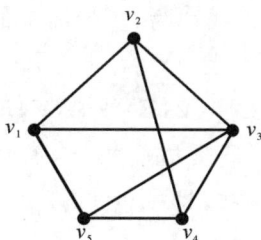

图9-1 五种药品之间发生化学反应的关系示意图

该例中涉及的对象之间的关系具有"对称性",即如果甲与乙有这种关系,那么同时乙与甲也有这种关系。例如,如果甲药品不能和乙药品放在一起,那么,乙药品当然也不能和甲药品放在一起。在实际生活中,有许多关系不具有这种对称性。

例9.2 某支队组织对抗模拟演练,有甲、乙、丙、丁、戊、已六个队伍,各队之间的对抗模拟演练情况见表 9-1。六个队伍之间的胜负关系显然是一种非对称关系,如果甲队胜了乙队,可以用一条带箭头的连线表示,即 $v_甲 \rightarrow v_乙$,于是胜负关系可以表示成图 9-2,"—"表示两队之间未进行对抗演练。

表 9 - 1　演练情况表

	甲	乙	丙	丁	戊	已
甲	—	胜	负	胜	胜	胜
乙	负	—	胜	—	—	负
丙	胜	负	—	胜	—	负
丁	负	—	—负	—	—负	负
戊	负	—	—	胜	—	—
已	负	胜	胜	胜	—	—

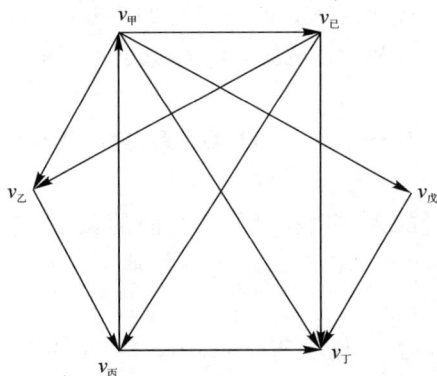

图 9 - 2　对抗演练胜负连线图

从以上分析可以看出,将研究对象看成一个点,用连线(带箭头或不带箭头)表示对象之间的某种特定的关系,这时连线的长短曲直无关紧要,重要的是两点之间有无线相连。为了区别起见,把两点之间不带箭头的连线称为边,带箭头的连线称为弧。由此便抽象出图的概念。

无向图是点与边的集合,记为 $G=(V,E)$ 或 $G(V,E)$。V 是点的集合,有 $V=\{v_1,v_2,\cdots,v_n\}$,E 是边的集合,有 $E=\{e_1,e_2,\cdots,e_m\}$。边是两个点之间的连线,即 $e_k=[v_i,v_j]$ $(k=1,2,\cdots,m;i,j=1,2,\cdots,n)$。

有向图 V 中元素的有序点对构成的集合称为弧集合 A,由点集合 V 和弧集合 A 构成的有向图,记为 $G=(V,A)$,一条方向是从 v_i 指向 v_j 的弧记为 $a_{ij}=[v_i,v_j]$。

图 9 - 3 即是一个无向图。

该图可以表示为

$$G=(V,E)$$
$$V=\{v_1,v_2,v_3,v_4,v_5\}$$

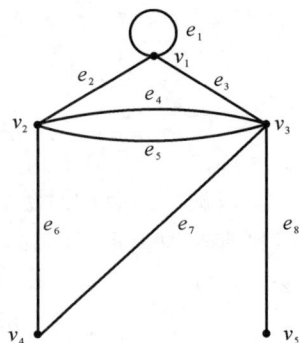

图 9 - 3　无向图示意图

$$E = \{e_1, e_2, e_3, e_4, e_5, e_6, e_7, e_8\}$$

式中：$e_1 = [v_1, v_1], e_2 = [v_1, v_2]$ 或 $e_2 = [v_2, v_1]$。

图中的点、边的几何属性无意义，有意义的是点、边之间的连接关系。

边连接的点称为边的端点。点所连接的边称为点的关联边。同一条边的两个端点，称为相邻。连接同一个端点的两条边，也称为相邻。

环：两个端点相同的边。图 9-3 中 e_1 为环。

多重边：两点之间多于一条边。图 9-3 中 e_4 与 e_5 为多重边。

简单图：无环、无多重边的图。若将图 9-3 中 e_1 和 e_4 去掉则成为简单图。

点的次：与点相关联的边的数量，记为 $d(v_i)$，也称度或线度。

图 9-3 中，$d(v_1) = 4, d(v_2) = 4, d(v_3) = 5, d(v_4) = 2, d(v_5) = 1$（边 e_1 要计算两次）；图 9-3 中，所有点的次之和等于边数的两倍，即 $\sum_{i=1}^{n} d(v_i) = 2m$；所有点的次之和为 16，边数为 8。

奇点：次为奇数的点。

偶点：次为偶数的点。

孤立点：次为零的点。

链：依次相连的点、边交替序列，且边不存在重复，记为 μ，如 $\mu_1 = \{v_1, e_2, v_2, e_6, v_4, e_7, v_3\}$，$\mu_2 = \{v_3, e_4, v_2, e_5, v_3, e_8, v_5\}$。

路：点无重复的链，如 μ_1 为路，μ_2 则不为路。

圈：起点和终点相同的链，如 $\mu_3 = \{v_2, e_6, v_4, e_7, v_3, e_4, v_2\}$。

回路：起点和终点相同的路，如 μ_3 亦为回路。

若图中每一对点之间均至少存在一条链，则称该图为连通图。否则称该图不连通，或称非连通图。

完全图：任意两点之间均有边相连的简单图。

完全图中边的数量为 $C_n^2 = \frac{1}{2}n(n-1)$，$n$ 为图中顶点的个数。

图中的顶点分为两个非空集合 V_1 和 V_2，同一集合内任意两点均不相邻，则称该图为偶图，也称二分图。

若 V_1, V_2 之间的每一对顶点均有边相连，则称该图为完全偶图。

设 V_1 中有 m 个顶点，V_2 中有 n 个顶点，则完全偶图有 $m \times n$ 条边。

子图：包含原图中部分或全部点和边的图。$G_1 = (V_1, E_1)$ 和 $G_2 = (V_2, E_2)$，若 $V_1 \subseteq V_2$，$E_1 \subseteq E_2$，称 G_1 是 G_2 的一个子图。

部分图：包含原图中全部点和部分边的图。若 $V_1 = V_2$，$E_1 \subset E_2$，则称 G_1 是 G_2 的一个部分图。

部分图也是子图，但子图不一定是部分图。

网络：边上带有某种数量指示的图。

第二节　树　　图

树图[简称树,记作 $T(V,E)$ 是无圈的连通图。树图的形状与大自然中的树相似,因此而得名。树图是一类重要的简单图。树图的概念在实际中有很多应用。例如,管理中常用的组织机构图是一棵树,邮件、图书的分拾过程可以表示为一棵树,决策分析中也是用树的形式来表达决策过程的。树图的概念亦是图论理论的重要基础,很多图论难题或猜想提出之后,往往先从树入手来解决问题。

由树图定义,可以得到树图的几个相互关联的基本性质。

一、树图的性质

性质 9.1　任何树图中必存在次为 1 的点。

次为 1 的点称为悬挂点,与悬挂点关联的边称为悬挂边。

性质 9.2　具有 n 个顶点的树图的边数恰好为 $n-1$ 条。

用归纳法,已知 $n=2$,$n=3$ 时成立,假设 $n=k-1$ 时成立,当 $n=k$ 时,去掉一个悬挂点及悬挂边,则仍为树图,则有 $n=k-1$,$m=k-2$,在该图上加回原来的点和边,则有 $n=k$,$m=k-1$。

性质 9.3　任何具有 n 个点、$n-1$ 条边的连通图是树图。

推论:

1)在树图中任意再加一条边必然会出现圈。

2)树图的任意两点间有且仅有一条唯一的链。

3)若从树图中任意去掉一条边,则图不连通。

二、图的最小部分树

例 9.3　某任务小组在 9 个侦察地安装侦察设备,侦察地的道路如图 9-4 所示,侦察设备必须沿道路架设,应沿怎样的路线安装设备可使 9 个地点的设备连接起来?

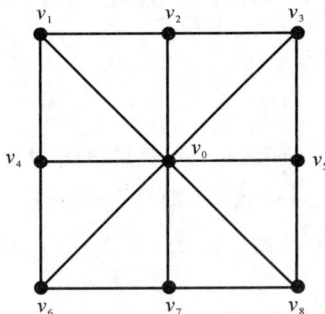

图 9-4　侦察地道路示意图

解:按照题意,将图 9-4 中 9 个设备安装地点连接即可,图中共有 9 个点,即 $V=\{v_0$, $v_1,v_2,v_3,v_4,v_5,v_6,v_7,v_8\}$,两两间道路是连通的,故均可形成边,但是在安装设备时,无须两两间都直接连通，最少寻找 8 条边即可实现 9 个设备间的连接，如图 9－5 所示两种路线都可以实现题目要求。

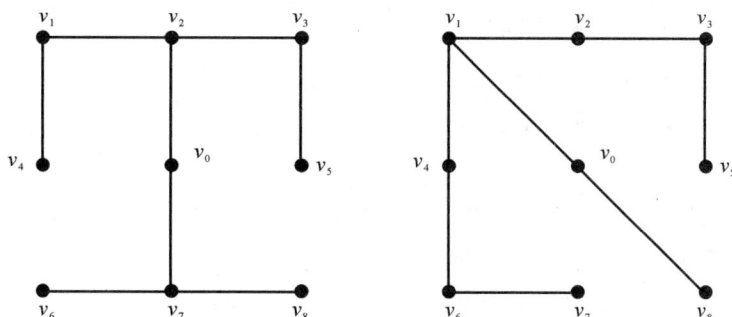

图 9－5　符合题意的路线图

在上例中实际是从完全图中寻找到了不同的部分图，可以给出如下概念：如果 G_1 是 G 的部分图（G_1 含有 G 的所有点），又是树图，称 G_1 是 G 的部分树（或支撑树、生成树）。树图 G 中属于部分树 G_1 的边称为树枝，不在生成树中的边称为弦，树枝上赋的数值（权重）称为树枝的长度或权，记为 ω。

一个连通图通常具有多个部分树，其中树枝总长最小的部分树，称为该图的最小部分树（最小支撑树、最小生成树）。

实际应用中许多网络问题都可归结为最小部分树问题。例如：在保障任务中，涉及总长度最短的线路；在巡逻执勤时连通巡逻点的道路干线网；在指挥通信系统中，以最小成本把计算机系统或设备连接起来的局域网；等等。

定理 9.1　图中任一点 i，若 j 是与 i 相邻点中距离最近的点，则边 $[i,j]$ 一定含在该图的最小部分树内。

反证法：设 $[i,j]$ 不在最小部分树内，将该边加上，则图中必出现圈，设图 i 点的原关联边是 $[i,k]$，应有 $[i,k]>[i,j]$，因此在树图中加上 $[i,j]$，去掉 $[i,k]$，该图仍为树图，但树枝总长度减小，所以原来的树不是最小部分树。

推论 9.1　把图中所有点分成 V 和 $\overline{V}$ 两个集合，则两集合之间的最短边一定包含在最小部分树内。

反证法：$[i,j]$ 是 V 和 $\overline{V}$ 之间的最短边，但不包含在最小部分树内，加上 $[i,j]$ 则必出现圈，且该圈中必有另一条边 $[m,k]$ 处于 V 和 $\overline{V}$ 之间，在图中加上 $[i,j]$，去掉 $[m,k]$，则仍为树图，且枝的总长度更小。

三、避圈法和破圈法

求图的最小部分树的方法可以采用避圈法和破圈法。

(一)避圈法

根据上述定理和推论，如果去掉图中所有的 n 条边，逐条添加不会形成圈的最短边，直至选出 $n-1$ 条边成为连通图为止，该方法就是避圈法。

步骤如下：

步骤 1:从图中任取一点 v_i,让 $v_i \in V$,其余点均属于 $\overline{V}$。

步骤 2:从 V 与 $\overline{V}$ 的连线中找出最小边(若有多条,任取一条),设为 $[v_i, v_j]$,其中 $v_i \in V$, $v_j \in \overline{V}$。取 $[v_i, v_j]$ 为最小部分树内的边。

步骤 3:令 $V = V \bigcup v_j$,$\overline{V} = \overline{V} - v_j$。

步骤 4:重复步骤 2、步骤 3,直至图中所有点均包含在 V 中。

(二)破圈法

这种方法是从图中任取一个圈,从圈中去掉权重最大的边,将这个圈破掉。重复此过程直至图中不存在圈为止。

例 9.4 分别用避圈法和破圈法求图 9-6 中的最小部分树。

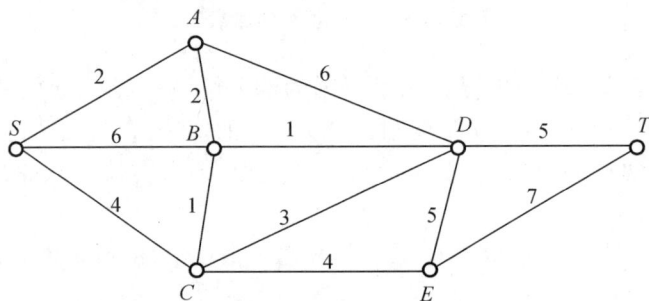

图 9-6 各点之间路长图

解:1)使用避圈法求解最小部分树。

第一步:在所有点中任取一点为起始点,例如点 S 为起点,令 $S \in V$,其余的点属于 $\overline{V}$。

第二步:从 S 点出发寻找与其余点中长度最短的边,可以找到只有三条边即 $[S,A]$ $[S,B]$ 和 $[S,C]$,最短的边为 $[S,A]$,将该边标记下,它是最小树内的边。

第三步:以点 S 和点 A 为整体,继续寻找与其余点中长度最短的边,如图 9-6 所示可以寻找到的边有 $[S,B]$,$[S,C]$,$[A,B]$,$[A,D]$,其中最短边为 $[A,B]$,故将 B 点划入 V 中,继续重复以上步骤,一直到所有点连通为止,具体步骤如图 9-7(a)～(e)所示,最终得到的最小部分树在图中加粗表示。

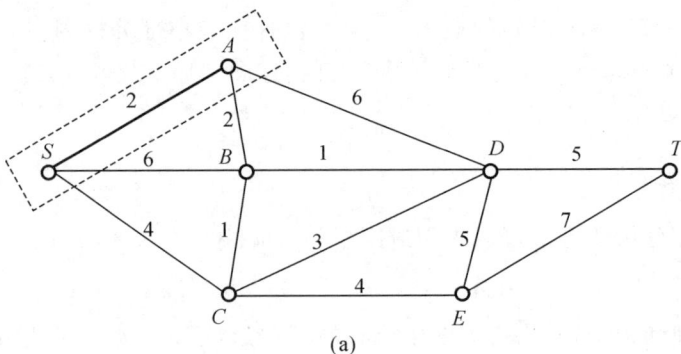

(a)

图 9-7 避圈法求解最小部分树演示图

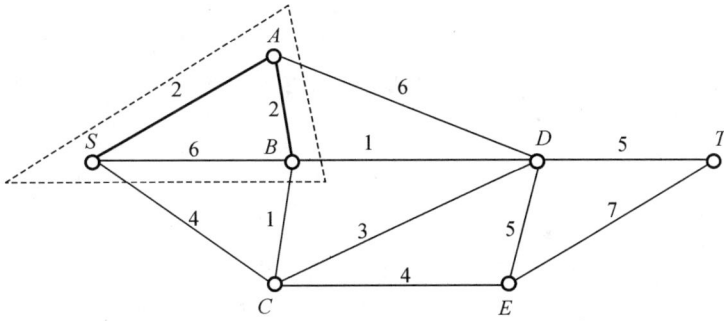

(b)

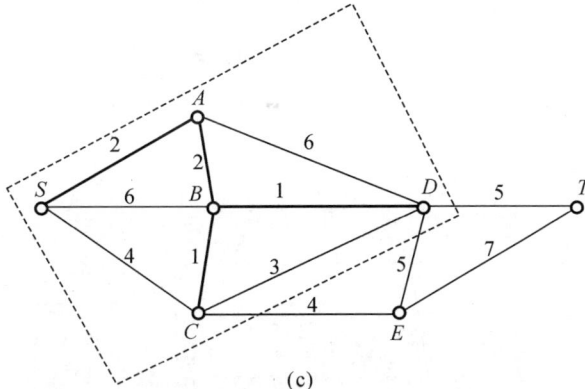

(c)

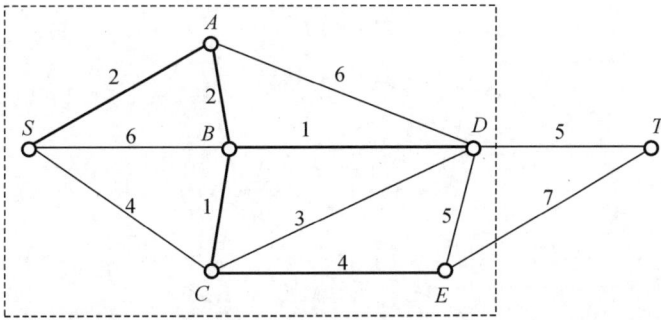

(d)

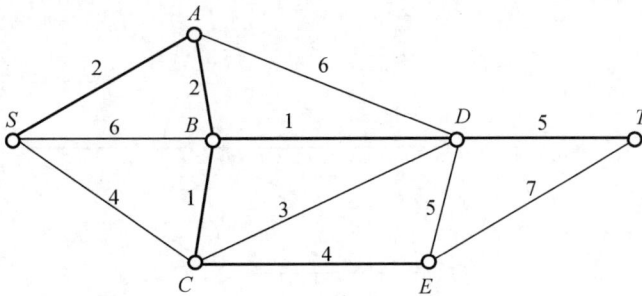

(e)

续图 9 - 7　避圈法求解最小部分树演示图

2)使用破圈法求解最小部分树。

从原图中任取一回路,如 $ASBA$,去掉最大边 SB,得部分树 T_1。从 T_1 中再任取一回路,如 $ASCBA$,去掉最大边 SC,得 T_2。依此类推,直到得到 T_6,即为所求的最小部分树,具体步骤如图 9-8 所示。

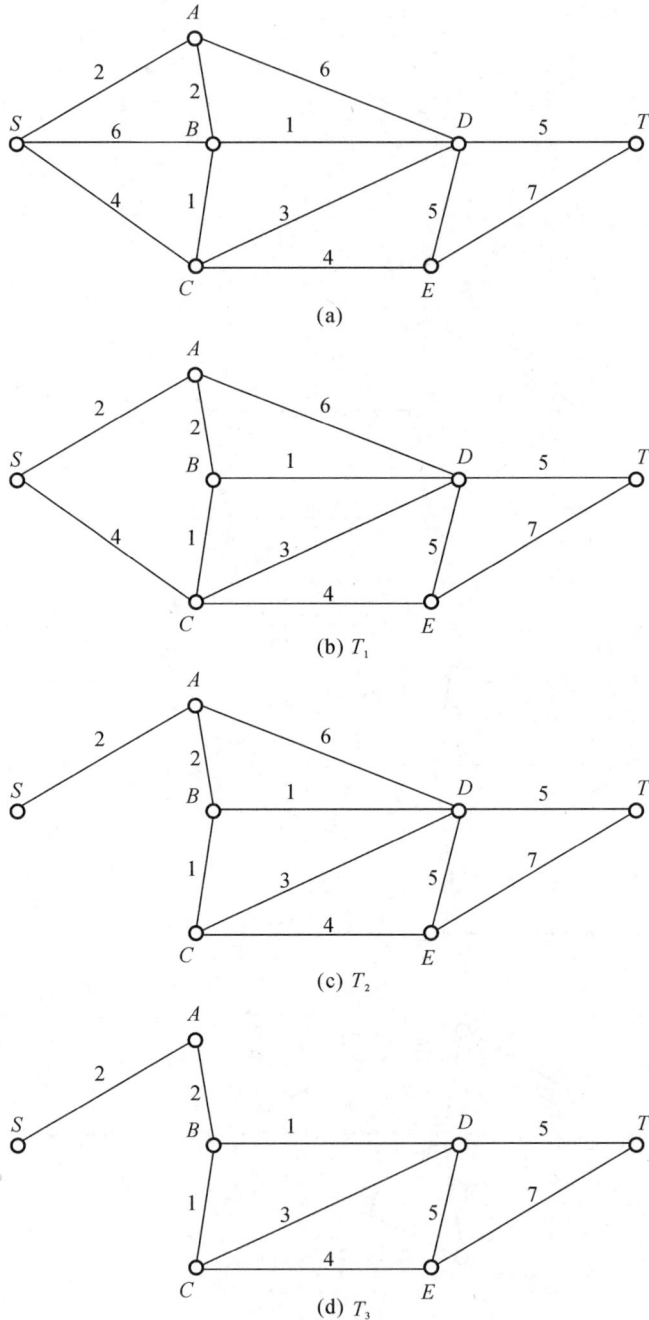

(a)

(b) T_1

(c) T_2

(d) T_3

图 9-8 破圈法求解最小部分树演示图

(e) T_4

(f) T_5

(g) T_6

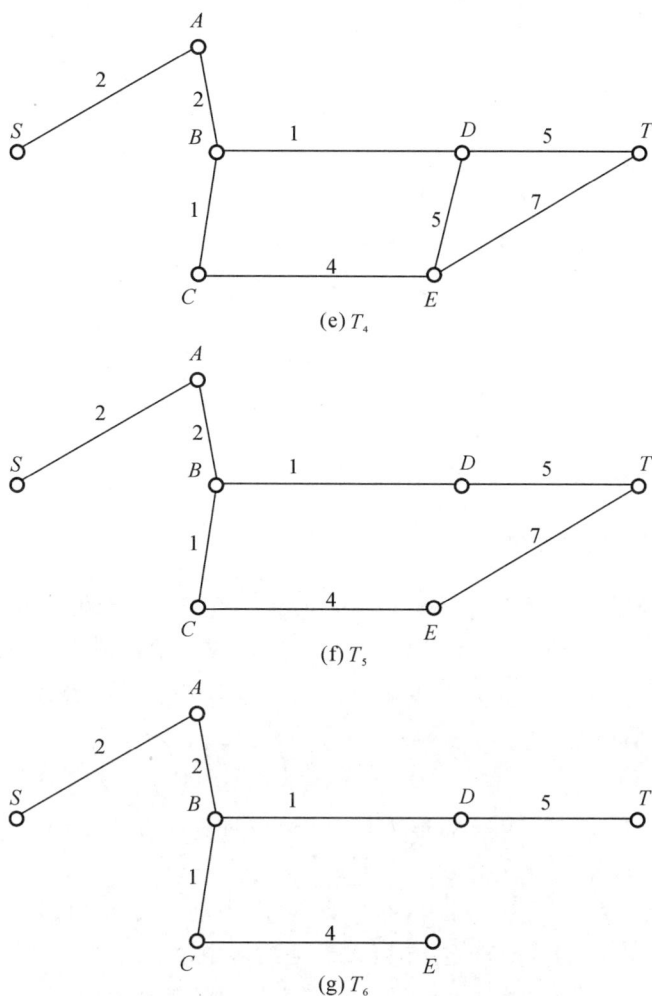

续图 9-8 破圈法求解最小部分树演示图

第三节 最短路问题

最短路问题是图与网络分析中应用最为广泛的问题之一。很多实际问题,比如任务路线选择、通信网络优化等问题都可以转化为最短路问题来解决。在动态规划的章节中,介绍了最短路问题的动态规划解法,但是某些最短路问题借助于动态规划方法求解还比较困难,而使用图论的方法则比较有效。

最短路问题一般是求连通图中两点间所有路中总权最小的路,有些最短路问题也求网络中指定点到其余所有结点的最短路,或者是求网络中任意两点间的最短路。

例 9.5 某支队接到上级命令,要求在最短的时间内从地点 v_1 到 v_8 执行任务,路线分布图如 9-9 所示。求从地点 v_1 经过哪条路线到地点 v_8 所花费的时间最短?边上的数值表示相邻两点之间所需的时间。

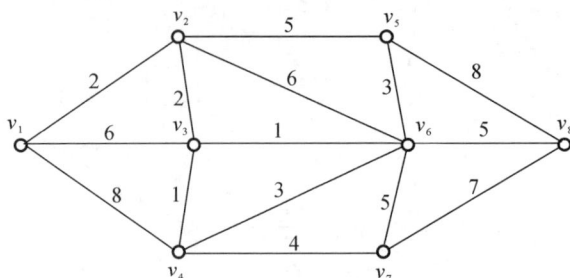

图 9 - 9　路线图

本例所求问题即为求 v_1 与 v_8 间的所有路中总权最小的路，可以使用动态规划的解法进行求解。在此介绍两种算法，可用于求解最短路问题。

一、指定顶点的最短路问题

Dijkstra 算法是迪杰斯特拉（E. W. Dijkstra）于 1959 年提出的，用于解决非负权网络中寻找一个指定顶点到其他顶点的最短路的算法。它仅适用于权都非负的情况。其基本依据是最短路原理，即设 v_k 是 v_i 到 v_j 的最短路上一中间点，则该最短路上从 v_i 到 v_k 的那一段一定是从 v_i 到 v_j 的最短路。

其步骤如下：

步骤 1：给起始点 v_1 标号（0），v_1 成为已标号点，标号点集 $V_1 = \{v_1\}$，其余点构成为标号点集 $V_2 = \{v_2, v_3, \cdots, v_n\}$。

步骤 2：在未标号点集 V_2 中找出与标号点集 V_1 中的顶点 v_i 相连的点 v_j，并以标号点集中的点 v_i 为起点，以 v_j 为终点确定边，可以确定出多条边。

步骤 3：给满足以下条件的点 v_k 标号 (l, L_{1k})，其中 l 表明在从 v_1 到 v_k 点的最短路上，与 v_k 相邻的顶点为 v_l，$L_{1k} = L_{1l} + \omega_{lk} = \min\{L_{1i} + \omega_{ij} \mid v_i \in V_1, v_j \in V_2\}$ 为从 v_1 到 v_k 的最短距离。

步骤 4：若最终点 v_n 未标号，则重复以上步骤，直到第 n 个点为止，从第 n 个点反向推回 v_1 点即可确定从 v_1 到 v_n 的最短路线。

如果在标号的过程中，出现了多个未标号点均取得最小值，那么对这多个顶点同时标号。

下面用 Dijkstra 算法求例 9.5 中的最短路。

第一步：给起始点 v_1 标号（0），标号点集 $V_1 = \{v_1\}$，未标号点集 $V_2 = \{v_2, v_3, v_4, v_5, v_6, v_7, v_8\}$。

第二步：在未标号点集 V_2 中找出与 v_1 相连的点为 v_2, v_3, v_4，分别以 v_1 为起点，以 v_2，v_3, v_4 为终点确定边 $[v_1, v_2], [v_1, v_3], [v_1, v_4]$。

第三步：比较边 $[v_1, v_2], [v_1, v_3], [v_1, v_4]$ 的权 2，6，8，取最小值的权 2 确定第一个顶点 v_2，给 v_2 点标号（1，2），此时标号点集 $V_1 = \{v_1, v_2\}$，未标号点集 $V_2 = \{v_3, v_4, v_5, v_6, v_7,$

v_8 }。

第四步：在未标号点集 V_2 中找出与 v_1，v_2 分别相连的点为 v_3，v_4，v_5，v_6，确定边 $[v_1$，$v_3]$，$[v_1$，$v_4]$ 和链 $\{v_1,v_2,v_3\}$，$\{v_1,v_2,v_5\}$，$\{v_1,v_2,v_6\}$，则有

$$L_{1k} = \min\{w_{13}, w_{14}, L_{12}+w_{23}, L_{12}+w_{25}, L_{12}+w_{26}\} = \min\{6,8,4,7,8\} = 4 = L_{12}+w_{23}$$

取最小值 4 确定 v_3 点，给 v_3 点标号 $(2,4)$，此时标号点集 $V_1 = \{v_1,v_2,v_3\}$，未标号点集 $V_2 = \{v_4,v_5,v_6,v_7,v_8\}$。

第五步：在未标号点集 V_2 中找出与 v_1，v_2，v_3 分别相连的点为 v_4，v_5，v_6，确定边 $[v_1$，$v_4]$ 和链 $\{v_1,v_2,v_3,v_4\}$，$\{v_1,v_2,v_3,v_6\}$，$\{v_1,v_2,v_5\}$，$\{v_1,v_2,v_6\}$，$\{v_1,v_3,v_6\}$。

$$L_{1k} = \min\{\omega_{14}, L_{13}+\omega_{34}, L_{13}+\omega_{36}, L_{12}+\omega_{25}, L_{12}+\omega_{26}\} = \min\{8,5,5,7,8\} = 5 = L_{13}+\omega_{34} \text{ 或 } L_{13}+\omega_{36}。$$

取最小值 5 确定 v_4，v_6 点，给 v_4 点标号 $(3,5)$、给 v_6 点标号 $(3,5)$，此时标号点集 $V_1 = \{v_1,v_2,v_3,v_4,v_6\}$，未标号点集 $V_2 = \{v_5, v_7,v_8\}$。

第六步：在未标号点集 V_2 中找出与 v_1，v_2，v_3，v_4，v_6 分别相连的点为 v_5，v_7，v_8，类似确定链以及 L_{1k}，$L_{1k} = \min\{L_{12}+\omega_{25}, L_{16}+\omega_{65}, L_{14}+\omega_{47}, L_{16}+\omega_{67}, L_{16}+\omega_{68}\} = \min\{7,8,9,10,10\} = 7 = L_{12}+\omega_{25}$。

取最小值 7 确定 v_5 点，给 v_5 点标号 $(2,7)$，此时标号点集 $V_1 = \{v_1,v_2,v_3,v_4,v_5,v_6\}$，未标号点集 $V_2 = \{v_7,v_8\}$。

第七步：在未标号点集 V_2 中找出与 v_1，v_2，v_3，v_4，v_5，v_6 分别相连的点为 v_7，v_8，类似确定链以及 L_{1k}，$L_{1k} = \min\{L_{14}+\omega_{47}, L_{16}+\omega_{67}, L_{15}+\omega_{58}, L_{16}+\omega_{68}\} = \min\{9,10,15,10\} = 9 = L_{14}+\omega_{47}$。

取最小值 9 确定 v_7 点，给 v_7 点标号 $(4,9)$，此时标号点集 $V_1 = \{v_1,v_2,v_3,v_4,v_5,v_6,v_7\}$，未标号点集 $V_2 = \{v_8\}$。

第八步：在未标号点集 V_2 中 v_5，v_6，v_7 分别与 v_8 相连，$L_{1k} = \min\{L_{15}+\omega_{58}, L_{16}+\omega_{68}, L_{17}+\omega_{78}\} = \min\{15,10,16\} = 10 = L_{16}+\omega_{68}$。

取最小值 10 确定 v_8 点，给 v_8 点标号 $(6,10)$，此时标号点集 $V_1 = \{v_1,v_2,v_3,v_4,v_5,v_6,v_7,v_8\}$，此时所有点标记完，算法结束。具体标号步骤如图 9 - 10 所示。

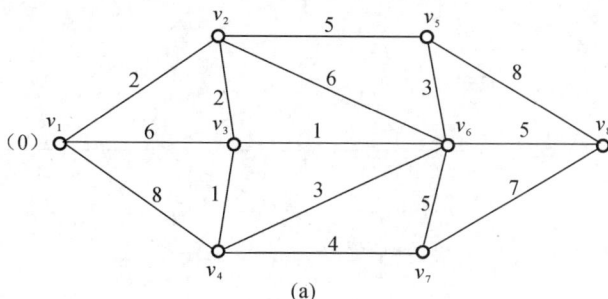

图 9 - 10　Dijkstra 算法求解步骤图

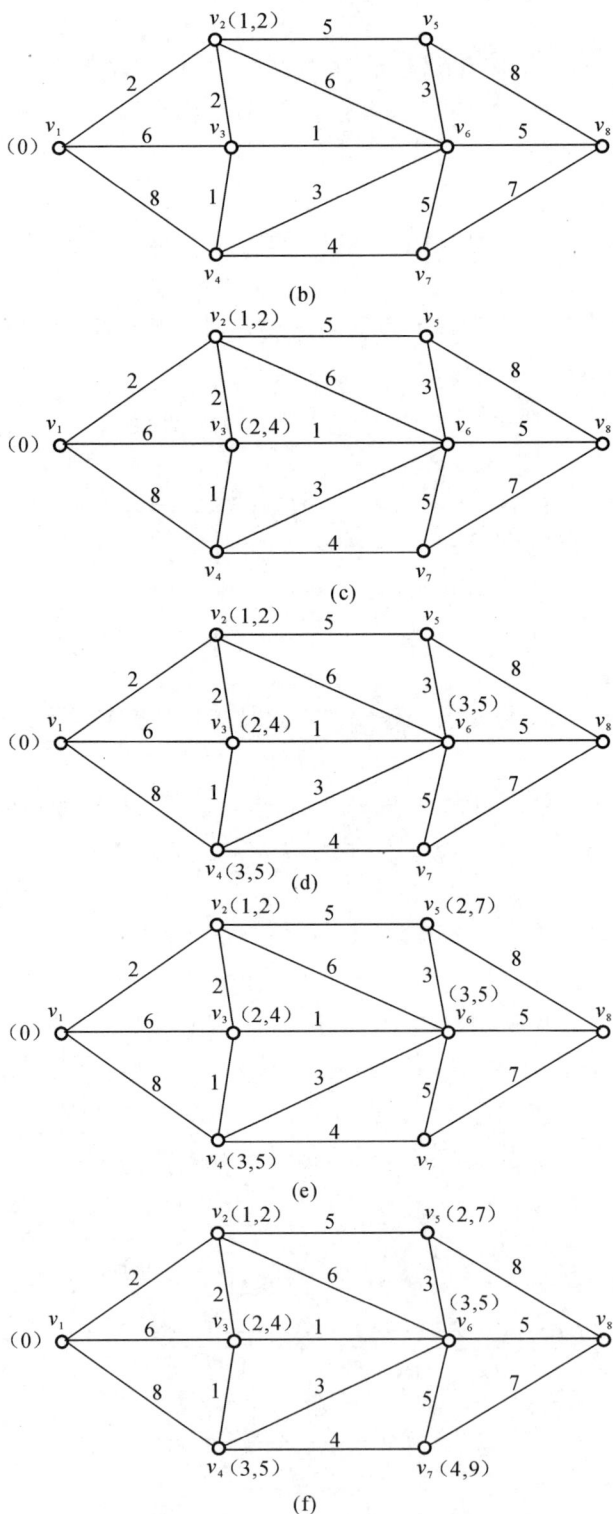

续图 9 - 10 Dijkstra 算法求解步骤图

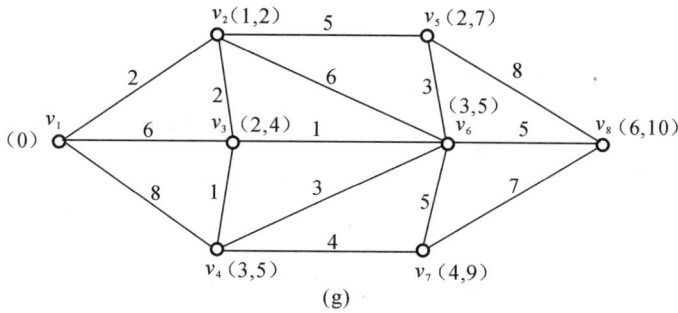

续图 9 - 10　Dijkstra 算法求解步骤图

从点 v_8 反向推回点 v_1 即可确定从 v_1 到 v_8 的最短路线为 v_1—v_2—v_3—v_6—v_8，长度均为 10。

二、任意两点间的最短路问题

有时候要求网络中任意两点间的最短路。这时，如果弧上的权都为非负，可以通过重复利用 Dijkstra 算法，依次改变起点得到想要的计算结果。这显然比较烦琐，Floyd 算法可以直接求出含有负权的网络任意两点间的最短路。Floyd 算法，亦称弗洛伊德算法、插点法是由美国的科学家弗洛伊德（R. W. Floyd）提出的。

网络 $G(V,A,W)$ 中，V 为其点的集合，A 为其边的集合，W 为边的权集合，令矩阵 $\boldsymbol{D} = (d_{ij})_{n \times n}$，$d_{ij}$ 表示 G 中从 v_i 到 v_j 最短路的长度。

Floyd 的算法思路：设 v_i，v_j 是网络 $G(V,A,W)$ 中点的集合 V 中的任意两点。令 $d_{ij}^{(0)}$ 为 v_i 到 v_j 不经过中间点的最短路路长，显然

$$d_{ij}^{(0)} = \begin{cases} w_{ij}, & [v_i,v_j] \in A \\ \infty, & [v_i,v_j] \notin A \end{cases}$$

式中：$d_{ij}^{(1)}$ 为网络 G 中只考虑 v_i，v_j，v_1 这三个点的 v_i 到 v_j 的最短路路长。显然，$d_{ij}^{(1)}$ 的路径只有两种情况，一种是不经过 v_1 点，则 $d_{ij}^{(1)} = d_{ij}^{(0)}$，另一种是经过 v_1 点，则 $d_{ij}^{(1)} = d_{i1}^{(0)} + d_{1j}^{(0)}$，于是有 $d_{ij}^{(1)} = \min\{d_{ij}^{(0)}, d_{i1}^{(0)} + d_{1j}^{(0)}\}$。令 $d_{ij}^{(k-1)}$ 为网络 G 中只考虑 v_i，v_j，v_1，v_2，$\cdots$，v_{k-1} 点的 v_i 到 v_j 的最短路路长，如新加点 v_k，则 $d_{ij}^{(k)}$ 应满足递推关系：$d_{ij}^{(k)} = \min\{d_{ij}^{(k-1)}, d_{ik}^{(k-1)} + d_{kj}^{(k+1)}\}$。当 $d_{ij}^{(k)}$ 取 $d_{ij}^{(k-1)}$ 的值时，说明在点集为 $\{v_i,v_j,v_1,v_2,\cdots,v_k\}$ 构成的网络中，v_i 到 v_j 的最短路不经过新加的 v_k 点；当 $d_{ij}^{(k)}$ 取 $d_{ik}^{(k-1)} + d_{kj}^{(k-1)}$ 时，说明 v_i 到 v_j 的最短路经过新加的 v_k 点。其中 $d_{ik}^{(k-1)}$ 是点集为 $\{v_i,v_k,v_1,v_2,\cdots v_{k-1}\}$ 子网络中 v_i 到 v_k 的最短路路长，$d_{kj}^{(k-1)}$ 是点集为 $\{v_k,v_j,v_1,v_2,\cdots,v_{k-1}\}$ 子网络中 v_k 到 v_j 的最短路路长。显然，依次递推，如果网络中有 n 个顶点，那么 $d_{ij}^{(n)}$ 就是所求的原网络中 v_i 到 v_j 的最短路路长，且有

$$\boldsymbol{D}^{(n)} = [d_{ij}^{(n)}]_{n \times n}$$

如果计算结果希望给出具体的最短路的路径，那么构造路径矩阵 $\boldsymbol{S} = (s_{ij})_{n \times n}$，$s_{ij}$ 表示 v_i 到 v_j 的最短路的第一条边终点的下标。如 $s_{ij}^{(n)} = t$，则从 v_i 到 v_j 的最短路的第一条边为 (v_i,v_t)。

Floyd 算法步骤如下：

第一步：$k=0$，有

$$\boldsymbol{D}^{(0)}=\left[d_{ij}^{(0)}\right]_{n\times n}$$

$$d_{ij}^{(0)}=\begin{cases} w_{ij}, & [v_i,v_j]\in A \\ \infty, & [v_i,v_j]\notin A \end{cases}$$

第二步：$k=k+1$，计算

$$\boldsymbol{D}^{(k)}=\left[d_{ij}^{(k)}\right]_{n\times n}$$

式中：

$$d_{ij}^{(k)}=\min\{d_{ij}^{(k-1)},\ d_{ik}^{(k-1)}+d_{kj}^{(k-1)}\}$$

第三步：当 $k=n$ 时，算法结束，有

$$\boldsymbol{D}^{(n)}=\left[d_{ij}^{(n)}\right]_{n\times n}$$

式中：$d_{ij}^{(n)}$ 是 v_i 到 v_j 的最短路路长．

例 9.6 求图 9-11 网络中各点之间最短路。

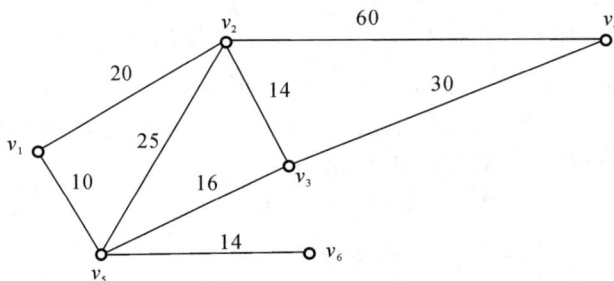

图 9-11 网络图

解：第一步，写出 $\boldsymbol{D}^{(0)}$ 和 $\boldsymbol{S}^{(0)}$，有

$$\boldsymbol{D}^{(0)}=\begin{array}{c} \\ v_1 \\ v_2 \\ v_3 \\ v_4 \\ v_5 \\ v_6 \end{array}\begin{array}{c} \begin{array}{cccccc} v_1 & v_2 & v_3 & v_4 & v_5 & v_6 \end{array} \\ \left[\begin{array}{cccccc} 0 & 20 & \infty & \infty & 10 & \infty \\ 20 & 0 & 14 & 60 & 25 & \infty \\ \infty & 14 & 0 & 30 & 16 & \infty \\ \infty & 60 & 30 & 0 & \infty & \infty \\ 10 & 25 & 16 & \infty & 0 & 14 \\ \infty & \infty & \infty & \infty & 14 & 0 \end{array}\right] \end{array}$$

$$\boldsymbol{S}^{(0)}=\left[\begin{array}{cccccc} - & - & \rightarrow & - & - & - \\ - & - & - & - & - & - \\ - & - & - & - & - & - \\ - & - & - & - & - & - \\ - & - & - & - & - & - \\ - & - & - & - & - & - \end{array}\right]$$

第二步，加入 v_1 这个点写出 $\boldsymbol{D}^{(1)}$ 和 $\boldsymbol{S}^{(1)}$，有

$$\boldsymbol{D}^{(1)}=\boldsymbol{D}^{(0)}$$

$$S^{(1)} = S^{(0)}$$

第三步，在 $D^{(1)}$ 的基础上，加入 v_2 点写出 $D^{(2)}$ 和 $S^{(2)}$，在 $S^{(2)}$ 中用"2"表示对应位置最短路线变化情况，有

$$d_{ij}^{(k)} = \min\{d_{ij}^{(k-1)}, d_{ik}^{(k-1)} + d_{kj}^{(k-1)}\}$$

$$
D^{(2)} = \begin{array}{c} \\ v_1 \\ v_2 \\ v_3 \\ v_4 \\ v_5 \\ v_6 \end{array}
\begin{array}{cccccc}
v_1 & v_2 & v_3 & v_4 & v_5 & v_6 \\
\left[\begin{array}{cccccc}
0 & 20 & (34) & (80) & 10 & \infty \\
20 & 0 & 14 & 60 & 25 & \infty \\
(34) & 14 & 0 & 30 & 16 & \infty \\
(80) & 60 & 30 & 0 & (85) & \infty \\
10 & 25 & 16 & (85) & 0 & 14 \\
\infty & \infty & \infty & \infty & 14 & 0
\end{array}\right]
\end{array}
$$

$$
S^{(2)} = \left[\begin{array}{cccccc}
- & - & 2 & 2 & - & - \\
- & - & - & - & - & - \\
2 & - & - & - & - & - \\
2 & - & - & - & 2 & - \\
- & - & - & 2 & - & - \\
- & - & - & - & - & -
\end{array}\right]
$$

第四步，在 $D^{(2)}$ 的基础上，加入 v_3 点写出 $D^{(3)}$ 和 $S^{(3)}$，在 $S^{(3)}$ 中用"3"表示对应位置最短路线变化情况，有

$$
D^{(3)} = \begin{array}{c} \\ v_1 \\ v_2 \\ v_3 \\ v_4 \\ v_5 \\ v_6 \end{array}
\begin{array}{cccccc}
v_1 & v_2 & v_3 & v_4 & v_5 & v_6 \\
\left[\begin{array}{cccccc}
0 & 20 & 34 & (64) & 10 & \infty \\
20 & 0 & 14 & (44) & 25 & \infty \\
34 & 14 & 0 & 30 & 16 & \infty \\
(64) & (44) & 30 & 0 & (46) & \infty \\
10 & 25 & 16 & (46) & 0 & 14 \\
\infty & \infty & \infty & \infty & 14 & 0
\end{array}\right]
\end{array}
$$

$$
S^{(3)} = \left[\begin{array}{cccccc}
- & - & 2 & 3 & - & - \\
- & - & - & 3 & - & - \\
2 & - & - & - & - & - \\
3 & 3 & - & - & 3 & - \\
- & - & - & 3 & - & - \\
- & - & - & - & - & -
\end{array}\right]
$$

第五步，在 $D^{(3)}$ 的基础上，加入 v_4 得出 $D^{(4)}$ 和考虑 v_i, v_j, v_4 这三个点的 v_i 到 v_j 的最短路路长写出 $D^{(4)}$ 有 $S^{(4)}$

$$D^{(4)} = D^{(3)}$$
$$S^{(4)} = S^{(3)}$$

第六步，在 $D^{(4)}$ 的基础上，加入 v_5 点写出 $D^{(5)}$ 和 $S^{(5)}$，在 $S^{(5)}$ 中用"5"表示对应位置最短路线变化情况，有

$$\boldsymbol{D}^{(5)} = \begin{array}{c} \\ v_1 \\ v_2 \\ v_3 \\ v_4 \\ v_5 \\ v_6 \end{array} \begin{array}{cccccc} v_1 & v_2 & v_3 & v_4 & v_5 & v_6 \end{array} \\ \begin{bmatrix} 0 & 20 & (26) & (56) & 10 & (24) \\ 20 & 0 & 14 & 44 & 25 & (39) \\ (26) & 14 & 0 & 30 & 16 & (30) \\ (56) & 44 & 30 & 0 & 46 & (60) \\ 10 & 25 & 16 & 46 & 0 & 14 \\ (24) & (39) & (30) & (60) & 14 & 0 \end{bmatrix}$$

$$\boldsymbol{S}^{(5)} = \begin{bmatrix} - & - & 5 & 5 & - & 5 \\ - & - & - & 3 & - & 5 \\ 5 & - & - & - & - & 5 \\ 5 & 3 & - & - & 3 & 5 \\ - & - & - & 3 & - & - \\ 5 & 5 & 5 & 5 & - & - \end{bmatrix}$$

第七步,在 $\boldsymbol{D}^{(5)}$ 的基础上,加入 v_6 点写出 $\boldsymbol{D}^{(6)}$ 和 $\boldsymbol{S}^{(6)}$:

$$\boldsymbol{D}^{(6)} = \boldsymbol{D}^{(5)}$$
$$\boldsymbol{S}^{(6)} = \boldsymbol{S}^{(5)}$$

由于 $d_{ij}^{(6)}$ 表示从 v_i 到 v_j 最多经中间点 $v_1,v_2,\cdots,v_6$ 的所有路中的最短路长,所以 $\boldsymbol{D}^{(6)}$ 就是所求的原网络任意两点间不论几步到达的最短路长。想要知道最短路线就需要结合 $\boldsymbol{S}^{(n)}$ 来看,例如在 $\boldsymbol{S}^{(6)}$ 中 v_1 到 v_5 是"—",说明最短路就是 $v_1 \rightarrow v_5$;在 $\boldsymbol{S}^{(6)}$ 中 v_1 到 v_4 是"5",说明最短路首先应写为 $v_1 \rightarrow v_5 \rightarrow v_4$,又因为在 $\boldsymbol{S}^{(6)}$ 中 $v_5 \rightarrow v_4$ 之间是"3",所以最短路还要再更新为 $v_1 \rightarrow v_5 \rightarrow v_3 \rightarrow v_4$,在 $\boldsymbol{S}^{(6)}$ 中 $v_3 \rightarrow v_4$ 之间是"—",说明最终确定的由 v_1 到 v_4 之间的最短路是 $v_1 \rightarrow v_5 \rightarrow v_3 \rightarrow v_4$。

第四节　Lingo 软件应用

最短路问题是图论中常见的优化问题,对于这个问题,图论中已有解决的方法,可用 Dijkstra 算法进行求解。这里主要讨论如何用 Lingo 软件来解决最短路问题。

例 9.7　在图 9-12 中,用点表示城市,现有 A,B_1,B_2,C_1,C_2,C_3,D 共七个城市。点与点之间的连线表示城市间有道路相连。连线旁的数字表示道路的长度。现计划从城市 A 到城市 D 铺设一条作战光缆,请设计出最短的铺设方案。

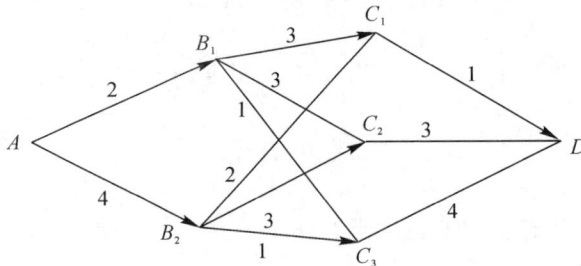

图 9-12　城市关系示意图

解:此例的本质是求从城市 A 到城市 D 的一条最短路。

可在窗口输入以下代码:

model:

sets:

! Here is our primitive set of seven cities;

cities /A,B1,B2,C1,C2,C3,D/ ;

! The Derived set "roads" lists the roads that

　exist between the cities ;

roads(cities,cities)/

　A,B1 A,B2 B1,C1 B1,C2 B1,C3 B2,C1 B2,C2 B2,C3

C1,D C2,D C3,D/: w,x;

endsets

data:

! Here are the distances that correspond to above links;

w= 2 4 3 3 1 2 3 1 1 3 4;

enddata

n= @size(cities); ! The number of cities;

min= @sum(roads: w * x);

@for(cities(i)|i #ne# 1 #and# i #ne# n:

　@sum(roads(i,j): x(i,j))= @sum(roads(j,i): x(j,i)));

@sum(roads(i,j)|i #eq# 1: x(i,j))=1;

end

问题输入如图 9 - 13 所示。

```
Lingo Model - Lingo1
model:
sets:
 !Here is our primitive set of seven cities;
 cities /A,B1,B2,C1,C2,C3,D/ ;
 !The Derived set "roads" lists the roads that
   exist between the cities ;
 roads(cities,cities)/
  A,B1 A,B2 B1,C1 B1,C2 B1,C3 B2,C1 B2,C2 B2,C3
  C1,D C2,D C3,D/: w,x;
endsets
data:
 !Here are  the distances that correspond to above links;
 w= 2 4 3 3 1 2 3 1 1 3 4;
enddata
n= @size(cities); !The number of cities;
min= @sum(roads: w*x);
@for(cities(i)|i #ne# 1 #and# i #ne# n:
  @sum(roads(i,j): x(i,j))= @sum(roads(j,i): x(j,i)));
@sum(roads(i,j)|i #eq# 1: x(i,j))=1;
end
```

图 9 - 13　问题输入

点击 ⊚，求解结果如图 9-14、图 9-15 所示。可知最短路为 6，最短路径为 $A—B_1—C_1—D$。

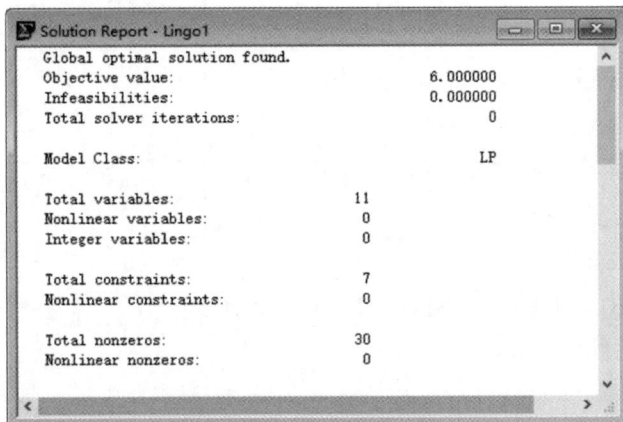

图 9-14 结果输出(一)

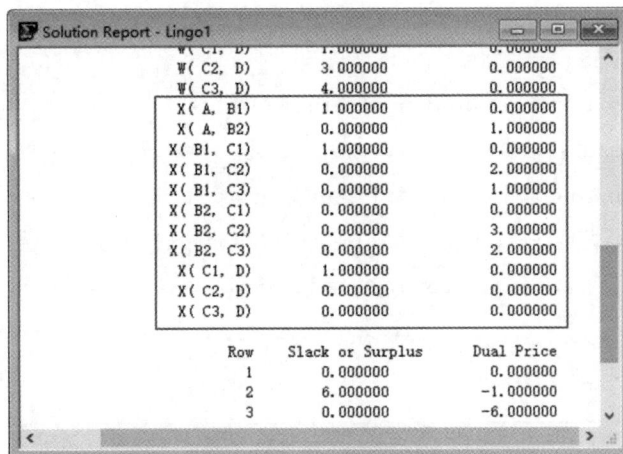

图 9-15 结果输出(二)

习　　题

1.(　　)的任意两个顶点之间有且仅有一条链。

A. 无向图　　　　　　　B. 树　　　　　　　C. 简单图　　　　　　　D. 连通图

2. 以下叙述中，不正确的是(　　)。

A. 树的点数为线数加 1　　　　　　　B. 树的任意两点间只有一条路

C. 图的点数大于线数　　　　　　　D. 任何不连通图都不是树

3. 学员共计选修 A,B,C,D,E,F 六门课程，其中一部分人同时选修 D,C,A，一部分人

同时选修 B,C,F，一部分人同时选修 B,E，还有一部分人同时选修 A,B，期终考试要求每天考一门课，六天内考完，为了减轻学员负担，要求每人不能连续参加考试，试设计一个考试日程表。

4.某任务小组需在七个侦察地安装侦察设备，侦察地的道路如图 9-16 所示，侦察设备必须沿道路架设，假设单位距离架设设备的成本相同，请问应沿怎样的路线安装设备可使架设使成本最低？

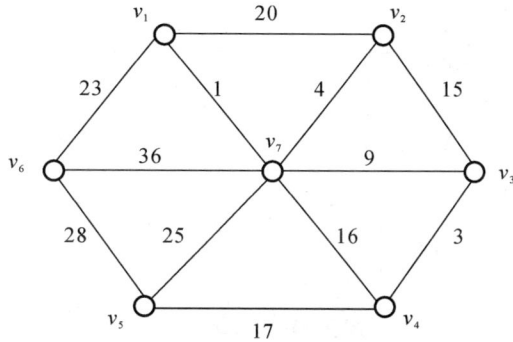

图 9-16　习题 4 图

5.用破圈法和避圈法求图 9-17 中各图的最小树。

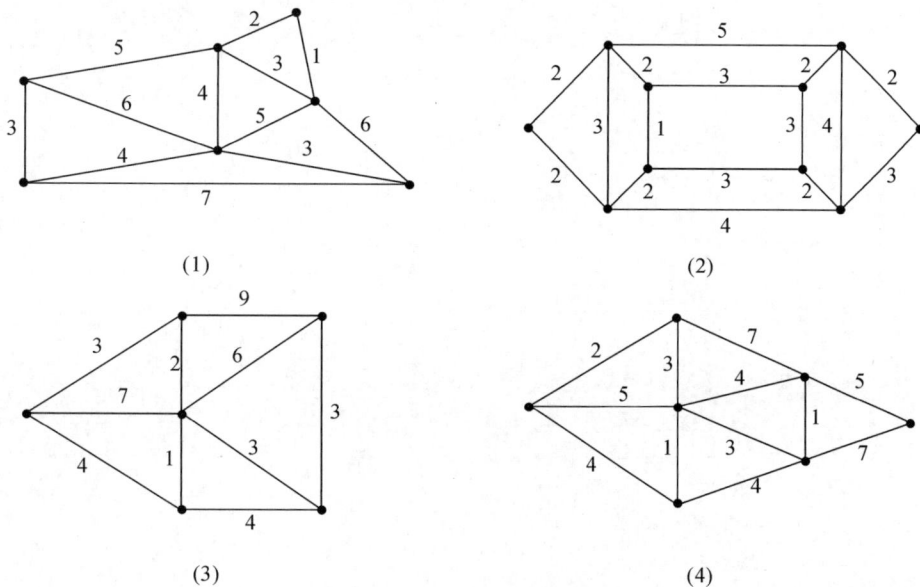

(1)

(2)

(3)

(4)

图 9-17　习题 5 图

6.某中队干部需要去六个城市完成某项任务，从第一个城市到第六个城市航班的飞行时间信息如下矩阵所示（∞表示两地间无直达航线），请帮助该干部设计一张任意两地间时间最少的路线表。

$$T=\begin{bmatrix} 0 & 5 & \infty & 4 & 2.5 & 1 \\ 5 & 0 & 1.5 & 2 & \infty & 2.5 \\ \infty & 1.5 & 0 & 1 & 2 & \infty \\ 4 & 2 & 1 & 0 & 1 & 2.5 \\ 2.5 & \infty & 2 & 1 & 0 & 5.5 \\ 1 & 2.5 & \infty & 2.5 & 5.5 & 0 \end{bmatrix}$$

7. 如图 9−18 所示，用 Dijkstra 算法，求出 v_1 到其余各点的最短路。

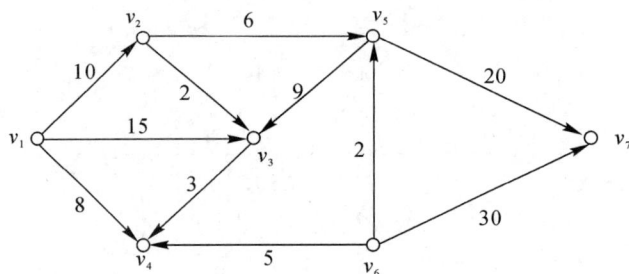

图 9−18　习题 7 图

8. 用 Floyd 算法求出习题 7 中各点间的最短距离。

第十章 军事活动中的统筹法

计划,是为完成任务所进行的一系列预先设计和安排。它是决策活动的继续。在部队中,军事计划是部队决策者决心的具体化,是部队决策者决策的具体安排和细化。安排任何一项任务或指挥任何一个军事行动,总有一个计划或安排是否合理的问题,因此,军事活动计划的优化问题是军事运筹学研究的重要内容之一,而统筹法是整体思维的方法,是从整体角度合理安排和组织军事活动的科学方法,是军事活动计划优化的重要工具。

第一节 统筹法概述

统筹法是在 20 世纪 50 年代末、60 年代初产生的一种科学制订计划与组织管理的技术。它采用网络图的形式制作计划模型,因此称为网络法。在完成复杂任务时,这种方法能帮助人们全面、合理地统一筹划各项活动,因而在我国称为统筹法。

统筹法是一种帮助制订和实施工作进度计划的科学方法,在军事上广泛应用于解决军事活动中的计划和协调问题,即根据任务的目标和环境,用圆圈和箭线将组成任务的各个工作之间的先后顺序和逻辑关系表示成一张网状的统筹图;然后通过时间参数的计算,反映出整个任务计划的进程,找出完成任务的关键性问题,用来指导协调各项工作,不断完善计划,找出完成任务的最佳方案,最终保持对整个计划实施有效的指挥、控制和监督,以取得在一定约束条件下最优的效果。

一、统筹法的产生及发展简况

计划性是当前人类活动的特点之一。统筹法是随着现代社会管理活动的发展而形成起来的。

在统筹法出现之前,人们在生产、施工、科研和军事等领域应用最广泛的是横道图(Bar Chart),如图 10-1 所示。

横道图是由美国工程师甘特(H. L. Gantt)发明的,又称甘特图(Gantt Chart)。编制方法是将一项计划任务按照完成的顺序和时间,画在一张具有时间坐标的表格上,并用一条粗线表示完成各项工作的起始时间、结束时间和延续时间。

这种横道图的优点:能够直观、清晰地反映各部门或各项工作之间的相互联系,便于掌握计划的全盘情况;反映了某一部门或某一项工作在全局中的地位和影响,便于发现薄弱环节并进行控制、管理;这种计划的编制可利用计算机进行数据推理运算,因此便于进行各种方案的分析、比较。一旦发现某项工作偏离计划时,及时采取措施,保证整个计划按时完成。

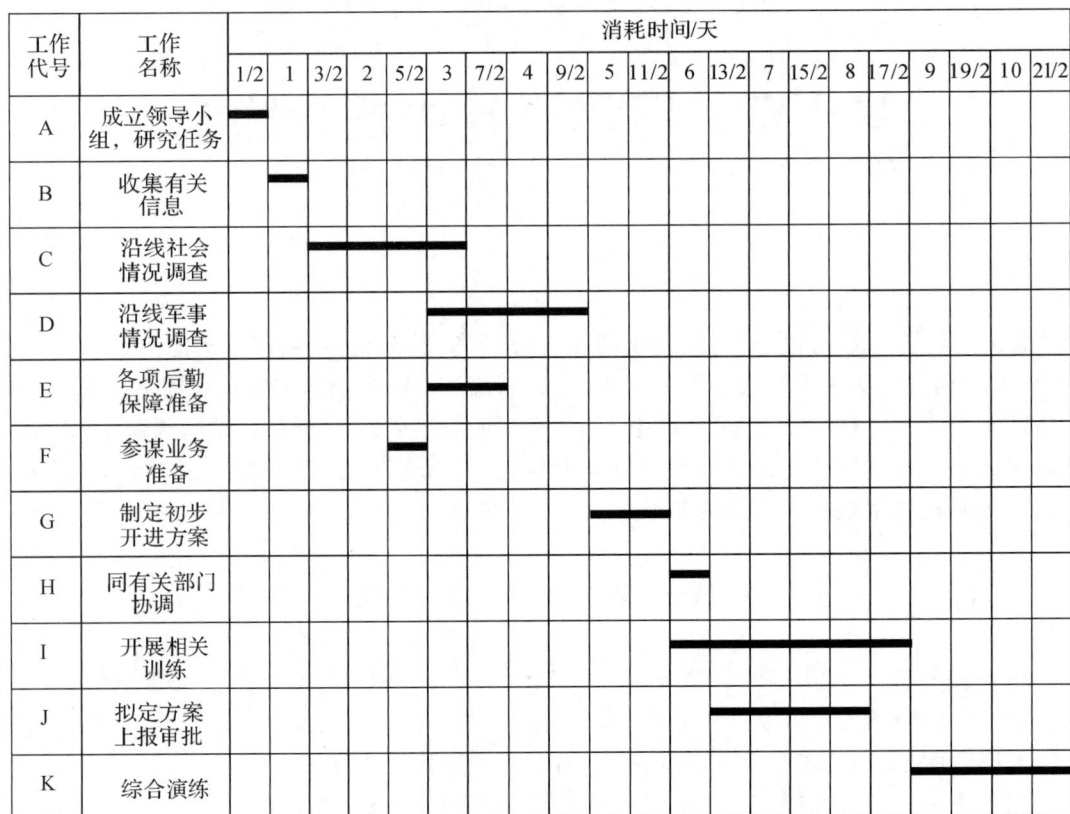

工作代号	工作名称	消耗时间/天

工作代号	工作名称	1/2	1	3/2	2	5/2	3	7/2	4	9/2	5	11/2	6	13/2	7	15/2	8	17/2	9	19/2	10	21/2
A	成立领导小组,研究任务	▅																				
B	收集有关信息		▅																			
C	沿线社会情况调查			▅▅▅																		
D	沿线军事情况调查					▅▅▅▅																
E	各项后勤保障准备						▅▅															
F	参谋业务准备				▅																	
G	制定初步开进方案										▅▅											
H	同有关部门协调												▅									
I	开展相关训练												▅▅▅▅▅▅									
J	拟定方案上报审批														▅▅▅							
K	综合演练																	▅▅▅				

图 10 - 1　横道图

　　横道图的缺点在于:不能显示各项工作之间的内在联系和逻辑关系,不能反映哪些工作是该项计划任务的关键环节。这样,当某项工作的进程提前或拖后时,就难以发现其对整个计划所产生的影响,当然也就不能对此做出迅速的反应并采取及时、有效的措施。

　　20 世纪 50 年代以来,很多人都在探索如何制定一项新的生产组织和计划管理的科学方法。1956 年,美国杜邦公司在制定协调企业不同业务部门之间的系统规划时,运用了图解理论的方法制订计划。这种计划借助于统筹图来表示完成各项工作所需要的时间,反映出各项工作之间的相互关系,并且提出编制与执行计划的关键路线。这种方法称为关键路线法(Critical Path Method,CPM)。1958 年,美国在制定研制"北极星"导弹计划时,应用了以网络图为基础,并以网络分析计算为基础的新型计划管理方法,使该研制计划提前完成,并使导弹系统快速装备部队,这种计划方法在美国称为计划评审技术(Program Evaluation and Review Technique,PERT),也即统筹法。后来,美国在许多大型项目中使用这种方法优化任务计划,使得任务按期完成,取得不俗效果,如"阿波罗"载人登月计划等。苏军也是较早探索这种方法的军队,从 20 世纪 60 年代开始推广统筹法,他们认为这种方法是科学的宏观方法,可以有效指导军事活动,提高工作效率,因此苏军应用此方法进行军事活动计划优化也很广泛。

华罗庚教授是我国统筹法的积极倡导者和推广者,从 20 世纪 60 年代开始在全国各地积极开展统筹法的推广应用。目前,统筹法已是个人、组织进行计划安排的常用工具和手段,是个人、组织统筹计划的常用方法。在华罗庚教授的积极推动和倡导下,我军积极应用统筹法指导部队和作战指挥,取得了明显的效果。

二、统筹法的基本思想

统筹兼顾是统筹法的基本思想,是统筹法的精髓。完成一项任务,在人员、物资充足的情况下,我们不能一项工作干完再干另一项工作,这样必然导致时间、资源的浪费,我们可以充分利用人员、物质资源,做好计划,做好分工、合作,同时开展多项工作,达到人尽其才,物尽其用,高效完成任务。

统筹法的具体做法是以统筹图为基础,运用数学计算,进行定量分析,并调整优化。其目的在于增强各种计划的科学性、可靠性,以便在复杂的工作环境中,能够分清主、次、缓、急,对工作过程进行控制与掌握。统筹计划是用统筹法作为工具编制的统筹图来表示完成某项任务的计划。因此统筹图是统筹计划的基础和主要表现形式,它在作战指挥及日常的部队管理中有着广泛的应用。

三、统筹法的优点

统筹法的优点是其他计划方法无法比拟的,具体优点总结如下:

统筹计划模型是一种直观而简单的,有逻辑和数字根据的计划模型。它能以不同的详细程度完整地揭示一项计划所包含的全部工作,以及它们之间的相互关系。

统筹法能从数量的角度科学地揭示整个计划中的关键线路。在统筹计划中哪些是关键工作,哪些是非关键工作,区分得清清楚楚,以便集中主要精力去关注关键工作。

统筹法可以广泛地运用最优化原理,科学地安排计划中的各项工作,以实现计划的优化,从而能以最短的工期、最少的资源、最好的流程、最低的成本去完成所计划的任务。

统筹法可以使军队人员依照计划执行的信息,有科学依据地做出对未来的预测,从而预见可能偏离计划的情况及其对整个计划可能产生的影响,并据此采取相应措施加以协调,使计划自始至终在监督和控制之中。

统筹法可以计入不确定因素,以便从数量上衡量计划所存在的不确定程度,从而能对具有不确定性的军事行动实施有效的指挥。

现代高技术条件下的作战指挥对部队的组织计划管理提出了更高的要求,用统筹计划与军队自动化指挥系统相结合,便于提高指挥效能,也便于组织参战部队的协调行动。

因此,用统筹法安排作战计划可以解决传统方法难以解决的一系列问题,在组织部队作战及平时管理活动中有着十分广阔的发展前景。

第二节　统筹图的绘制

绘制统筹图是完成整个任务计划的基础,绘制统筹图就是用箭线、圆圈以及标注等来正确地表示出任务计划中各项工作之间的内在联系和逻辑关系。

一、统筹图及其构成要素

统筹图是用圆圈、箭线等符号绘制出的网状图,用来表示计划各环节之间的相互关系。统筹图包括工作、节点和线路三个构成要素。

(一)工作

工作也称作业、工序,是指完成一项任务而进行的消耗时间或资源的活动。有些工作既消耗时间,又消耗资源,比如行军、搭建战斗堡垒等;有些工作只消耗时间,不消耗资源,比如行军休息、油漆待干等。另外,还有一种工作既不占用时间,也不消耗资源,是一种虚设的工作,只是为了反映工作之间的相互依存的逻辑关系,可以消除工作之间含混不清的现象,因此被称为虚工作。

在统筹图中,工作用箭线"——▶"表示,箭线上方通常标明工作名称或代号,箭线下方标明完成工作需要消耗的时间。虚工作用虚箭线表示,即"----▶"。

根据统筹图中工作之间的相互关系,工作有紧前工作和紧后工作之分。把紧接在某项工作之前的那些工作称为该项工作的紧前工作,紧接在某项工作之后的那些工作都称为该工作的紧后工作。一项工作既可能有紧前工作,又可能没有紧前工作,有可能有一项紧前工作,也可能有多项紧前工作。同样,对于紧后工作也有相应的关系。

如图 10-2 所示,A 工作和 B 工作的紧后工作是 C 工作,C 工作的紧后工作是 D 工作和 E 工作,D 工作和 E 工作没有紧后工作。同样,D 工作和 E 工作的紧前工作是 C 工作,C 工作的紧前工作是 A 工作和 B 工作,A 工作和 B 工作没有紧前工作。

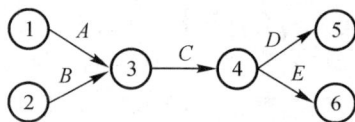

图 10-2　工作之间的相互关系图

(二)节点

节点也称事项、结点,是工作与工作之间的衔接点,它表示各项紧前工作的结束,又标志着各项紧后工作的开始。它是一种瞬时状态,不消耗时间,也不消耗资源。在统筹图中节点用带有编号的圆圈"○"表示,主要作用是衔接前后工作和控制工作进程。

在统筹图中,任何一项工作都关联着两个节点。以工作为联系,箭尾指向的节点称为该工作的开始节点,箭头指向的节点成为该工作的结束节点。图 10-2 中,节点①是工作 A 的开始节点,节点③是工作 A 和工作 B 的结束节点,同时节点③也是工作 C 的开始节点。只有当节点③的所有紧前工作均完成之后,也就是工作 A 和 B 均完成之后,节点③的紧后工作 C 才可能开始。

一项计划任务的开始节点,亦即统筹图的第一个节点,称为最初节点;一项计划任务的完成节点,亦即统筹图的最后一个节点,称为最终节点。

(三)线路

线路是指从最初节点出发,顺着箭头的方向连续不断地到达最终节点的一条通路。线路是工作的连贯流程,反映了工作之间的逻辑顺序关系。

线路一般用线路上各个节点的编号来表示,如图 10-3 所示的线路 1—2—5—7—8—10—11、线路 1—2—3—7—8—9—10—11 等。

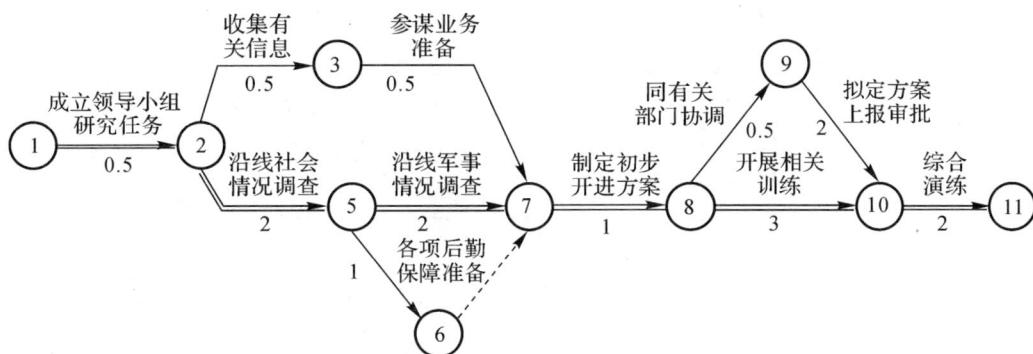

图 10-3　统筹图中线路图

对于某条线路来说,该线路上所有工作持续时间之和称为该线路的长度。如图 10-3 所示,线路 1—2—3—7—8—9—10—11 的总持续时间为 7 天,即该条线路长度为 7 天。

一项计划任务中,从最初节点到最终节点可能有很多线路,在所有线路中,把持续时间最长的那条线路称为关键线路,在统筹图中用红线或双线标出。如图 10-3 所示,1—2—5—7—8—10—11 就是关键线路,关键线路上的工作称为关键工作。把持续时间仅次于关键线路的线路称为次关键线路,其余线路都称为非关键线路。统筹计划的一个重要任务之一就是要找出整个任务中的关键线路,以便集中主要精力解决主要问题。

二、绘制统筹图的准则

一是统筹图中只允许有一个最初节点和一个最终节点。

对于一项计划任务来说,只有一个总开始时刻和一个总结束时刻,所以,统筹图只能有一个最初节点和一个最终节点。因此,所有没有紧前工作的工作都应该从最初节点出发,所有没有紧后工作的工作都应该回到最终节点。

二是不同节点有不同的编号,节点的编号箭头处必须大于箭尾处。节点编号可以是间断的,一般是为了统筹图调整的需要。

三是两个节点之间只能有一条箭线。

统筹图中,工作可以用开始节点和结束节点的编号来描述,如工作(i,j),如果两个相邻节点间有多条箭线,那么无法区别这些箭线所代表的工作。两个节点之间只能有一条箭线的示意图,如图 10-4 所示。

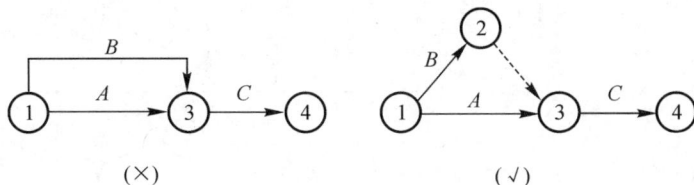

图 10-4　两个节点之间只能有一条箭线的示意图

四是统筹图中不能出现循环回路,并避免交叉。

不允许从一个节点出发,沿着箭线的方向,最后又回到这个节点;同时应尽量避免箭线之间的交叉,如图 10-5 所示。

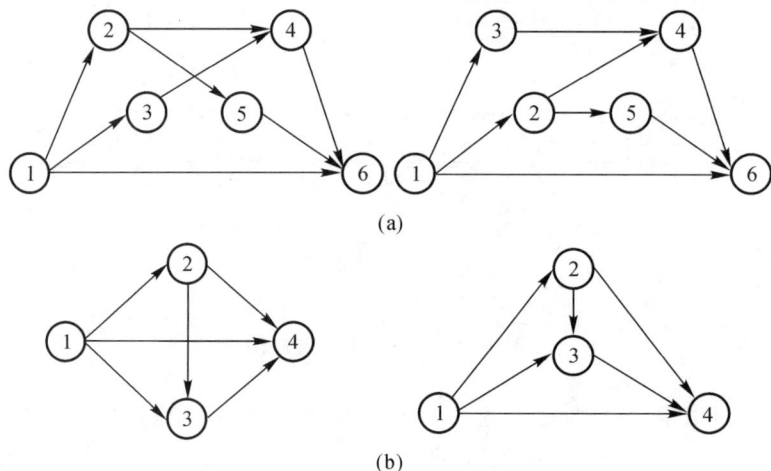

(a)

(b)

图 10-5　避免箭线之间交叉的示意图

五是虚工作应该最少。

三、绘制统筹图的方法

统筹图的绘制通常依据事物发展规律,将各项工作按照发生的先后顺序从左至右排列,从最初节点开始,到最终节点结束。

(一)工作间的几种基本关系

工作间的几种基本关系见表 10-1。

表 10-1　工作间的几种基本关系

工作间的相互关系	统筹图的绘制
工作 A 结束后可以开始 B 和 C	
工作 C 在 A 和 B 均结束后才能开始	
A,B 两项工作均结束后可以开始 C 和 D	

续表

工作间的相互关系	统筹图的绘制
工作 C 在 A 结束后即可进行,但工作 D 必须同时在 A 和 B 结束后才能开始	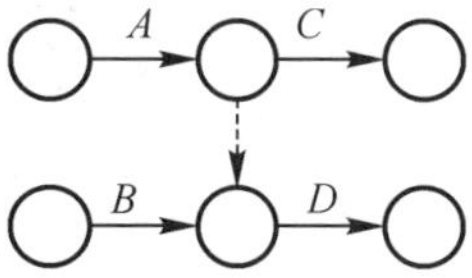
工作 A 完成后,B 才能开始,B 与 C 均完成后,D 开始	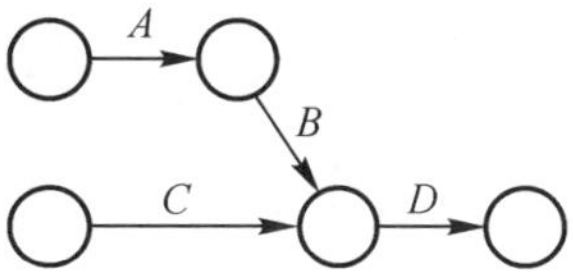
工作 A 和 B 均完成后,D 才能开始,A,B,C 均完成后,E 才能开始,E 与 D 完成后,F 才能开始	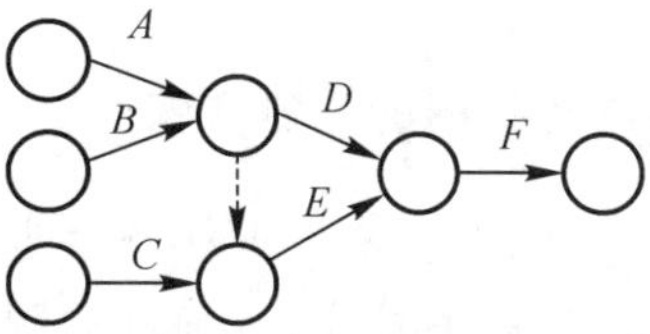
工作 A 完成后,B,C,D 才能开始,B,C,D 均完成后,E 才能开始	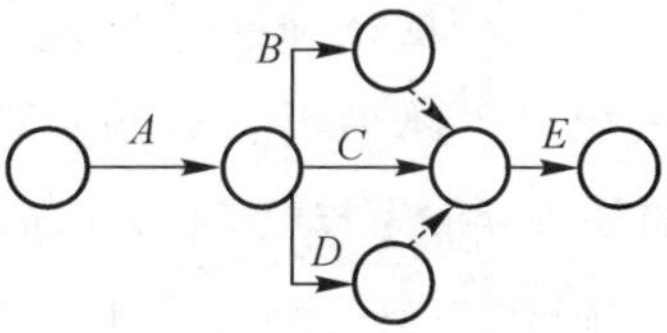
工作 A 完成后,C,D 才能开始,B 完成后,D,E 才能开始	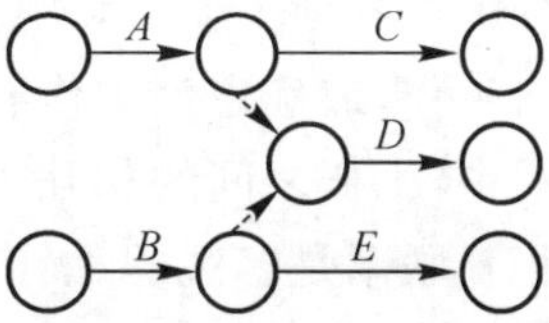

(二)虚工作的运用

引入虚工作的基本目的是正确地表明工作之间的相互依存关系,即不能改变原有的逻辑关系顺序,又要消除工作间含混不清的现象。因此,虚工作不仅能起到"连接"作用,而且能起到"断开"作用。

例如,工作 A 的紧后工作为 B,C,D,工作 B,C,D 的紧后工作为 E,工作之间相互关系的绘制,虚工作的运用,如图 10-6 所示。

例如,工作 A 的紧后工作是 C,B 的紧后工作是 C 和 D,工作之间相互关系的绘制,虚工作的运用,如图 10-7 所示。

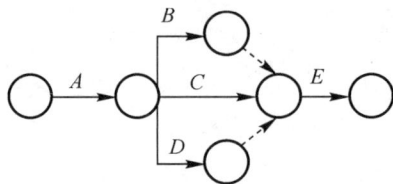

图 10-6 虚工作运用图

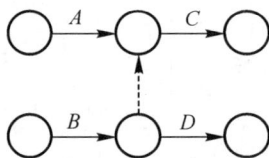

图 10-7 虚工作运用图

四、绘制统筹图的一般步骤

绘制统筹图首先要根据任务要求,列出工作清单,然后按照绘制规则画出草图,并对草图进行调整,最后编号注记,确定关键线路。

下面以下例为例,说明统筹图绘制的一般步骤。

例 10.1 某支队接到上级命令,要开赴某地处置突发社会安全事件,为此要绘制部队集结准备的统筹图,使组织工作更加严密。具体步骤如下。

(一)将任务分解为若干工作,并确定工作间的相互关系

任何一项计划,都是由若干项工作组成的,因此在接受某一任务后,首先应将任务进行分解细化,即将总体任务分解为若干工作,以便确定完成任务必须进行的所有工作。

在任务分解成各项工作后,就要确定这些工作之间的相互关系,即确定该工作在开始之前有哪些紧前工作,或确定该工作有哪些紧后工作。

在统筹图中,工作之间的相互关系可以分为逻辑关系和组织关系两大类。逻辑关系是指工作间的相互联系是客观的、固有的、不能随意改变的,例如部队综合演练前必须制订综合演练计划,捕歼战斗前必须先做好战斗准备等。有些工作之间没有必然的联系,哪项工作在前、哪项工作在后主要取决于计划人员的决断,例如作战前的通信保障,后勤保障工作两者前后之间没有必然联系,可以依据计划人员的决断确定前后关系,这种关系就是组织关系。

确定工作的相互关系,一般可按先逻辑关系后组织关系的顺序进行。找出工作之间的逻辑关系是建立统筹图最基本的条件。对于熟悉任务情况的计划人员来说,找出逻辑关系并不难。关键问题在于确定组织关系方面,它不仅要求计划人员对任务有深入的了解,对资源和空间等条件有充分的考虑,而且还必须具备良好的运筹分析能力和技巧。一项计划的质量,几乎全在组织关系的确定方面。组织关系的确定和改进一般通过平行工作或交替工作的确立和调整来实现。

按照图 10-8 来安排各工作,总共需要 8.5 天;改用平行工作,如图 10-9 所示,则 6 天就完成了。

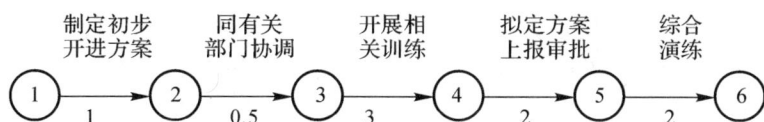

图 10-8 顺序工作统筹图

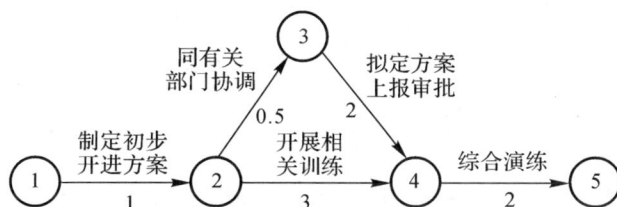

图 10-9 平行工作统筹图

工作项目及其相互关系确定后,应将结果汇总成一张工作明细表。在例 10.1 中,按照任务要求,编制的工作明细表见表 10-2。

表 10-2 工作明细表

工作代号	工作名称	紧前工作	消耗时间/天
A	成立领导小组,研究任务		0.5
B	收集有关信息	A	0.5
C	沿线社会情况调查	A	2
D	沿线军事情况调查	C	2
E	各项后勤保障准备	C	1
F	参谋业务准备	B	0.5
G	制定初步开进方案	D,E,F	1
H	同有关部门协调	G	0.5
I	开展相关训练	G	3
J	拟订方案并上报审批	H	2
K	综合演练	I,J	2

(二)绘制草图

绘制草图就是按照事物发展规律、根据工作明细表所列工作项目的前后顺序关系,将工作从左向右排列,绘制出计划的草图。绘图时:一要如实反映工作间的逻辑关系和组织关系;二要严格遵循统筹图的绘制规则,并合理运用虚工作。

根据绘制规则和工作明细表,绘制例 10.1 的统筹草图如图 10 - 10 所示。

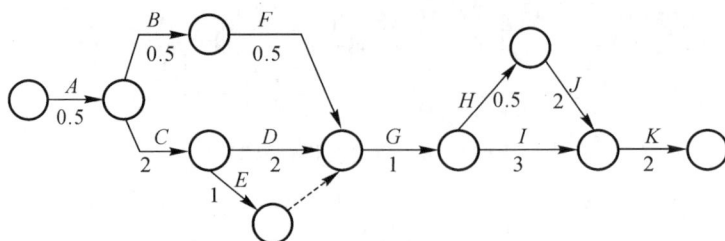

图 10 - 10 任务统筹草图

(三)检查调整

画出草图后,应对照图表检查工作有无遗漏,同时还要认真检查工作间相互关系体现的是否正确,发现错误及时予以纠正。调整主要是为了尽可能地消除那些交叉箭线,使统筹图一目了然。调整后的统筹图必须与原统筹图具有相同的工作,而且工作间的相互关系要与工作明细表的要求一致。

(四)编号注记

统筹图草图经修正调整无误后,即可给节点编号,编号的一般规则是:按从左到右、从上到下、从小到大的顺序进行,且每一项工作的开始节点编号要小于结束节点的编号。

在编号过程中可留有余地,以便在进一步调整优化统筹图需增加节点时,不至于变更全部编号。在节点编号后,在每项工作箭线上方注记工作名称,在工作箭线的下方注记工作持续时间。当工作名称很长时,可用缩写或代号代替。最后在图中将关键线路用双线或红线标注清楚,并尽可能将其调整在全图中间的显著位置。

在第二步绘出的草图上,删去临时连接工作的顺序关系的虚工作。经过调整后的草图,各单位的内外工作关系和协同制约关系表达清楚,符合原来的设想,可以定稿。

例 10.1 最后的统筹图如图 10 - 11 所示。

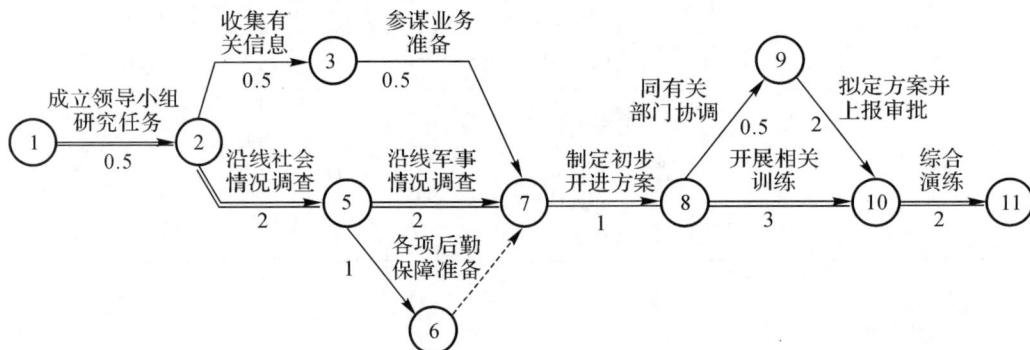

图 10 - 11 任务统筹图

定稿后的统筹图,应按战斗文书的格式,将标题、必要的附注、密级、时间、审批首长等注记齐全,并可作为作战文书使用。这样的作战计划统筹图,比文字、表格式的作战文书更便于统筹全局、突出重点,并且形象直观、好记好懂。

第三节　统筹图的时间参数

借助于统筹法,可以对任务计划进行规划调整,而规划调整,需以统筹图为基础。统筹图是统筹法的核心,在完成一项任务统筹图的绘制之后,需以统筹图为基础进行统筹图的时间参数的计算,通过时间参数计算确定统筹图中节点的时间参数,任务中各项工作的开始、结束时间,以及机动时间,判断完成各项工作的闲忙程度,预见任务实施中可能出现的各种情况,为各项工作中人员和资源的调整和任务计划的优化提供基础。

统筹图的时间参数分为工作持续时间、节点的时间参数、工作的时间参数和工作的机动时间。

一、工作持续时间

工作持续时间是完成某一项工作所需要的时间,也称工作时间。它是统筹法的重要时间值,直接影响其余时间参数计算的准确性,是确定其他各项时间参数的依据。工作持续时间一般用 $T(i,j)$ 表示。

(一)单时法

单时法即单一时间估计法,就是对工作所需的时间估计一个值,并将这个值确定为工作持续时间。估计时,要考虑影响工作时间的众多要素,并以完成工作任务可能性最大的时间为准,其是大多数单位或人员可以按时完成的时间。单时法确定工作所需的时间,借助于人的经验较多,准确度不高。

(二)三时法

在不具备工作持续时间的统计资料,并且工作持续时间较长,未知和难以估计的因素较多的情况下,可以借助于工作的三种时间——最乐观时间、最保守时间以及最可能时间,通过计算这三种时间的加权平均值,求得工作持续时间。

估计的这三种时间为:

1)最乐观时间(a):在顺利情况下,完成工作可能的最短时间。

2)最保守时间(b):在最不利情况下,完成工作可能的最长时间。

3)最可能时间(m):在正常情况下,完成工作最可能需要的时间。

根据经验,工作持续时间可用如下公式进行计算:

$$T(i,j) = \frac{a + 4m + b}{6}$$

三时法确定的工作所需时间,准确度较高,是确定工作所需时间的常用方法。

二、节点的时间参数及表示

节点是统筹图中工作与工作的连接点,节点时间参数是讨论工作时间参数的基础。节点的时间参数包括节点的最早实现时间、最迟实现时间及节点的机动时间。

（一）节点的时间参数

1. 节点的最早实现时间 $T_E(j)$

节点的最早实现时间 $T_E(j)$ 是指从该节点 j 开始的各项工作可以开始的最早时间，或者可以说是进入该节点的所有工作都完成的最早时间。节点最早实现时间的确定，是从最初节点起到此节点的最长线路的长度，用 $T_E(j)$ 表示。其计算公式为

$$T_E(1)=0$$
$$T_E(j)=\max\{T_E(i)+T(i,j)\}$$

式中：i 为进入节点 j 的工作 (i,j) 的开始节点的编号。

2. 节点的最迟实现时间 $T_L(i)$

节点的最迟实现时间是指在不影响工期的情况下，允许进入该节点的所有工作的最迟实现时间，用 $T_L(i)$ 表示。其计算公式如下：

$$T_L(n)=T_E(n)$$
$$T_L(i)=\min\{T_L(j)-T(i,j)\}$$

式中：$T_L(n)$ 为最终节点的最迟实现时间；$T_E(n)$ 为最终节点的最早实现时间；$T_L(j)$ 为箭头节点的最迟实现时间；$T_L(i)$ 为箭尾节点的最迟实现时间。

3. 节点的机动时间 $R(i)$

节点的最迟实现时间与最早实现时间之差，称为节点的机动时间：

$$R(i)=T_L(i)-T_E(i)$$

关键线路上，由于 $T_L(i)=T_E(i)$，所以关键线路上的节点机动时间为零，但把机动时间为零的节点连起来，却不一定是关键线路。图 10-12 中线路 1—4—7 就不是关键线路。

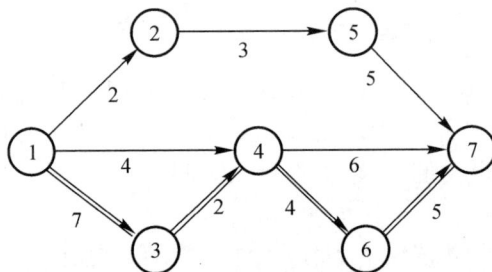

图 10-12 关键线路示意图

（二）节点时间参数的表示方法

节点的最早实现时间一般情况下可以用"□"来描述，此"□"标注在该节点的上面或下面，内部填写该节点的最早实现时间。节点的最迟实现时间一般情况下用"△"来描述，此"△"标注在节点最早实现时间"□"的上面，内部填写该节点的最迟实现时间。

经过计算，用以上方法将例 10.1 各节点参数标注在统筹图中，如图 10-13 所示。

除了用此种方法来标注节点的时间参数外，也可以用四扇形格法来标注节点，节点四扇

形格图如图 10 - 14 所示。

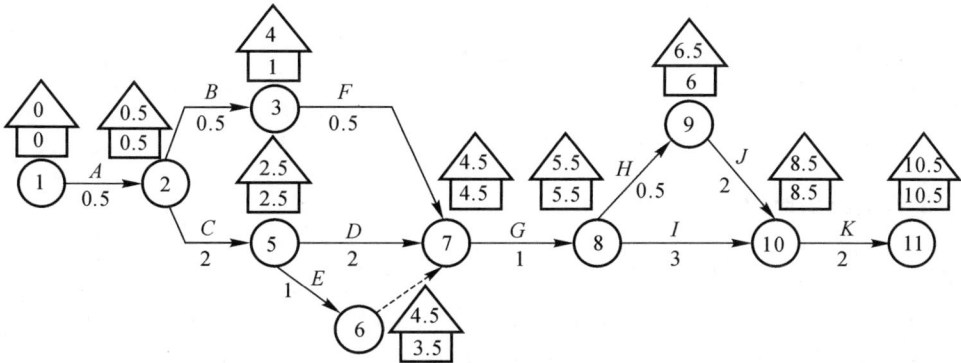

图 10 - 13　节点参数标注图

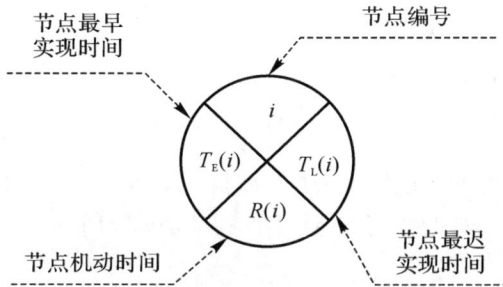

图 10 - 14　节点四扇形格图

三、工作的时间参数

（一）工作的最早开始时间 $T_{ES}(i,j)$

一项工作的所有紧前工作全部完成,该工作可能开始的最早时刻称为该工作的最早开始时间,用 $T_{ES}(i,j)$ 表示。从节点的时间参数的计算可知,某项工作的最早开始时间就是该工作开始节点的最早实现时间,即

$$T_{ES}(i,j) = T_E(i)$$

（二）工作的最早结束时间 $T_{EF}(i,j)$

工作最早结束时间等于该工作最早开始时间加上该工作的持续时间,即

$$T_{EF}(i,j) = T_{ES}(i,j) + T(i,j)$$

（三）工作的最迟结束时间 $T_{LF}(i,j)$

某项工作的最迟结束时间就是指在这一时间里工作必须完成,若不完成,就要影响它的各项紧后工作的按时开始,进而影响总工期,用 $T_{LF}(i,j)$ 表示。实际上,它是该项工作箭头节点的最迟实现时间,即

$$T_{LF}(i,j) = T_L(j)$$

(四)工作的最迟开始时间 $T_{LS}(i,j)$

工作最迟必须在某一时间开始,否则将影响紧后工作的按时开工,这一时间称为工作最迟开始时间,用 $T_{LS}(i,j)$ 表示。工作最迟开始时间等于该工作最迟结束时间减去工作的持续时间,即

$$T_{LS}(i,j) = T_{LF}(i,j) - T(i,j)$$

四、工作的机动时间

(一)工作的总机动时间 $R(i,j)$

工作的总机动时间是指工作的开始节点在最早实现和结束节点在最迟实现的条件下,该工作可以利用的最大机动时间。工作总机动时间用 $R(i,j)$ 来表示。根据定义,工作的总机动时间计算公式为

$$R(i,j) = T_L(j) - T_E(i) - T(i,j)$$

总机动时间为 0 的工作为关键工作。

(二)工作的局部机动时间

1. 工作的紧前局部机动时间

工作的紧前局部机动时间,又称第一类局部机动时间,是指该工作的开始节点和结束节点都在最早实现的条件下,该工作可以利用的机动时间,用 $r'(i,j)$ 来表示。其计算公式如下:

$$r'(i,j) = T_E(j) - T_E(i) - T(i,j)$$

2. 工作的紧后局部机动时间

工作的紧后局部机动时间,又称第二类局部机动时间,是指该工作的开始节点和结束节点都在最迟实现的条件下,该工作可以利用的机动时间,用 $r''(i,j)$ 来表示。其计算公式为

$$r''(i,j) = T_L(j) - T_L(i) - T(i,j)$$

第四节 统筹计划的优化

统筹计划的优化,是在时间参数计算和分析的基础上,根据一定的约束条件对网络图进行调整和改进,以达到科学安排工作,合理分配人力、物力、财力等资源,从而提高工作效率的目的。在军事上,通过对统筹图的优化,可以在作战指挥、军事训练、后勤保障等方面赢得时间,节约兵力、资源,提高效益。对统筹图优化,这里只讨论时间优化、资源优化和流程优化。

一、统筹计划的时间优化

(一)概念

统筹计划时间优化,实质是以缩短关键线路持续时间为目标的统筹图优化,是在一定的人力、物力、财力条件下,采取措施缩短完成任务的时间。由于完成任务的总时间取决于关

键线路的长短,所以统筹图的时间优化总是以缩短关键线路的持续时间为目的而展开的。

(二)主要方法和措施

1.检查关键线路上的各项工作的持续时间

关键线路的持续时间是关键线路上的各项工作的持续时间的和,对统筹计划时间优化以关键线路上的各项工作的持续时间为基础,因此统筹计划时间优化必须检查关键线路上各项工作的持续时间,通过检查确保关键工作持续的时间正确可靠。

2.调配非关键工作人力、物力,缩短关键工作持续时间

依据任务的关键线路,工作可分为关键工作和非关键工作。关键线路上的工作称为关键工作,反之,非关键线路上的工作称为非关键工作。

具体做法:在非关键工作的机动时间范围内,将非关键工作可支配的空闲人力、物力用以支援关键工作,从而缩短关键工作持续时间,达到统筹计划时间优化的目的。

以例10.1的统筹图(见图10-15)为例进行说明。

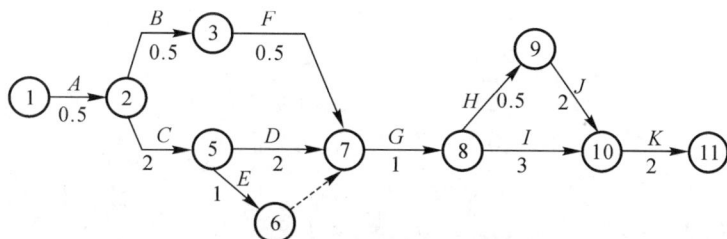

图 10-15 例 10.1 统筹图

将工作(2,3)的资源调动部分去支援(2,5),如果使工作(2,5)的持续时间缩短1天,变为1天,则整个工期将提前1天,变为9.5天。若工作(2,3)的资源调动给工作(2,5)后,工作(2,3)的持续时间延长,变为2.5天,则关键线路变为2条,分别为线路1—2—5—7—8—10—11和线路1—2—3—7—8—10—11。

3.分解关键工作,采用平行和交叉工作

在人力、物力条件都允许的情况下,对关键工作进行分解,形成平行工作和交叉工作,从而缩短关键路线的持续时间。

4.增加资源,缩短关键工作持续时间

通过增加人力、财力等资源,加速关键工作完成,缩短关键路线的持续时间。

对于统筹计划时间优化,在优化过程中要注意:当缩短关键线路时间已符合上级要求时,改进统筹图的工作即告结束;在每次改变关键线路的持续时间后,均应重新计算全部时间参数。

二、统筹计划的资源优化

统筹计划的优化除时间优化外,还有统筹计划的资源优化,统筹计划的资源优化是以统筹图为基础,通过资源调整解决资源供求之间矛盾问题。

借助于统筹图解决资源供求之间矛盾问题,其基本思路是"削峰填谷",在确保关键工作资源满足的情况下,在非关键工作机动时间允许的范围内,对非关键工作可控资源进行分配,解决它们与关键工作资源供求之间矛盾问题,做到均衡消耗,达到资源优化的目的。

例 10.2 某支队有 8 个中队,要进行 16 天的汽车驾驶训练(需 305 车日),支队每天只能出 20 辆车。根据中队训练进度的先后顺序,用车数量和时间,拟制了一份用车计划统筹图,如图 10-16 所示,请对其进行优化。

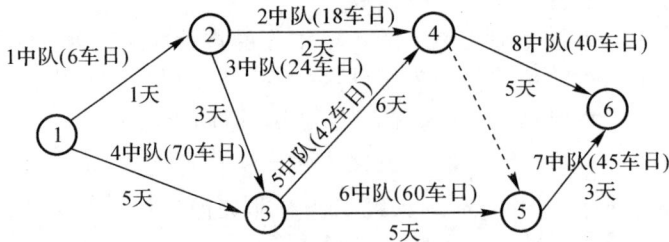

图 10-16 用车计划统筹图

解: 首先,计算各节点的时间参数,找出关键线路 1—3—4—6,用车计划节点参数,如图 10-17 所示。

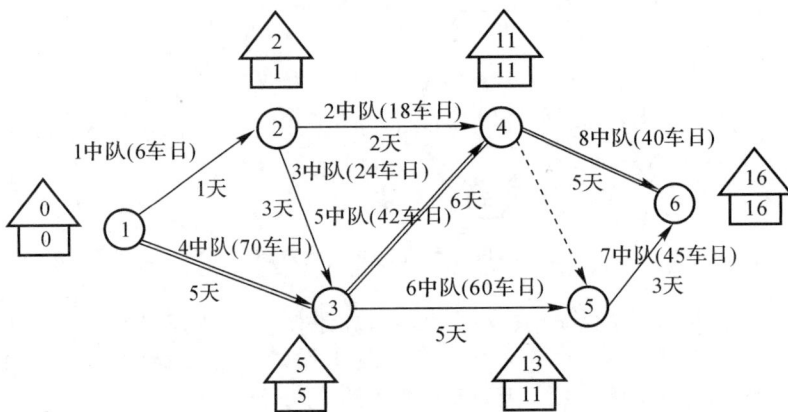

图 10-17 用车计划节点参数示意图

其次,分别计算各项工作的最早开始时间、最早结束时间、最迟结束时间、最迟开始时间以及它们的总机动时间、第一类局部机动时间和第二类局部机动时间。计算可以参照第三节的介绍进行。

最后,编制条形表(见表 10-3)。

表 10-3 用车计划条形表

工作	中队	时间/天	车辆数	总机动/天	训练日																
					1	2	3	4	5	6	7	8	9	10	11	12	13	14	15	16
(1,2)	1	1	6	1	6															
(1,3)	4	5	70	0	14	14	14	14	14											
(2,3)	3	3	24	1		8	8	8												
(2,4)	2	2	18	8		9	9													
(3,4)	5	6	42	0						7	7	7	7	7	7					
(3,5)	6	5	60	3						12	12	12	12	12						
(4,6)	8	5	40	0												8	8	8	8	8
(5,6)	7	3	45	2												15	15	15		
优化前每天所需汽车数					20	31	31	22	14	19	19	19	19	19	7	23	23	23	8	8

可见,如果所有工作都紧前安排,那么会出现某些天用车数量超过可以供应的 20 辆,而有些天车辆的需求量没有达到 20 辆。如果 16 天总的需要车辆超过 320 车日,那么怎么优化都不能达到。本例中 16 天总的需要车辆 305 车日小于 320 车日,如果合理安排,就可以满足。

方法是优先满足关键工作的用车,非关键工作的用车安排就要统筹兼顾,合理使用机动时间,该推迟开始时间的推迟,该减少每日需要车辆数量的相应减少,直到满足每天的用车数量不超过 20 辆,总训练任务并没有被拖延的目标。其中:工作(2,3)机动时间为 1 天,需要车辆 24 车日,延长工作(2,3)时为 4 天,在关键工作(1,3)每日用车不变的情况下,则达到支队每日用车 20 辆的要求;对于工作(2,4)机动时间为 8 天,可以推迟开始时间,将其调整到第六天开始,关键工作(3,4)每日用车不变的情况下,则达到支队每日最多用车 20 辆的要求;对于其余工作,其调整与上述工作,资源调整类似。

具体优化结果见表 10 - 4。

表 10 - 4　优化结果表

工作	中队	时间/天	车辆数	总机动/天	训练日															
					1	2	3	4	5	6	7	8	9	10	11	12	13	14	15	16
(1,2)	1	1	6	1	6															
(1,3)	4	5	70	0	14	14	14	14	14											
(2,3)	3	3	24	1		6	6	6	6											
(2,4)	2	2	18	8						9	9									
(3,4)	5	6	42	0						7	7	7	7	7	7					
(3,5)	6	5	60	3								13	13	13	13	8				
(4,6)	8	5	40	0												8	8	8	8	8
(5,6)	7	3	45	2													12	12	12	9
优化后每天所需汽车数					20	20	20	20	20	16	16	20	20	20	16	20	20	20	20	17

三、统筹计划的流程优化

"窝工现象"是执行任务过程中的常见现象。流程优化与统筹计划的时间优化、物资优化略有不同。流程优化目的是充分利用资源使任务计划中的工作开展顺畅,不要出现"窝工现象"。对于"窝工现象"的解决,其基本思想是对任务计划中的工作顺序进行调整。

不同流程优化问题有不同方法。流程优化问题,分为 $1 \times n$ 型、$2 \times n$ 型和 $m \times n$ 型($m > 2, n > 2$),即有 n 个单位依次进行 1 项工作或 2 项工作或 m 项工作时,如何安排各单位的工作顺序才最优。

(一)1×n 型

1×n 型问题,是指有 n 个单位要占用同一资源来执行任务,而该资源在同一时间只能为一个单位服务,如何安排各分队的占用顺序,使问题最优。

例 10.3 在抗洪抢险中,4 个分队 F_1, F_2, F_3, F_4 分别解救了一些被困群众,并且都要从同一渡口迅速撤离到对岸,各分队航渡时间见表 10-5,问如何撤离使各分队的平均等待时间最短?

表 10-5　分队航渡用时表　　　　　单位:h

航渡	分队			
	F_1	F_2	F_3	F_4
航渡时间	4	3	1	2.5

解:如果按照编制序列 F_1, F_2, F_3, F_4 的顺序渡河,那么各分队等待时间见表 10-6。

表 10-6　分队等待时间表　　　　　单位:h

	F_1	F_2	F_3	F_4
航渡时间	4	3	1	2.5
等待时间	0	4	7	8

平均等待时间为 $t = [(0+4+7+8)/4]$ h $= 4.75$ h。

如果按照航渡需要时间短的分队优先渡河,那么各分队等待时间见表 10-7。

表 10-7　分队时间优化表　　　　　单位:h

	F_3	F_4	F_2	F_1
航渡时间	1	2.5	3	4
等待时间	0	1	3.5	6.5

平均等待时间为 $t = [(0+1+3.5+6.5)/4]$ h $= 2.75$ h。

可见,优化后各分队平均等待时间缩短了 2 h。

例 10.4 侦察分队在 5 个地域搜索一个目标,在各地域内搜索所需要的时间、目标在各地域出现的概率见表 10-8。该分队该按怎样的顺序搜索?

表 10-8　侦察分队搜索时间表及目标出现概率表

	D_1	D_2	D_3	D_4	D_5
搜索时间 T_i/h	1	2	3	4	5
出现概率 P_i	0.2	0.1	0.3	0.3	0.4

解:搜索效率往往通过搜索时间和搜索发现目标概率衡量,搜索效率与搜索时间成反比,与搜索发现目标概率成正比。对两项统筹考虑,取 T_i/P_i,把搜索时间和搜索发现目标概率比值作为衡量标准,从小往大排序,选择比值小的地域优先安排。

因此,搜索顺序应该为 D_1,D_3,D_5,D_4,D_2(见表 10-9)。

表 10-9　侦察分队搜索效率表

	D_1	D_2	D_3	D_4	D_5
搜索时间 T_i/h	1	2	3	4	5
出现概率 P_i	0.2	0.1	0.3	0.3	0.4
T_i/P_i	5	20	10	40/3	50/4

(二)$2 \times n$ 型

对于 $2 \times n$ 型问题,美国人约翰逊(S. M. Johson)提出了著名的约翰逊法。$2 \times n$ 型问题,也可称为 2 台机床 n 项任务的排序问题。它的一般表示,见表 10-10。

表 10-10　2 台机床 n 项任务排序问题的表示形式

机床	产品			
	I_1	I_2	...	I_n
M_1	A_1	A_2	...	A_n
M_2	B_1	B_2	...	B_n

A_i 为 M_1 机床加工 I_i 产品所需要的时间;B_j 为 M_2 机床加工 I_j 产品所需要的时间。

约翰逊提出的确定最优顺序的解法步骤如下:

如果 $\min\{A_i, B_{i+1}\} < \min\{A_{i+1}, B_i\}$,那么 i 先于 $i+1$ 加工。

如果 $\min\{A_i, B_{i+1}\} = \min\{A_{i+1}, B_i\}$,那么任选一个先加工。

简化为:

第一步:从所有加工时间中选出最小值。

第二步:若这个最小值在第 1 行,则该产品最先排列加工;若该最小值在第 2 行,则该产品排在最后加工。

第三步:将已安排加工产品,在表中划掉或标以记号,然后对经过上述步骤剩下的 $n-1$ 个产品,重复上述步骤,确定下一个产品的加工顺序,直到完成。

排序时:若表 10-10 中有两个以上相等的最小值,当它们都在同一行时任意安排或先安排编号小的都无关紧要;当它们分别在不同行时,应该优先安排第一行的产品。

例 10.5　有 5 个分队 F_1, F_2, F_3, F_4, F_5 要依次通过甲、乙两个难通行地段,每个分队通过甲、乙地段所需时间见表 10-11,如何开进可使部队在最短时间内通过这两个难通行地段?

表 10 - 11　分队通行甲、乙地段所需时间表　　　　单位:h

地段	分队				
	F_1	F_2	F_3	F_4	F_5
甲	20	50	30	40	50
乙	40	30	60	70	40

解:按约翰逊方法确定最优序列见表 10 - 12。

表 10 - 12　最优序列表　　　　单位:h

序号	1	2	3	4	5
最优序列	F_1	F_3	F_4	F_5	F_2

最短开进时间为 260 min。

第五节　Lingo 软件应用

统筹法,亦称计划评审方(Program Evaluation and Review Technique,PERT)法,可以借助于 Lingo 求解任务计划问题,实现统筹优化,首先要建立统筹图,其次根据统筹图写出相应的数学规划模型。

设 x_i 是工作 i 的开始时间,l 为最初工作,n 为最终工作。目标函数为 $x_n - x_l$。设 t_{ij} 是工作 (i,j) 的计划时间,由此可得到相应的数学规划模型:

$$\min z = x_n - x_i$$
$$\text{s. t.} \begin{cases} x_j \geqslant x_i + t_{ij} \\ x_i \geqslant 0 \end{cases}$$

例 10.6　某任务由 11 项工作组成(分别用代号 $A,B,\cdots,J,K$ 表示),其计划完成时间及工作间相互关系见表 10 - 13,求完成该任务的最短时间。

表 10 - 13　工作明细表　　　　单位:天

工作	计划完成时间	紧前工作	工作	计划完成时间	紧前工作
A	5		G	21	B,E
B	10		H	35	B,E
C	11		I	25	B,E
D	4	B	J	15	F,G,I
E	4	A	K	20	F,G
F	15	C,D			

解:首先建立统筹图。按照规则,建立例 10.6 的网络计划图,如图 10-18 所示。

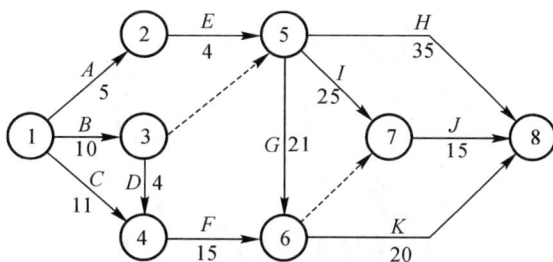

图 10-18　网络计划图

将目标函数设为 $\sum_{i \in V} x_i$,即工作开始时间尽量早,就得到工作的最早开始时间。

再引进工作对应弧上的松弛变量 $s_{ij} = x_j - x_i - t_{ij}$,这样就可以得到工作的最迟开工时间。用 Lingo 求解输入(见图 10-19),输出结果如图 10-20 所示。

```
Lingo Model - Lingo1
sets:
  events/1..8/: x;
  operate(events, events)/
     ! A   B   C   D   E   0   F   G   H   I   0   J   K;
      1,2 1,3 1,4 3,4 2,5 3,5 4,6 5,6 5,8 5,7 6,7 7,8 6,8
     /: s, t;
endsets
data:
  t =  5  10  11   4   4   0  15  21  35  25   0  15  20;
enddata
min=@sum(events : x);
@for(operate(i,j): s(i,j)=x(j)-x(i)-t(i,j));
```

图 10-19　问题输入

```
Solution Report - Lingo1
   Nonlinear nonzeros:            0

                      Variable         Value     Reduced Cost
                         X( 1)      0.000000         8.000000
                         X( 2)      5.000000         0.000000
                         X( 3)      10.00000         0.000000
                         X( 4)      14.00000         0.000000
                         X( 5)      10.00000         0.000000
                         X( 6)      31.00000         0.000000
                         X( 7)      35.00000         0.000000
                         X( 8)      51.00000         0.000000
                      S( 1, 2)      0.000000         1.000000
                      S( 1, 3)      0.000000         6.000000
                      S( 1, 4)      3.000000         0.000000
                      S( 3, 4)      0.000000         1.000000
                      S( 2, 5)      1.000000         0.000000
                      S( 3, 5)      0.000000         4.000000
                      S( 4, 6)      2.000000         0.000000
                      S( 5, 6)      0.000000         2.000000
                      S( 5, 8)      6.000000         0.000000
                      S( 5, 7)      0.000000         1.000000
                      S( 6, 7)      4.000000         0.000000
                      S( 7, 8)      1.000000         0.000000
                      S( 6, 8)      0.000000         1.000000
                      T( 1, 2)      5.000000         0.000000
                      T( 1, 3)      10.00000         0.000000
                      T( 1, 4)      11.00000         0.000000
                      T( 3, 4)      4.000000         0.000000
                      T( 2, 5)      4.000000         0.000000
                      T( 3, 5)      0.000000         0.000000
                      T( 4, 6)      15.00000         0.000000
                      T( 5, 6)      21.00000         0.000000
                      T( 5, 8)      35.00000         0.000000
                      T( 5, 7)      25.00000         0.000000
                      T( 6, 7)      0.000000         0.000000
                      T( 7, 8)      15.00000         0.000000
                      T( 6, 8)      20.00000         0.000000
```

图 10-20　结果输出

由于 x_i 是工作的开工时间,如 $x_1=0$,工作 A,B,C 的最早开始时间均为 0,最后,$x_8=$ 51,即总的最短工期为 51 天。

最迟开始时间的分析需要用到松弛变量 S_{ij},当 $S_{ij}>0$ 时,说明还有剩余时间,对应工作的工期可以推迟 S_{ij}。例如,$S_{78}=1$,开始时间 $J(7,8)$ 的开工时间可以推迟 1 天,即开工时间为 36。再如 $S_{46}=2$,开始时间 $F(4,6)$ 可以推迟 2 天开始,$S_{14}=3$,开始时间 $C(1,4)$ 可以推迟 3 天开始。由此可以得到,所有工作的最早开始时间和最迟开始时间(见表 10 - 14),方括号中第 1 个数字是最早开始时间,第 2 个数字是最迟开始时间。

表 10 - 14　最早开始时间和最迟开始时间　　　　　　单位:天

工作(i,j)	开工时间	计划完成时间	工作(i,j)	开工时间	计划完成时间
$A(1,2)$	$[0,1]$	5	$G(5,6)$	$[10,10]$	21
$B(1,3)$	$[0,0]$	10	$H(5,8)$	$[10,16]$	35
$C(1,4)$	$[0,5]$	11	$I(5,7)$	$[10,11]$	25
$D(3,4)$	$[10,12]$	4	$J(7,8)$	$[35,36]$	15
$E(2,5)$	$[5,6]$	4	$K(6,8)$	$[31,31]$	20
$F(4,6)$	$[14,16]$	15			

从上表 10 - 14 可以看出,当最早开始时间与最迟开始时间相同时,对应的工作在关键路线上,因此可以画出计划网络图中的关键路线,如图 10 - 21 粗线所示,关键线路为 1—3—5—6—8。

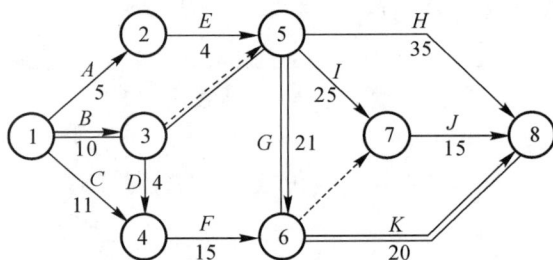

图 10 - 21　网络计划图

习　题

1.简述统筹图的构成要素。

2.统筹图的绘制需要遵守哪些准则?

3.统筹图绘制的一般步骤有哪些?

4.工作之间的相互关系可以分为哪两大类?

5.什么是虚工作?虚工作在统筹图中起到什么作用?

6.节点的时间参数有哪些?分别代表什么意思?

7.工作的时间参数有哪些?分别代表什么意思?

8.根据图 10-22 回答：

(1)图中有几项工作？工作(3,4)表示什么意思？

(2)节点 4 的紧前、紧后工作都有哪些？

(3)工作(3,4)的紧前、紧后工作有哪些？

(4)图中有几条线路？指出关键线路。

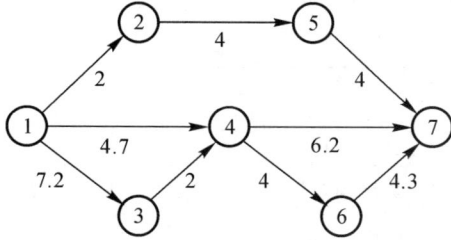

图 10-22　习题 8 图

9.统筹图的时间优化指的是什么？其主要方法和措施有哪些？

10.指出下列各统筹图(见图 10-23)的错误并纠正。

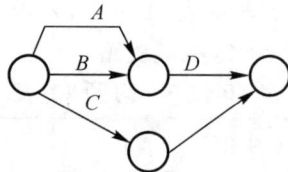

(a)

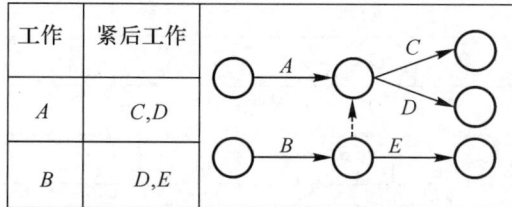

(b)

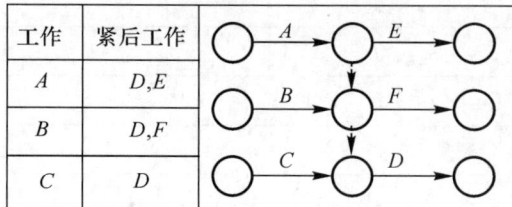

(c)

图 10-23　习题 10 图

11.某支队野外训练准备工作明细见表 10-15,要求:绘制统筹图,计算各时间参数,确定关键线路。

表 10 - 15　习题 11 表

工作代号	工作名称	紧后工作	持续时间/天
A	召开会议布置任务	B,C,D	0.5
B	拟制野外训练计划	E	1
C	各业务股清理筹措物资	E	1.5
D	修理武器装备	J	6
E	全处动员	F,G	2
F	侦察野外训练路线	H,I	2.5
G	下送及分队清领物资	H	0.5
H	后勤试拉	J	1.5
I	下部队检查	J	0.5
J	向支队汇报		0.5

12.某部队的行动计划工作明细表见表 10 - 16,要求:绘制统筹图;计算各节点的时间参数,以及工作 F 和 G 的时间参数;确定关键线路。

表 10 - 16　习题 12 表

工作代号	紧后工作	持续时间/min
A	B,C,D,E	30
B	F,J	20
C	G	20
D	H	15
E	I,N	20
F	L,M	30
G	J	30
H	J	30
I	K	30
J	K	35
K	O	65
L	O	60
M	O	45
N		180
O		120

13. 根据首长指示,某部需要用 17 天完成战略物资运输任务,该任务包括 8 项工作。根据首长的指示和各方面的客观条件绘制的原始统筹图(见图 10 - 24)。图中括号内的数值是完成相应工作所需汽车的车日数。如果每天用车不能超过 50 台,请调整统筹图使任务按期完成。

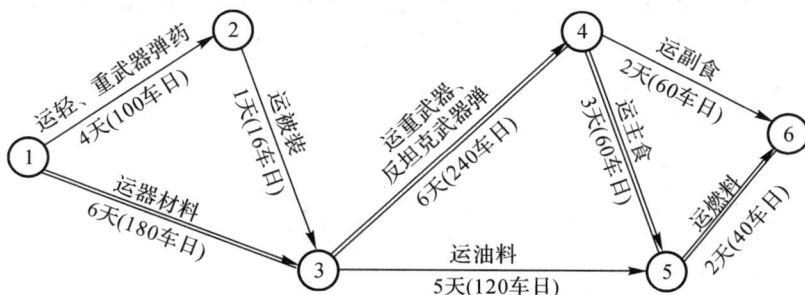

图 10 - 24 习题 13 图

14. 有 5 个分队要从同一渡口迅速撤到彼岸,各分队的航渡时间见表 10 - 17,问怎样撤离方可以使各分队平均等待时间最短?

表 10 - 17 习题 14 表

航时	分队				
	1	2	3	4	5
航渡时间/h	3	2	1	1.5	0.5

15. 有 5 个分队 F_1,F_2,F_3,F_4,F_5 要依次克服甲、乙两个隘口迅速前进到目的地,每个隘口每次只能通过一个分队,各分队通过各隘口所需时间见表 10 - 18,如何开进才能最快地通过这两个隘口? 所需总时间是多少?

表 10 - 18 习题 15 表 单位:min

隘口	分队				
	F_1	F_2	F_3	F_4	F_5
甲	70	50	40	20	30
乙	40	30	60	70	50

16. 请用所学统筹法的知识拟制所在院校毕业综合演练的统筹计划。

第十一章 军事活动中的存储方法

存储是工业生产和日常生活中一类常见现象,是协调供需关系的常用手段。在生产过程中,工厂要提前存储原材料以保证正常生产。在军事领域,部队将购进的装备、物资等军事资源存储起来,以备平时和战时使用。一般来说,存储遵循一定的规律,存储过多会导致供过于求,造成积压,增加库存成本,降低经费使用效益。反之,储存过少会导致供不应求,物资短缺,也不利于部队战斗力的生成。存储论研究的基本问题就是如何针对特定的需求类型进行补充,从而最好地实现存储管理的目标。本章将重点介绍存储论的基本概念,两类存储模型的具体解法,以及 Lingo 软件应用。

第一节 存储论的基本概念

在日常生活中,人们常常会提前准备一定数量的物资存储起来以应对未来所需。在长期的实践活动中,人们积累了不少经验,摸索出控制存储量和补充量的一些规律,实现了存储成本的降低和经济效益的提高。1915 年,哈里(Harris)提出了经济批量公式。1953 年,惠特(T. W. Whitin)出版了《存储管理的理论》,这正式标志着储存理论的形成,并构成了运筹学的一个重要分支。此后,随着许多新的数学方法引入,存储论得到进一步发展,并广泛应用于工农业生产、经济管理等领域。

存储活动是一个动态变化的过程。在这个过程中,存储量随着物资的使用或销售(即需求)而减少,随着物资的生产或购买(即补充)而增加。需求和补充不断改变着储存的状态。

为正确理解需求、补充和存储之间的关系,首先分析与存储论有关的基本概念。

一、需求

存储是为了满足需求。当人们根据需要从存储中使用或消耗一定数量时,存储量就会减少,因此可以将需求看作存储的输出。

根据需求的时间特征,可将需求分为连续性需求和间断性需求。连续性需求是指随着时间的变化,需求连续地发生,因而存储也连续地减少,如部队每日的给养消耗;间断性需求是指需求发生的时间极短,可以看作瞬时发生,因而存储的变化是跳跃式地减少,如抢险救援行动中应急物资的需求。

根据需求的数量特征,可将需求分为确定性需求和随机性需求。确定性需求发生的时间和数量是确定的,如每年部队的被装供应都是根据年度订购计划确定的,一般都是确定性需求;而随机性需求发生的时间或数量是不确定的。例如,在战时或紧急情况下,很难事先知道需求发生的时间及数量。对于随机性需求,要了解需求发生时间和数量的统计规律,提前做好战备储备。

二、补充

通过补充来弥补因需求而减少的存储,因此补充就是存储的输入。不补货,或者补货不足、不及时,在存量耗尽的情况下,就无法满足新的需求。从开始订货到存储的实现需要经历一段时间,这段时间称为备货时间,也叫提前时间(为了按时补充需要提前订货的时间)。

在实际存储问题中,备货时间可能较长,也可能较短,若补充能立即开始,备货时间可以忽略不计。当备货时间较长时,它可能是确定性的,也可能是随机性的。

研究存储问题的目的是给出一个存储策略,来回答在什么时候需要补充、每次补充多少的问题。

三、费用

费用是指从订货、入库到出库整个阶段产生的支出。在存储论研究中,费用是评价存储策略优劣的重要指标。储存系统的费用主要包括订货费、生产费、存储费、缺货费等。

1)订货费:对外订购产生的费用。其构成有两类:一类是订购费用,如手续费、采购差旅费等,它与订货次数有关,而和订货数量无关;另一类是物资采购成本,如货款、运费等,它与订货数量有关。

2)生产费:自行生产产生的费用。其构成有两类:一类是装配费用,如组织或调整生产线的有关费用,它同生产次数有关,而和每次生产数量无关;另一类是与生产数量有关的费用,如原材料成本、直接加工费等。

3)存储费:存储物资的利息、保险以及仓库使用、物资保管、物资损坏变质等产生的费用,一般和物资存储数量及存储时间正相关。

4)缺货费:存储不能满足需求而造成的损失。例如,停工待料的损失,影响任务进展的损失,延期交货的额外费用等。当不允许缺货时,缺货费可视为无穷大。

四、存储策略

存储策略是指决定何时补充存储以及补充多少的策略。比较常见的存储策略有以下三种:

t 循环策略:每隔一个固定的时间 t 补充一次,每次补充固定的存储量 Q。

(t,S) 策略:每隔一个固定的时间 t 补充一次,每次补充数量为 $Q=S-I$。其中,S 表示该存储系统的最大储量,I 表示存储余量。因此,每次补充的数量是不固定的,要视实际存储余量而定。

(s,S) 策略:s 称为订货点(或安全存储量、警戒点等)。当存储余量 $I>s$ 时,无须补充;若 $I \leqslant s$,则进行补充,补充数量 $Q=S-I$。补充后达到最大储量 S。在很多情况下,实际存储量需要通过盘点才能得知。若每间隔固定的时间 t 盘点一次,根据存储余量 I 是否超过订货点 s 来决定是否订货、订货多少,这样的策略称为 (t,s,S) 策略。

确定最优的存储策略,需要首先将实际存储问题抽象成数学模型,然后根据不同的特征条件对模型进行求解,找出最佳的备货期和存储量。根据模型中数据是确定数值还是随机变量,可以分为确定型存储模型和随机型存储模型。

第二节　确定型存储模型

一、模型一:不允许缺货,备货时间极短

假设需求是连续均匀的,即单位时间的需求量 R 为常数。已知单位存储费为 C_1,单位缺货费为 C_2,订购费为 C_3,存储物单价为 K。由于不允许缺货,故备货时间近似为零,单位缺货费 C_2 不考虑。

若采用 t 循环策略,每次存储量消耗完时补充,设补充间隔时间为 t,每次补充量(订货量)为 Q,$Q = Rt$。存储状态图如图 11 - 1 所示。

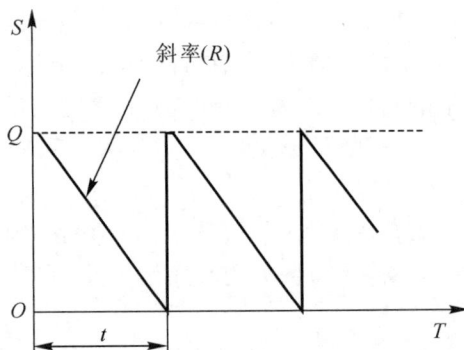

图 11 - 1　模型一的存储状态图

此时,订货费为 $C_3 + KRt$,而 t 时间内的平均订货费为 $\dfrac{C_3}{t} + KR$。

由于需求是连续均匀的,故 t 时间内的平均存储量为

$$\frac{1}{t}\int_0^1 RTdT = \frac{1}{2}Rt$$

进而计算得出 t 时间内的平均存储费为 $\dfrac{1}{2}C_1Rt$。

由于不允许缺货,故不需考虑缺货费用,所以 t 时间内的平均总费用为

$$C(t) = \frac{C_3}{t} + KR + \frac{1}{2}C_1Rt \tag{11 - 1}$$

由于 $C(t)$ 随 t 的变化而变化,为了求得 t^*,令

$$\frac{\mathrm{d}C(t)}{\mathrm{d}t} = -\frac{C_3}{t^2} + \frac{1}{2}C_1R = 0$$

解得最优储存周期为

$$t^* = \sqrt{\frac{2C_3}{C_1 R}} \tag{11-2}$$

在 t^* 时间间隔下,最佳存储量 Q^* 和最经济的平均总费用 C^* 为

$$Q^* = Rt^* = \sqrt{\frac{2C_3 R}{C_1}} \tag{11-3}$$

$$C^* = C(t^*) = \sqrt{2C_1 C_3 R} + KR \tag{11-4}$$

式(11-3)称为经济订购批量(Economic Ordering Quantity,EOQ)公式。

由于存储单价 K 是一个常数,与补货量 Q 无关,所以存储物总价 KQ 与存储策略的选择无关。因此,为了便于分析和计算,在计算费用函数 $C(t)$ 时,往往忽略成本这一项,得

$$C^* = C(t^*) = \sqrt{2C_1 C_3 R} \tag{11-5}$$

例 11.1 某军用物资单位成本为 30 元,每月保管费为成本的 0.1%,每次订购费为 100 元。已知对该商品的需求是 200 件/月,不允许缺货。假设该物资的进货可以随时实现。问应怎样组织进货才能最经济?

解: 根据题意,已知 $K=30$ 元/件,$C_1 = (30 \times 0.1\%)$ 元/(件·月) $= 0.03$ 元/(件·月),$C_3 = 100$ 元,$R = 200$ 件/月。

由式(11-2)、式(11-3)和式(11-5),得

$$t^* = \sqrt{\frac{2C_3}{C_1 R}} = \sqrt{\frac{2 \times 100}{0.03 \times 200}} \text{月} \approx 6 \text{ 月}$$

$$Q^* = Rt^* = (200 \times 6) \text{件} = 1\,200 \text{ 件}$$

$$C^* = \sqrt{2C_1 C_3 R} = \sqrt{2 \times 0.03 \times 100 \times 200} \text{元/月} = 34.6 \text{ 元/月}$$

因此,应该每隔 6 月进货一次,每次供应 1 200 件,能使总费用(存储费和订购费之和)为最少,平均约 34.6 元/月。

二、模型二:允许缺货,备货(生产)时间较长

假设需求是连续均匀的,即单位时间的需求量 R 为常数。已知单位存储费为 C_1,单位缺货费为 C_2,装配费为 C_3。由于允许缺货,备货需要一定时间,设生产是连续均匀的,即生产速度 P 为常数,设 $P > R$。取 $[0,t]$ 为一个存储周期,其存储变化如图 11-2 所示。

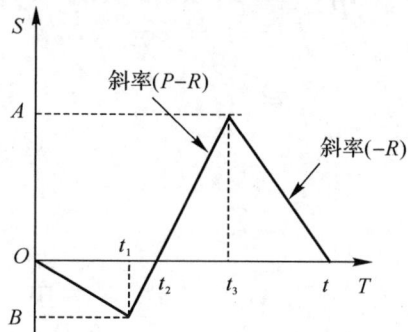

图 11-2 模型二的存储状态图

$[0,t]$为一个存储周期，t_1时刻开始生产，t_3时刻结束生产；

$[0,t_2]$时间内存储为零，t_1时达到最大缺货量B；

$[t_1,t_2]$时间内产量一方面以速度R满足需求，另一方面以速度$(P-R)$补充$[0,t_1]$时间内的缺货，至t_2时刻缺货补足；

$[t_2,t_3]$时间内产量一方面以速度R满足需求，另一方面以速度$(P-R)$增加存储，至t_3时刻达到最大存储量A，并停止生产；

$[t_3,t]$时间内以存储满足需求，存储以速度R减少，至t时刻存储降为零，进入下一个存储周期。

根据存储状态图，首先求出$[0,t]$时间内的平均总费用，然后确定最优存储策略。

从$[0,t_1]$看，最大缺货量$B=Rt_1$；从$[t_1,t_2]$看，最大缺货量$B=(P-R)(t_2-t_1)$。故有$Rt_1=(P-R)(t_2-t_1)$，从中解得

$$t_1=\frac{(P-R)}{P}t_2 \tag{11-6}$$

从$[t_2,t_3]$看，最大存储量$A=(P-R)(t_3-t_2)$；从$[t_3,t]$看，最大存储量$A=R[t-t_3]$。故有$(P-R)(t_3-t_2)=R(t-t_3)$，从中解得

$$t_3-t_2=\frac{R}{P}(t-t_2) \tag{11-7}$$

易知，在$[0,t]$时间内：

存储费为$\frac{1}{2}C_1(P-R)(t_3-t_2)(t-t_2)$；

缺货费为$\frac{1}{2}C_2Rt_1t_2$；

装配费为C_3。

故$[0,t]$时间内平均总费用为

$$\frac{1}{t}\left[\frac{1}{2}C_1(P-R)(t_3-t_2)(t-t_2)+\frac{1}{2}C_2Rt_1t_2+C_3\right]$$

将式(11-6)和式(11-7)代入，整理后得

$$C(t,t_2)=\frac{(P-R)R}{2P}\left[C_1t-2C_1t_2+(C_1+C_2)\frac{t_2^2}{t}\right]+\frac{C_3}{t} \tag{11-8}$$

解方程组得

$$\frac{\partial C(t,t_2)}{\partial t}=0$$

$$\frac{\partial C(t,t_2)}{\partial t_2}=0$$

进而可得

$$t^*=\sqrt{\frac{2C_3}{C_1R}}\cdot\sqrt{\frac{C_1+C_2}{C_2}}\cdot\sqrt{\frac{P}{P-R}}$$

$$t_2^*=\left(\frac{C_1}{C_1+C_2}\right)t^*$$

因此,模型二的最优存储策略各参数值为

最优存储周期为

$$t^* = \sqrt{\frac{2C_3}{C_1 R}} \cdot \sqrt{\frac{C_1 + C_2}{C_2}} \cdot \sqrt{\frac{P}{P - R}} \tag{11-9}$$

经济生产批量为

$$Q^* = R t^* \sqrt{\frac{2C_3 R}{C_1}} \cdot \sqrt{\frac{C_1 + C_2}{C_2}} \cdot \sqrt{\frac{P}{P - R}} \tag{11-10}$$

缺货补足时间为

$$t_2^* = \left(\frac{C_1}{C_1 + C_2}\right) t^* \tag{11-11}$$

开始生产时间为

$$t_1^* = \left(\frac{P - R}{P}\right) t_2^* \tag{11-12}$$

结束生产时间为

$$t_3^* = \frac{R}{P} t^* + \left(1 - \frac{R}{P}\right) t_2^* \tag{11-13}$$

最大存储量为

$$A^* = R(t^* - t_3^*) \tag{11-14}$$

最大缺货量为

$$B^* = R t_1^* \tag{11-15}$$

平均总费用为

$$C^* = 2C_3 / t^* \tag{11-16}$$

例 11.2　某军工企业为部队供应某种装备,正常生产条件下可生产 150 件/月。根据供货合同,需按 80 件/月供货。存储费每件 20 元/月,缺货费每件 50 元/月,每次生产准备费用(装配费)为 200 元,求最优存储策略。

解:依题意,符合模型二的条件,且 $P = 150$ 件/月,$R = 80$ 件/月,$C_1 = 20$ 元/(月·件),$C_2 = 50$ 元/(月·件),$C_3 = 200$ 元/次。

利用式(11−9)～式(11−16),可得

$$t^* = \left(\sqrt{\frac{2 \times 200}{20 \times 80}} \times \sqrt{\frac{20 + 50}{50}} \times \sqrt{\frac{150}{150 - 80}}\right) \text{月} \approx 0.87 \text{ 月}$$

$$Q^* = (80 \times 0.87) \text{件/次} \approx 70 \text{ 件/次}$$

$$t_2^* = \left(\frac{50}{20 + 50} \times 0.87\right) \text{月} \approx 0.6 \text{ 月}$$

$$t_1^* = \left(\frac{150 - 80}{150} \times 0.87\right) \text{月} \approx 0.4 \text{ 月}$$

$$t_3^* = \left[\frac{80}{150} \times 0.87 + \left(1 - \frac{80}{150}\right) \times 0.6\right] \text{月} \approx 0.74 \text{ 月}$$

$$A^* = [80 \times (0.87 - 0.74)] \text{件} \approx 10 \text{ 件}$$

$$B^* = (80 \times 0.4) \text{件} = 32 \text{ 件}$$

$$C^* = (2 \times 200 \div 0.87) \text{元/月} \approx 460 \text{元/月}$$

三、模型三:不允许缺货,备货(生产)时间较长

在模型二的假设条件中,取消允许缺货条件(即单位缺货费用 $C_2 \to \infty$, $t_2 = 0$),就成为模型三。

模型三的存储状态图如图 11-3 所示。

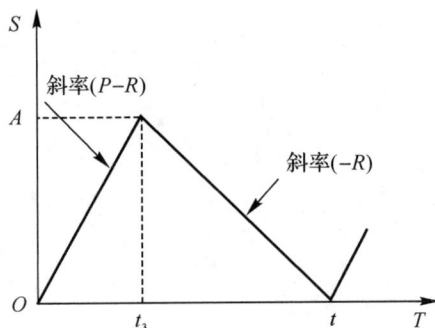

图 11-3 模型三的存储状态图

取 $[0, t]$ 为一个存储周期, t_3 时停止生产。在 $[0, t_3]$ 区间内,产量以速度 $(P-R)$ 增加存储,在 $[t_3, t]$ 区间内,存储以速度 R 减少。从图 11-3 可知, $(P-R)t_3 = R(t-t_3)$,解得

$$Pt_3 = Rt \tag{11-17}$$

故在 $[0, t]$ 时间内:

平均存储量为 $\dfrac{1}{2}(P-R)t_3$;

存储费为 $\dfrac{1}{2}C_1(P-R)t_3$;

装配费为 $\dfrac{1}{2}C_1(P-R)t_3$;

平均总费用为

$$C(t) = \frac{1}{t}\left[\frac{1}{2}C_1(P-R)\frac{Rt^2}{P} + C_3\right] \tag{11-18}$$

求解 $\dfrac{\mathrm{d}C(t)}{\mathrm{d}t} = 0$,得到最优存储策略为:

最优存储周期为

$$t^* = \sqrt{\frac{2C_3 P}{C_1 R(P-R)}} \tag{11-19}$$

经济生产批量为

$$Q^* = Rt^* = \sqrt{\frac{2C_3 RP}{C_1(P-R)}} \tag{11-20}$$

结束生产时间为

$$t_3^* = \frac{R}{P} t^* = \sqrt{\frac{2C_3 R}{C_1 P(P-R)}} \qquad (11-21)$$

最大存储量为

$$A^* = R(t^* - t_3^*) = \frac{R(P-R)}{P} t^* = \sqrt{\frac{2C_3 R(P-R)}{C_1 P}} \qquad (11-22)$$

平均总费用为

$$C^* = 2C_3 / t^* = \sqrt{\frac{2C_1 C_3 R(P-R)}{P}} \qquad (11-23)$$

例 11.3　某军工厂生产一种军品，月需求量为 30 件，需求速度为常数。该军品每件进价 300 元，且存储费为进价的 0.2%。向工厂订购该军品时订购费每次 20 元，到货速度为 50 件/月。求最优存储策略。

解：根据题意，有 $P = 50$ 件/月，$R = 30$ 件/月，$C_1 = 300 \times 0.2\%$ 件/(月·件) = 0.6 元/(月·件)，$C_3 = 20$ 元/次。代入式(11-19)～式(11-23)可得

$$t^* \approx 2.4 \text{ 月}$$
$$Q^* \approx 71 \text{ 件}$$
$$A^* \approx 28 \text{ 件}$$
$$C^* \approx 17 \text{ 件}$$

四、模型四：允许缺货，备货时间极短

在模型二的假设条件中，取消补充需要一定时间的条件(即备货速度 $P \to \infty$)，就成为模型四。该模型的特征是备货速度极快，当存储量降至零时，允许一段时间缺货，当到货后缺货数量马上补齐。

模型四的存储状态图，如图 11-4 所示。

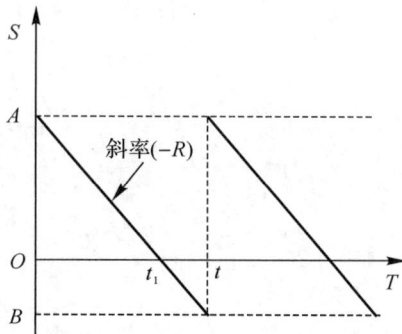

图 11-4　模型四的存储状态图

取 $[0, t]$ 为一个存储周期，假设最初存储量为 A，$[0, t_1]$ 时间 A 仅能满足 t_1 时间的需求，有 $A = Rt_1$，则 $t_1 = A/R$。t_1 时间的平均存储量为 $\frac{1}{2} A$，$[t_1, t]$ 时间内的存储量为零，平均缺货量为 $\frac{1}{2} R(t - t_1)$。

故在$[0,t]$时间内：

存储费为 $C_1 \dfrac{1}{2} A t_1 = \dfrac{C_1 A^2}{2R}$；

缺货费为 $C_2 \dfrac{1}{2} R (t-t_1)^2 = \dfrac{C_2 (Rt-S)^2}{2R}$；

订购费为 C_3；

平均总费用为

$$C(t,A) = \frac{1}{t} \left[C_1 \frac{A^2}{2R} + C_2 \frac{(Rt-A)^2}{2R} + C_3 \right]$$

解方程组得

$$\begin{cases} \dfrac{\partial C(t,A)}{\partial t} = 0 \\ \dfrac{\partial C(t,A)}{\partial A} = 0 \end{cases}$$

可得，模型四的最优存储策略为：

最优存储周期为

$$t^* = \sqrt{\frac{2C_3(C_1+C_2)}{C_1 C_2 R}} \tag{11-24}$$

经济生产批量为

$$Q^* = Rt^* = \sqrt{\frac{2C_3 R(C_1+C_2)}{C_1 C_2}} \tag{11-25}$$

最大存储量为

$$A^* = \frac{C_2 R}{C_1+C_2} t^* = \sqrt{\frac{2C_2 C_3 R}{C_1(C_1+C_2)}} \tag{11-26}$$

最大缺货量为

$$B^* = \frac{C_1 R}{C_1+C_2} t^* = \sqrt{\frac{2C_1 C_3 R}{C_2(C_1+C_2)}} \tag{11-27}$$

平均总费用为

$$C^* = 2C_3/t^* = \sqrt{\frac{2C_1 C_2 C_3 R}{C_1+C_2}} \tag{11-28}$$

对于确定型存储问题，上述四个模型是最基本的模型。其中，因子 $\dfrac{C_1+C_2}{C_2}$ 对应了是否允许缺货的假设条件，因子 $\dfrac{P}{P-R}$ 对应了补充是否需要时间的假设条件。

当 C_2 很大，即不允许缺货时，$C_2 \to \infty$，$\dfrac{C_1}{C_1+C_2} \to 1$，代入式（11-24）、式（11-25）、式（11-27），与模型一结论相同。

例 11.4 某维修厂对一种零部件的需求为 800 件/年，该零部件每件成本 60 元，且存储费为成本的 10%。向工厂订购该零部件时订购费每次 25 元,如发生供应短缺,可在下批货到达时供应,但缺货损失费为 50 元/(件·年)。求经济订货批量及全年的总费用。

解:根据题意,有 $R=800$ 件/年,$C_1=(60\times10\%)$ 元/(年·件)$=6$ 元/(年·件),$C_2=50$ 元/次,$C_3=25$ 元/件。代入式(11-25)、式(11-28)可算得:经济订货批量 $Q^*\approx86$ 件,全年总费用 $C^*\approx463$ 元。

第三节　随机型存储模型

在随机型存储问题中,需求是随机的,其统计规律往往需要通过历史统计数据频率分布来估计。对于随机型存储问题,有三种基本的订货策略。一是定期订货策略,订货周期固定,但订购数量依据上一周期的余量调整。二是定点订货策略,不考虑时间间隔,只要存储量降到一定时即订货,每次订货数量不变。三是定期订货和定点订货组合策略,即每隔一定时间检查一次存储:若存储量高于设定值 s,则不订货;若小于 s,则订货补充,且订货量要达到存储量 S。这种策略也称为 (s,S) 策略。

对于随机型存储问题,不允许缺货只能从概率意义上理解,因此,对于随机型存储策略优劣评价,常采用收益期望值最大或损失期望值最小作为衡量准则。根据需求是离散还是连续随机变量,可以将随机型存储模型分为两类。本节主要讨论需求为随机变量的一次性订购问题。

一、模型五:需求是离散随机变量

报童问题:报童每天售出的报纸份数 r 是一个离散随机变量,每日售出概率 $P(r)$ 根据经验已知。报童每售出一份报纸能赚 k 元;若售剩报纸,每剩一份赔 h 元。问报童每天应准备多少份报纸?

报童每天售出 r 份报纸的概率为 $P(r)$ 且 $\sum\limits_{r=0}^{\infty}P(r)=1$。

设报童每天准备 Q 份报纸。现采用损失期望值最小准则来确定 Q。

当供过于求($r\leqslant Q$)时,因报纸售剩而遭到的损失期望值为

$$\sum_{r=0}^{Q}h(Q-r)P(r)$$

当供不应求($r>Q$)时,因失去销售机会而少赚钱的损失期望值为

$$\sum_{r=Q+1}^{\infty}k(r-Q)P(r)$$

因此,当每天准备 Q 份报纸时,报童每天总的损失期望值为

$$C(Q)=h\sum_{r=0}^{Q}(Q-r)P(r)+k\sum_{r=Q+1}^{\infty}(r-Q)P(r) \tag{11-29}$$

为使损失期望最小,Q^* 应满足

$$\begin{cases}C(Q^*)\leqslant C(Q^*+1)\\C(Q^*)\leqslant C(Q^*-1)\end{cases}$$

代入式(11-29),得

$$
\begin{cases}
h\sum_{r=0}^{Q}(Q-r)P(r)+k\sum_{r=Q+1}^{\infty}(r-Q)P(r) \leqslant h\sum_{r=0}^{Q+1}(Q+1-r)P(r)+ \\
\qquad\qquad\qquad\qquad\qquad\qquad k\sum_{r=Q+2}^{\infty}(r-Q-1)P(r) \\
h\sum_{r=0}^{Q}(Q-r)P(r)+k\sum_{r=Q+1}^{\infty}(r-Q)P(r) \leqslant h\sum_{r=0}^{Q-1}(Q-1-r)P(r)+ \\
\qquad\qquad\qquad\qquad\qquad\qquad k\sum_{r=Q}^{\infty}(r-Q+1)P(r)
\end{cases}
$$

整理得

$$
\sum_{r=0}^{Q+1}P(r) < \frac{k}{k+h} \leqslant \sum_{r=0}^{Q}P(r) \tag{11-30}
$$

令 $N=\dfrac{k}{k+h}$,称为损益转折概率。

如果采用收益期望值最大准则,可以证明确定最佳订购量 Q^* 的关系式仍是式(11-30)。证明略。

综上所述,模型五的最佳订购量 Q^* 可由式(11-30)来确定。模型五是最简单、最基本的随机存储模型。

例 11.5 某部队将采购某种设备。这种设备有一个关键部件,其备件必须与设备同时购买,不能单独订货。该种备件订购单价为200元,无备件时导致的损失费用合计为5 000元。根据有关资料计算,在计划使用期内,设备因关键部件损坏而需要 r 个备件的概率 $P(r)$ 见表11-1。问该部队应为这些设备同时购买多少关键部件的备件?

表 11-1　设备因关键部件损坏而需要 r 个备件的概率 $P(r)$ 表

r	0	1	2	3	4	5	6	7	8	9	9以上
$P(r)$	0.38	0.18	0.12	0.08	0.06	0.06	0.04	0.02	0.02	0.02	0.02

解:当该设备的关键部件损坏时,如有备件替换,则可避免5 000元的损失,故边际收益 $k=(5\,000-200)$元$=4\,800$元;当备件多余时,每多余一个备件将造成200元的浪费,故边际损失 $h=200$ 元。因此,损益转折概率为

$$
N=\frac{k}{k+h}=\frac{4\,800}{4\,800+200}=0.96
$$

根据表11-1,计算备件需要量 r 的累积概率为

$$
F(Q)=\sum_{r=1}^{Q}P(r)
$$

$$
\sum_{r=0}^{8}P(r)=0.96
$$

因此,$Q^*=8$,即该部队应同时购买8个关键部件的备件,可使损失期望值最小。

二、模型六:需求是连续随机变量

设单位货物进价为 k,售价为 p,存储费为 C_1。又设货物需求 r 是连续型随机变量,其密度函数为 $\Phi(r)$,分布函数为 $F(a)=\int_0^a \Phi(r)\mathrm{d}r(a>0)$。问货物的订购量(或生产量)$Q$ 为何值时,能使盈利期望值最大?

当订货量为 Q、需求量为 r 时,实际销售量为 $\min\{r,Q\}$,因而实际销售收入为 $p\cdot\min\{r,Q\}$,进货成本为 kQ。

货物存储费为

$$C_1(Q)=\begin{cases}C_1(Q-r), & r\leqslant Q\\ 0, & r>Q\end{cases}$$

因此,若记订购量 Q 时的收益为 $W(Q)$,则

$$W(Q)=p\cdot\min\{r,Q\}-kQ-C_1(Q)$$

而收益期望值为

$$E[W(Q)]=\left[\int_0^Q pr\Phi(r)\mathrm{d}r+\int_Q^\infty pQ\Phi(r)\mathrm{d}r\right]-kQ-\int_0^Q C_1(Q-r)\Phi(r)\mathrm{d}r$$

$$=\int_0^\infty pr\Phi(r)\mathrm{d}r+\int_Q^\infty pr\Phi(r)\mathrm{d}r+\int_Q^\infty pQ\Phi(r)\mathrm{d}r-kQ-\int_0^Q C_1(Q-r)\Phi(r)\mathrm{d}r$$

$$=pE(r)-\left[\int_Q^\infty p(r-Q)\Phi(r)\mathrm{d}r+\int_0^Q C_1(Q-r)\Phi(r)\mathrm{d}r+kQ\right]$$

记 $E[C(Q)]=\int_Q^\infty p(r-Q)\Phi(r)\mathrm{d}r+\int_0^Q C_1(Q-r)\Phi(r)\mathrm{d}r+kQ$,则有等式

$$\max\{E[W(Q)]\}+\min\{E[C(Q)]\}=pE(r)$$

从这个等式可以看出,不论订购量 Q 为何值,收益期望值和损失期望值之和总是一个常数,即平均盈利 $pE(r)$。根据这一性质,原问题 $\max\{E[W(Q)]\}$ 可转化为问题 $\min\{E[C(Q)]\}$。下面求解问题 $\min\{E[C(Q)]\}$。

$$\frac{\mathrm{d}E[C(Q)]}{\mathrm{d}Q}=\frac{\mathrm{d}}{\mathrm{d}Q}\left[\int_Q^\infty p(r-Q)\Phi(r)\mathrm{d}r+\int_0^Q C_1(Q-r)\Phi(r)\mathrm{d}r+kQ\right]$$

$$=C_1\int_0^Q \Phi(r)\mathrm{d}r-p\int_Q^\infty \Phi(r)\mathrm{d}r+k$$

$$=(C_1+p)\int_0^Q \Phi(r)\mathrm{d}r-(p-k)$$

令 $\dfrac{\mathrm{d}E[C(Q)]}{\mathrm{d}Q}=0$,得

$$F(Q)=\int_0^Q \Phi(r)\mathrm{d}r=\frac{p-k}{p+C_1} \tag{11-31}$$

由式(11-31)确定的 Q 记为 Q^*,Q^* 为 $E[C(Q)]$ 的驻点。容易证明,Q^* 为 $E[C(Q)]$ 的最小值点,也即 $E[W(Q)]$ 的最大值点。因此,Q^* 就是最佳订货量。

当 $p-k<0$ 时,式(11-31)不成立。但这种情况表示售价低于成本价,故不应生产或订购,即 $Q^*=0$。

当缺货损失不只是考虑销售收入的减少(如还要考虑赔偿需方损失等)时,单位缺货费 $C_2 > p$,此时,只需在前面推导过程中用 C_2 代替 p 即可。所以,这种情况下 Q^* 由下式确定:

$$F(Q) = \int_0^Q \Phi(r)\,\mathrm{d}r = \frac{C_2 - k}{C_2 + C_1} \qquad (11-32)$$

模型五和模型六都属于一次性订购问题。当订购分为多阶段时,由于需求 r 是随机变量,在每一阶段开始时,很可能存在期初存储。设本阶段期初存储量为 I,则除进货成本将减少 kI 外,其他均和模型六相同。所以,对于多阶段订购问题,可以采用 (t,S) 存储策略,即由式(11-32)确定 Q^*(Q^* 相当于最大存储量 S);若 $I \geqslant Q^*$,本阶段不订货;若 $I < Q^*$,本阶段订货,订货量 $Q = Q^* - I$。采用这种定期订货,但订货量不定的存储策略,可使损失期望值最小(或获利期望值最大)。

例 11.6 某军工厂生产某种军用配件,成本 120 元/件,售价 200 元/件,每月存储费 20元/件。月销售量为正态分布,平均值为 80 件,标准差为 5 件。问该工厂每月生产多少配件,使获利的期望值最大?

解:据题意,$k = 120$,$p = 200$,$C_1 = 20$。销售量 $r \sim N(80, 5^2)$。

由式(11-32),有

$$F(Q) = \int_0^{\frac{Q-80}{5}} \frac{1}{\sqrt{2\pi}} \mathrm{e}^{\frac{r^2}{2}}\,\mathrm{d}r = \frac{p-k}{p+C_1} = \frac{200-120}{200+20} = 0.3636$$

从正态分布的累计值表查得

$$\frac{Q-80}{5} = -0.35$$

从中解得

$$Q^* = 78.25$$

因此,工厂每月应生产这种配件约 78 件,可使期望收益最大。

第四节　Lingo 软件应用

由于存储模型大多是非线性模型,选用 Lingo 以确定性存储模型中的经济订货批量模型为例,说明求解存储问题的详细求解过程。首先要建立存储问题的模型,其目标是要求单位时间的平均运营费用 $C(t) = \frac{1}{2}C_1 Rt + \frac{C_3}{t} + KR$ 最小,如何确定 Q, t 两个决策变量,同时要保证订货批次数为整数。具体模型如下:

$$\min C(t) = \frac{1}{2} C_1 Rt + \frac{C_3}{t} + KR$$

$$\text{s. t.} \begin{cases} Q = R/n \\ n = 1/t \\ Q \geqslant 0, \quad n \geqslant 0 \text{ 且为整数} \end{cases}$$

例 11.7 某武器装备实验基地,今年拟生产穿甲弹 30 000 个,该穿甲弹中一个元件需要向某研究所订购,每次订货费用为 120 万元,该元件购价为每只 0.5 万元,全年保管费为购价的 20%。试求装备实验基地对该元件的最佳策略及费用。

解:根据题意可知,$R=30\ 000$ 只/年,$C_3=120$ 万元/次,$K=0.5$ 万元/只 ,则有 $C_1=0.2K=(0.2\times0.5)$万元/(只·年)$=0.10/$万元/(只·年),根据公式可得

$$t^*=\sqrt{\frac{2C_3}{C_1R}}=\sqrt{\frac{2\times120}{0.1\times30\ 000}}\text{年}\approx0.28\text{ 年}$$

$$Q^*=Rt^*\approx8\ 485\text{ 只}$$

$$C^*=\sqrt{2C_1C_3R}+KR=(\sqrt{2\times120\times0.1\times30\ 000}+0.5\times30\ 000)\text{万元/年}\approx15\ 848\text{ 万元/年}$$

全年订购次数为

$$n^*=\frac{1}{t^*}=\frac{1}{0.28}\text{次}\approx3.57\text{ 次}$$

由于其必须为整数,故还需比较 $n=3$ 与 $n=4$ 时的全年费用。

若 $n=3$,则

$$C(t)=(\frac{1}{2}\times0.1\times3\ 000\times\frac{1}{3}+120\times3+0.5\times30\ 000)\text{万元/年}=15\ 860\text{ 万元/年}$$

若 $n=4$,则

$$C(t)=(\frac{1}{2}\times0.1\times30\ 000\times\frac{1}{4}+120\times4+0.5\times30\ 000)\text{万元/年}=15\ 855\text{ 万元/年}$$

所以取 $n=4$,每次订购批量为 7 500 只,全年费用为 15 855 万元,比最优值 C^* 略多 7 万元。

用 Lingo 求解此问题,@gin(x):为变量定界函数,限制 x 的取值为整数。输入参数如图 11-5 所示,图 11-6 求得的结果如图 11-7 所示,只保留变量与目标函数值。从图 11-7 可知,最佳存储策略时每年订购有 4 次,每次订购批量为 $Q=7\ 500$ 只,全年费用为 15 855 万元。结果与理论求解相同。

```
MODEL:
 min=C;
 C=0.5*C1*Q+K*Q/t+C3/t;
 Q=R/n;
 n=1/t;
 @gin(n);
data:
C3=120;
K=0.5;
R=30000;
C1=0.1;
enddata
end
```

图 11-5　问题输入

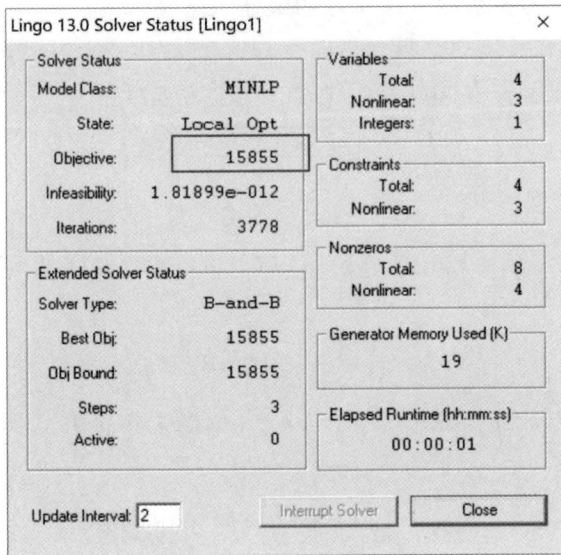

图 11 - 6　结果输出(一)

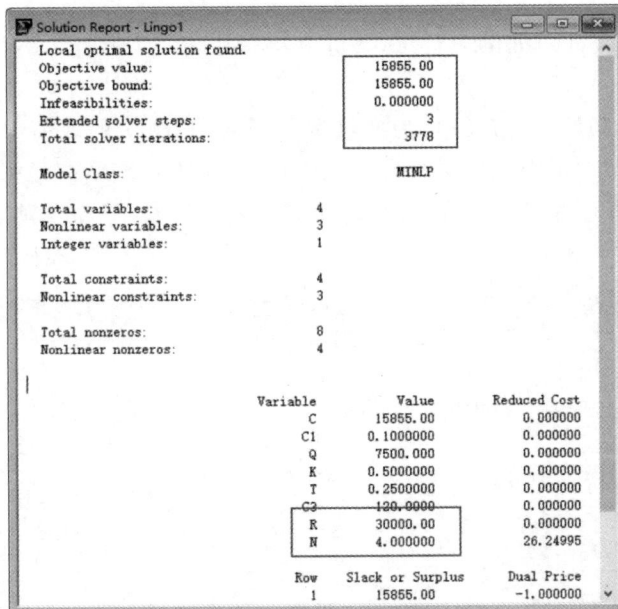

图 11 - 7　结果输出(二)

习　　题

1. 某军工厂每月甲零件的生产量为 700 件,该零件月需求量为 400 件,每次准备成本 40 元,每件月存储费为 10 元,缺货费 6 元,求最优生产批量及生产周期。

2. 某装备零部件月需求量为 600 件,若要订货,可以以每天 40 件的速率供应。存储费为 6 元/(月·件),订货手续费为 150 元,求最优订货批量及订货周期。

3.修理某营房每月需用水泥 800 t,每吨定价 2 000 元,不可缺货。设每吨每月保管费率为 0.2%,每次订购费为 300 元,求最佳订购批量。

4.某装备产品每月需求量为 10 件,生产准备费用为 200 元,存储费为 25 元/(月·件)。在不允许缺货条件下,比较生产速度分别为每月 20 件和 30 件两种情况下的经济生产批量和最小费用。

5.某种军用电子元件每月需求量为 300 件,每件成本为 120 元,每年的存储费为成本的 10%,每次订购费为 400 元。求:

(1)不允许缺货条件下的最优存储策略;

(2)允许缺货[缺货费为 100 元/(年·件)]条件下的最优存储策略。

6.某公司预计年销售计算机 2 000 台,每次订货费为 500 元,存储费为 32 元/(年·台),缺货费为 100 元/(年·台)。试求:

(1)提前期为零时的最优订货批量及最大缺货量;

(2)提前期为 10 天时的订货点及最大存储量。

7.某军品修理所每月需要甲零件 1 000 件,每个零件 80 元,月存储费率为 0.5%,每批订货费为 120 元,求:

(1)经济订货批量及订货周期;

(2)提前期为 5 天时的订货点。

8.某军品零部件年消耗量为 360 件,且在全年(按 360 天计)内基本均衡。若工厂每组织一次进货需订购费 50 元,存储费为每年每件 13.75 元,当供应短缺时,每短缺一件的机会损失为 25 元。已知订货提前期为零,求经济订货批量 Q 和最大允许的短缺数量 S。

9.习题 8 中,若每提出一批订货,所定零部件将从订货之日起,按每天 10 件的速率到达,若不允许缺货,试求经济订货批量 Q 以及全年的最小存储费加订购费用之和(设订货提前期为零)。

10.某冬季被装品每件进价 20 元,售价 50 元。订购费每次 25 元,单位缺货费 50 元,单位存储费 10 元。期初无存货。该商品的需求量的概率分布见表 11-2。

表 11-2　习题 10 表

销售量 r/件	200	180	120
概率 $P(r)$	0.4	0.5	0.1

为取得最大利润,供货商在冬季来临时应订购多少件被装品?

11.某部采购了 8 架直升机用于训练战备,该直升机有一种零件需经常更换。据过去经验,该零件需求服从泊松分布,8 架直升机平均每年需 2 件。由于现有直升机两年后将淘汰,故生产该机型工厂决定投入最后一批生产,并征求该部对零件的备件订货。若立即订货,每件收费 900 元,如果最后一批直升机投产结束后提出对该零件的临时订货,按每件 1 600 元收费,并需 2 周订货提前期,又某架直升机因缺该备件停飞时,每周造成的训练损失可折合为 1 200 元,当飞机淘汰时,对订购的多余备件可返厂回收处理,处理价为每件 100 元。试求该部队应立即提出多少个备件订货才能最经济、合理。

第十二章 作战模拟基础

作战模拟演化自战争实践，是对武器系统和作战系统的结构、功能与行为以及参与系统控制的人的思维过程和行为进行模仿的活动。

本章分别从作战模拟的基本概念和兰彻斯特方程两个方面进行阐述，所涉及的都是一些基础知识和基本方法，有助于初学者了解作战模拟的基本理论方法。要将其应用于当代复杂的战场环境，还需进一步学习和探索。

第一节 作战模拟概述

一、发展概况

在古代，从事战争的军人就非常重视对战争进程和结果的模拟，他们常常用某种标记把双方的兵力与部署表示在地图上，然后针对敌人可能的行动做出反应，将战争的可能进程表示出来，从而达到取得战争胜利的目的。春秋战国时代，墨子止楚攻宋的故事可以看作是一个典型作战模拟的例子。墨子和发明云梯的公输盘当着楚王的面，"解带为城，以牒为械"进行了攻防作战模拟，结果"公输盘九设攻城之机变，子墨子九距之；公输盘之攻械尽，子墨子之守圉有余"。这种古代的作战模拟后来以各种棋类流传了下来。

具有现代意义的作战模拟，应该说源于兵棋，这是由来自普鲁士的莱斯维茨（V. Reisswitz）所发明的一种模拟工具。它由地图、沙盘、棋子和计算规则所组成。在两次世界大战中，兵棋被各国广泛应用于作战计划制订和评估，积累了大量应用经验和战场数据，为计算机作战模拟的诞生奠定了基础。

在国内，计算机作战模拟的研究起始于 20 世纪 70 年代末，我军先后开发了"分布式交互系统""红星系统"等作战模拟系统。当前，国防大学是我军计算机作战模拟研究和应用的典型代表，近年来，研制出了众多的作战模拟系统，如"战略战役演习系统""联合战术兵棋系统"等，并形成了以胡晓峰教授为代表的作战模拟研究团队，其将这些软件应用到日常的教学和训练中，解决了众多作战问题。

现代作战模拟基于现代计算机技术的分布交互、虚拟现实、战场仿真等技术手段，进行作战推演。在这个逼真的"实验战场"，可以对各种战法进行尝试，对士兵进行"战场"的训练，通过作战模拟可以评估战法好坏，训练效果，为决策提供依据。现代作战模拟是建立在计算机科学与技术基础上的崭新学科，是研究军事活动中数量关系，尤其是作战运筹分析的基本方法,是军事运筹领域的重要内容。

二、基本概念

模拟即模仿、仿真,是通过模型进行实验以研究真实对象系统的活动。从词义上理解,作战模拟,即是对作战的模仿、仿真,是通过对作战模型进行实验以研究战争、研究作战的活动。由于作战模拟是对作战的模仿、仿真活动,主要目的是研究战争、研究作战,为作战提供决策依据,因此作战模拟也是一项技术,它是用于研究作战过程和战术战法、分析军事局势和策略效能及其运用的一种技术。

作战模拟概念众多。例如,徐学文、王寿云在其《现代作战模拟》一书中,定义“作战模拟”:作战模拟是指使用诸如作战演习,室内图上(沙盘)作业,数学或逻辑的推演,借助于仿真器,借助于模型、计算机和网络的演练或测试等使用一种或同时使用多种手段,对包括两支或多支对抗力量的军事冲突,按照事先给定的规则或程序进行的演练。除此之外,中国军事百科全书对“作战模拟”做了这样的表述:作战模拟是运用实物、文字和符号等手段,对作战环境和作战过程进行模仿的技术、方法和活动。对于活动,作战模拟包括实兵演习、沙盘(图上)作业、计算机作战模拟等;对于其是一种技术和方法,作战模拟借助于设备工具,建立现实作战系统的模型,并通过程序将人员、仿真装备、传感设备、计算机和通信设备连接在一起,演练(实验)作战系统的模型,从中研究作战系统特性和行为,为作战提供决策依据。

当前,现代作战模拟是以计算机为设备工具的,因此作战模拟是计算机仿真技术与军事科学相结合的产物,是一场以信息技术为核心的新军事技术变革。

三、基本组成

作战模拟需要以下四个方面的支撑条件。

(一)人员

参加作战模拟的人员有多种,其中主要的是导演和局中人。导演是整个作战模拟工作的领导,必须具有较强的军事指挥能力,熟悉部队和武器情况,掌握作战模拟的技术组成和要求。局中人是作战模拟中对抗双方的指挥员,一般由经验丰富的部队指挥官担任。另外还需要一些辅助人员以协助导演工作并对所有设备进行管理和调试。

(二)设备

设备是作战模拟的基本工具,简单的可以是沙盘、地图等。现代作战模拟,必须有一套现代化的相互联网的计算机硬件。

(三)规则

在作战模拟中,要按实战条件给交战各方部队的军事行动以限制和约束,规则就是这些限制和约束的体现。这些规则必须为全体参加作战模拟人员充分了解,并严格执行。

(四)脚本(想定)

脚本是进行作战模拟所依据的底本,是作战模拟的大纲,其是对作战环境和作战过程的详尽描述。

作战模拟的脚本确定作战环境的情况,作战双方冲突的地点、时间、作战双方的意图、目的,以及双方对抗的行为等。

四、基本过程

进行一次作战模拟有三个主要阶段:准备阶段、模拟阶段和分析阶段。一般来说,准备阶段和分析阶段所用时间远较模拟阶段要长,同时分析阶段有可能是进一步作战模拟的起始阶段。

准备阶段:为进行模拟细致地做好所有准备工作的阶段,其中包括作战模型本身的研制。

模拟阶段:模拟的具体实施阶段,是作战过程正在进行的阶段,是现代作战模拟交战双方正计算机上进行激烈战斗的阶段。

分析阶段:对计算机的输出数据进行全面分析,以各种形式说明数据的意义。分析阶段是最耗时、最重要的阶段。其重要性就在于所有新的作战方法、作战思想和作战规则都产生于这个阶段,最后的结果要形成一个详尽的分析报告。

五、模拟分类

作战模拟的分类依据众多,如有按人的参与程度进行分类的,有按模拟作战的规模级别分类的,有按实现手段进行分类的,也有按使用目的和任务分类的。

(一)按人的参与程度进行分类

依据人的参与程度进行分类,主要分为以下三类。

1. 实兵模拟

实兵模拟是一种现场模拟,是指依据想定,军队人员(装备)直接参与实际战场的行动,如军事演习、装备实验等。

2. 虚拟模拟

虚拟模拟是一种混合模拟方法,是指依据想定,军队人员操纵模拟器的模拟。在虚拟模拟中,人的行为由真人操纵,通过生成的虚拟的场景,进行演练,如借助于 VR 仿真系统的训练。

3. 结构模拟

结构模拟是一种战争演练模型和分析工具,通常由模拟的人操纵模拟的系统。结构模拟是军队人员将真实情况或假设情况输入计算机,然后又计算机运行,进而得到运行情况的模拟。

(二)按模拟作战的规模级别进行分类

依据模拟作战的规模进行分类,主要分为以下四类。

1. 技术模拟

技术模拟是对武器装备性能、操作使用特性等的模拟。技术模拟的目的是为武器装备完善提供依据。

2．战术模拟

战术模拟是对敌对基本单元作战行为、过程的模拟。战术模拟的目的是通过模拟为单兵作战和训练方案的确定提供依据。

3．战役模拟

战役模拟是对较大规模的敌对兵力进行的作战行为、过程的模拟。战役模拟的目的是通过模拟为较大规模作战和训练方案的确定提供依据。

4．战略模拟

战略是全局的方针、策略。战略模拟是对影响全局的国防战略制定或军队结构规划等战略性问题进行的模拟。战略模拟的目的是通过模拟为全局性战略的制定提供依据。

同样作战模拟可以依据实现手段进行分类：手工作战模拟、计算机作战模拟以及军事演习。其中：手工作战模拟是借助于普通沙盘、地图等，以人工形式进行推演，以及计算、分析的模拟；计算机作战模拟是借助于计算机进行的模拟，包括计算机解析模拟、计算机仿真模拟等；军事演习（战术演习），即军演，是在想定情况下军队开展的近似实战的训练，是最普遍、最接近于实战形式的作战模拟，需要大量的人力和物力作为支撑。

六、功能用途

作战模拟是对作战问题进行运筹分析的基本方法。实际上，现代作战模拟可以对各种复杂的军事问题进行模拟研究，获得定量的研究结果，用以指导军事实践。

作战模拟的主要功能体现在以下几个方面。

（一）战略分析与战略规划

作战模拟涉及全局的重大问题决策，如国防战略制定、体制编制规划、战略力量建设等，可以对具有战略意义的方针、策略进行分析、评估，用以辅助决策，赢得战略决策主动权，提高战略决策的科学性和有效性。

（二）战争分析与策略

作战模拟可以对局部战争进行分析并确定战争对策，用以制定战役方针，进行战役布设。从过去的海湾战争、科索沃战争、阿富汗战争、伊拉克战争等等一直到目前的俄乌冲突，美军一直运用作战模拟模型研究战争。2022 年，在俄乌冲突开始前几周，美国海军陆战队大学利用现代兵棋对战争进行了预测，准确预测了俄罗斯在第一周内开展的所有主要战斗行动。

（三）作战方案分析与评估

作战方案是对作战进程和战法的设想。作战模拟可以对已制定的作战方案进行分析与评估，依据检验出的作战方案优缺点，对方案进行不断改进；同时也可以对不同的作战方案进行比较，确定出最优的作战方案。通过作战方案的分析与评估，辅助指挥员做出正确决策。

（四）军事训练与素质提升

作战模拟可以对军队人员进行模拟训练，提高其素质能力。分布交互式仿真

(Distribute Interactive Simulation, DIS)系统,是一种基于计算机及高速通信网络的模拟训练系统,它将分散于不同地点、不同类型的仿真设备和系统集成一个整体,使之相对于每个用户皆表现为一个逼真的沉浸空间,并在此环境下支持高度的交互式操作和演练。分布交互式仿真系统将军队训练人员沉浸于虚拟的作战空间中,通过协同作战对抗训练,实现军队人员素质能力提升。

(五)武器装备系统的论证与评估

作战模拟可以对武器装备系统进行论证与评估,用于武器装备研制、武器装备本身的优化设计、武器装备操作训练等方面。在武器装备研制、武器装备本身的优化设计方面,作战模拟是武器装备系统研制不可缺少的工具;在武器装备操作训练方面,作战模拟是检验武器装备效能的手段。通过作战模拟对武器装备系统的论证与评估,为武器装备研制、性能提高以及使用提供依据。

第二节 兰彻斯特战斗模型

兰彻斯特(F. W. Lanchester)是著名的英国汽车工程师、流体力学家和运筹学家,于1914年首先对战斗过程中的对抗关系进行数学分析,在简化假设的前提下,把双方兵力的变化过程近似看作是时间 t 的连续过程,并用两个微分方程来描述双方兵力损耗的数量变化,从而建立了一组描述双方兵力变化关系的微分方程,即经典的兰彻斯特方程。

在第二次世界大战以后,随着人们对兰彻斯特方程研究的深入,学者从各个角度对兰彻斯特方程做了推广和补充,并将这类描述作战毁伤过程的微分方程统称为兰彻斯特战斗理论。这一理论是军事运筹学的重要组成部分,其可以应用于作战仿真分析中,揭示作战过程中作战双方兵力变化,分析作战胜负。

兰彻斯特战斗模型由于是基于假设条件提出和建立的,假设不同,则兰彻斯特战斗模型不同,而由其进行的作战模拟的结果也不同。

兰彻斯特战斗模型是作战模拟常用模型,它为战前评估方案,战中战法的使用,战后评估效果,提供了依据。由于兰彻斯特战斗模型兵力损耗系数,是忽略了不可量化因素,如士气、战斗精神等,借助于人的经验得到的,因此兰彻斯特战斗模型是半经验半理论的数学模型。

一、兰彻斯特线性律

兰彻斯特线性律有第一和第二两种形式。

(一)第一线性律

1.方程基本形式

第一线性律模型,也称为古代战斗模型。假定红方和蓝方的作战兵力相互暴露,同时未有增援和非战斗减员,双方战斗以一对一的形式进行,每一方的损耗率都是常数。

设 R_0, B_0 为作战红、蓝双方在 $t=0$ 时刻初始兵力, $R(t)$, $B(t)$ 作战红、蓝双方在 t 时刻瞬时兵力, ρ, β 分别为红方和蓝方的兵力损耗系数, t 为时间变量,则方程组

$$\left.\begin{array}{l} \dfrac{\mathrm{d}R(t)}{\mathrm{d}t} = -\rho \\[3mm] \dfrac{\mathrm{d}B(t)}{\mathrm{d}t} = -\beta \end{array}\right\} \tag{12-1}$$

称为兰彻斯特第一线性律方程。对式(12-1)等号两边进行积分,利用初始条件可得方程组的解,有

$$\left.\begin{array}{l} R(t) = R_0 - \rho t \\ B(t) = B_0 - \beta t \end{array}\right\} \tag{12-2}$$

上述结果表明,对于作战的双方来讲,兵力变化都是时间 t 的线性函数,因此称为线性模型,任何一方的瞬时兵力等于初始兵力减去兵力损耗。

消去式(12-2)中的 t 得

$$\rho[B_0 - B(t)] = \beta[R_0 - R(t)] \tag{12-3}$$

式(12-3)是双方兵力在战斗进行中应满足的一个共同变化关系式,称为战斗过程的状态方程。

ρB_0 等于红方的损耗率乘以蓝方的初始兵力,它被称为蓝方的初始战斗力;βR_0 是红方的初始战斗力。

2. 战斗结束预测

下面利用线性律的状态方程讨论战斗结局。

1)当 $\rho B_0 > \beta R_0$ 时,蓝方胜。

蓝方剩余兵力为

$$B_e = \frac{\rho B_0 - \beta R_0}{\rho}$$

战斗持续时间为

$$t_0 = \frac{R_0}{\rho}$$

2)当 $\rho B_0 < \beta R_0$ 时,红方胜。

红方的剩余兵力为

$$R_e = \frac{\beta R_0 - \rho B_0}{\beta}$$

战斗持续时间为

$$t_0 = \frac{B_0}{\beta}$$

3)当 $\rho B_0 = \beta R_0$ 时,双方势均力敌。

例 12.1　在某次演习中,红方有 15 辆装甲车向蓝方 50 辆改装车组成的防御阵地发动进攻,每分钟内红方能消灭蓝方 5 辆,蓝方能消灭红方 1 辆,战斗采取一对一方式进行。问哪方取胜? 胜方剩余兵力为多少? 战斗持续多长时间?

解:由给定条件可知

$$R_0 = 15 \text{ 辆}, \quad B_0 = 50 \text{ 辆}, \quad \rho = 1 \text{ 辆/min}, \quad \beta = 5 \text{ 辆/min}$$

由于 $\rho B_0 - \beta R_0 = (50 - 75)$辆$^2/\min < 0$，所以，战斗结果为红方胜。

红方的剩余兵力为

$$R_e = \frac{\beta R_0 - \rho B_0}{\beta} = 5 \text{ 辆}$$

战斗持续时间为

$$t_0 = \frac{B_0}{\beta} = 10 \text{ min}$$

(二)第二线性律

1.方程基本形式

兰彻斯特第二线性模型是用于描述间接瞄准射击的作战情况。假设作战双方兵力相互隐蔽，进行远距离间接瞄准射击，火力集中在对方战斗单元的集结地区，双方未有增援和非战减员；一方面战斗单元的兵力变化率与对方战斗单元数量成正比，同时与其战斗单元在集结区兵力数量以及战斗损耗率成正比。在上述假定之下可得兰彻斯特第二线性律方程：

$$\left.\begin{aligned}\frac{\mathrm{d}R(t)}{\mathrm{d}t} &= -\rho R(t)B(t) \\ \frac{\mathrm{d}B(t)}{\mathrm{d}t} &= -\beta R(t)B(t)\end{aligned}\right\} \tag{12-4}$$

式中：R，B，ρ，β 的意义同前。

整理式(12-4)得

$$\rho[B_0 - B(t)] = \beta[R_0 - R(t)] \tag{12-5}$$

这是对应于第二线性律战斗过程的状态方程。

第二线性律的解可表示为

$$\left.\begin{aligned}R(t) &= \frac{-R_0(k-1)}{\exp[-\rho B_0(k-1)t] - k} \\ B(t) &= \frac{-B_0(k-1)\exp[-\rho B_0(k-1)t]}{\exp[-\rho B_0(k-1)t] - k}\end{aligned}\right\} \tag{12-6}$$

式中：$k = \dfrac{\beta R_0}{\rho B_0}$ 为红方对蓝方初始战斗力之比。

蓝方对红方的瞬时兵力比为

$$\frac{B(t)}{R(t)} = \frac{B_0}{R_0}\exp[-\rho B_0(k-1)t] \tag{12-7}$$

2.战斗结局预测

1)当 $k = \dfrac{\beta R_0}{\rho B_0} < 1$ 时，蓝方获胜。

其剩余兵力为

$$B_e = \frac{\rho B_0 - \beta R_0}{\rho}$$

2)当 $k = \dfrac{\beta R_0}{\rho B_0} > 1$ 时，红方获胜。

其剩余兵力为

$$R_e = \frac{\beta R_0 - \rho B_0}{\beta}$$

3) 当 $k = 1$ 时, 双方势均力敌。

要特别强调的是, 在计算剩余兵力的公式中, 假定了在战斗结束时一方的兵力变为零。但从理论上讲, 对第二线性律这种结果只有当 $t \to \infty$ 时才能实现。因此, 第二线性律中的"获胜"是一个相对的概念, 即作战过程发展到某一时刻时, 负方的兵力接近零, 胜方的兵力接近于某一个常数。

综上所述, 所得到的两个模型: 一个是直接瞄准射击模型, 即一对一战斗模型; 另一个是面积目标模型。

例 12.2　红、蓝双方进行炮战, 双方各有 30 门火炮, 都仅知对方的分布区域而不知其准确位置, 红方的平均损耗率为 $\rho = 9 \times 10^{-3}$ 门/min, 蓝方的平均损耗率为 $\beta = 2.7 \times 10^{-2}$ 门/min, 问谁能取胜?

解: 由给定条件 $R_0 = 30, B_0 = 30$ 得初始战斗力之比为

$$k = \frac{\beta R_0}{\rho B_0} = \frac{2.7 \times 10^{-2} \times 30}{9 \times 10^{-3} \times 30} = 3$$

战斗结果为红方胜。

二、兰彻斯特平方律

除了线性模型之外, 另一个经典的定律是兰彻斯特平方律, 平方律更符合现代战争。

(一) 平方律的基本型

在现代战争中, 作战不可能仅仅是一对一进行的, 而可能是多对一形式的, 因此一方的兵力变化率, 除与己方损耗率相关外, 还与对方的作战兵力数量成正比。

1. 方程的基本形式

若假定作战双方中每一方兵力的战斗损耗, 除了与己方的损耗率有关外, 还与对方的作战兵力数量成正比, 由此得

$$\left. \begin{array}{l} \dfrac{dR(t)}{dt} = -\rho B(t) \\[2mm] \dfrac{dB(t)}{dt} = -\beta R(t) \end{array} \right\} \tag{12-8}$$

式中: B, R, ρ, β 同线性律。

由式 (12-8) 可以得到

$$\rho B(t) dB(t) = \beta R(t) dR(t) \tag{12-9}$$

解得

$$\rho [B_0^2 - B^2(t)] = \beta [R_0^2 - R^2(t)] \tag{12-10}$$

这是双方兵力在作战过程中应满足的状态方程。由于双方的兵力以平方的形式在方程中出现, 所以称其为平方律。

2.方程的精确解

由兰彻斯特平方律可得

$$\left.\begin{array}{l}\dfrac{\mathrm{d}^2 R(t)}{\mathrm{d}t^2}-\rho\beta B(t)=0\\[2mm]\dfrac{\mathrm{d}^2 B(t)}{\mathrm{d}t^2}-\rho\beta R(t)=0\end{array}\right\}\qquad(12-11)$$

利用初始条件和

$$\left.\dfrac{\mathrm{d}R}{\mathrm{d}t}\right|_{t=0}=-\rho B_0,\quad \left.\dfrac{\mathrm{d}B}{\mathrm{d}t}\right|_{t=0}=-\beta R_0$$

可得精确解为

$$\left.\begin{array}{l}R(t)=\dfrac{\sqrt{\beta}R_0+\sqrt{\rho}B_0}{2\sqrt{\beta}}\mathrm{e}^{-\sqrt{\rho\beta}t}-\dfrac{\sqrt{\rho}B_0-\sqrt{\beta}R_0}{2\sqrt{\beta}}\mathrm{e}^{\sqrt{\rho\beta}t}\\[3mm]B(t)=\dfrac{\sqrt{\beta}R_0+\sqrt{\rho}B_0}{2\sqrt{\rho}}\mathrm{e}^{-\sqrt{\rho\beta}t}+\dfrac{\sqrt{\rho}R_0-\sqrt{\beta}R_0}{2\sqrt{\rho}}\mathrm{e}^{\sqrt{\rho\beta}t}\end{array}\right\}\qquad(12-12)$$

3.战斗结局分析

利用平方律的状态方程讨论战斗结局。由状态方程可推出：

$$\rho B_0^2-\beta R_0^2=\rho B^2-\beta R^2$$

式中：βR_0^2，ρB_0^2 分别称为红、蓝双方初始战斗力；βR^2，ρB^2 分别称为双方的瞬时战斗力。

因此，在兰彻斯特平方律所描述的作战过程中，交战双方的有效战斗力正比于作战兵力数或单元数二次方与单兵或每一个作战单元平均战斗力的乘积。另外，双方战斗力之差在作战过程中保持恒定。

1）当 $\rho B_0^2>\beta R_0^2$ 时，蓝方胜。

剩余兵力为

$$B_e=\sqrt{B_0^2-\dfrac{\beta}{\rho}R_0^2}$$

取胜时间为

$$t=\dfrac{1}{2\sqrt{\rho\beta}}\ln\left(\dfrac{\sqrt{\beta}R_0+\sqrt{\rho}B_0}{-\sqrt{\beta}R_0+\sqrt{\rho}B_0}\right)$$

2）当 $\beta R_0^2>\rho B_0^2$ 时，红方胜。

剩余兵力为

$$R_e=\sqrt{R_0^2-\dfrac{\rho}{\beta}B_0^2}$$

取胜时间为

$$t=\dfrac{1}{2\sqrt{\rho\beta}}\ln\left(\dfrac{\sqrt{\beta}R_0+\sqrt{\rho}B_0}{\sqrt{\beta}R_0-\sqrt{\rho}B_0}\right)$$

3）当 $\beta R_0^2=\rho B_0^2$ 时，双方势均力敌，在方程的任何时刻，都有

$$\beta R^2(t)=\rho B^2(t)$$

可以得到 $B\sqrt{\rho}=\pm R\sqrt{\beta}$。这里必然取"+"号,因为 $B(t),R(t),\beta,\rho$ 均为正。

例 12.3　某次演习中红、蓝双方作战,如果红军的最初兵力为 900 人,接连对蓝军进行了两次战斗,每一次蓝军的兵力均为 450 人。那么,当双方损耗系数相同时,试分别计算每次战斗红军的剩余兵力。

解:由条件 $\rho=\beta,R_0=900$ 人,$B_0=450$ 人,$B_1=450$ 人,故根据剩余兵力公式,有

$$R_e=\sqrt{(\beta R_0^2-\rho B_0^2)/\beta}=\sqrt{R_0^2-B_0^2}$$

由于 $\beta R_0^2>\rho B_0^2$,红方胜。

第一次战斗,蓝方全部损失 450 人,红方剩余为兵力为

$$R_{e1}=\sqrt{R_0^2-B_0^2}=\sqrt{900^2-450^2}\text{人}=450\sqrt{3}\text{人}\approx799\text{人}$$

第二次战斗,蓝方全部损失 450 人,红方剩余兵力有

$$R_{e2}=\sqrt{R_{e1}^2-B_0^2}=\sqrt{(450\sqrt{3})^2-450^2}\text{人}=450\sqrt{2}\text{人}\approx636\text{人}$$

该例表明,根据集中兵力的原则,红军使用两次战斗合计消灭了蓝军 900 人(每次 450 人,一共两次),而己方只伤亡了 264 人。因此,根据平方律的假定,"分割歼灭"的原则是非常有效的,这就与兰彻斯特线性律有了很大区别。

(二)平方律的推广

如果考虑到双方的兵力补充和非战斗减员等因素时,平方律可进一步推广。

设 L 为红方兵力补充速度,K 为蓝方兵力补充速度,δ 为红方兵力非战斗损失率,α 为蓝方兵力非战斗损失率,L,K,δ,α 为常数,ρ,β 意义同前,则方程组

$$\left.\begin{aligned}\frac{\mathrm{d}R}{\mathrm{d}t}&=-\rho B-\delta R+L\\\frac{\mathrm{d}B}{\mathrm{d}t}&=-\beta R-\alpha B+K\end{aligned}\right\} \tag{12-13}$$

称为兰彻斯特平方律的推广型。

1)当 $\delta=\alpha=L=0$ 时,即双方都没有非战斗损耗,红方也无兵力补充,方程的形式变为

$$\left.\begin{aligned}\frac{\mathrm{d}R}{\mathrm{d}t}&=-\rho B=-\sqrt{\rho}(\sqrt{\rho}B)=\frac{-MH}{\sqrt{\beta}}\\\frac{\mathrm{d}B}{\mathrm{d}t}&=-\beta R+K=-\sqrt{\beta}(\sqrt{\beta}R-\frac{K}{\sqrt{\beta}})=\frac{-MG}{\sqrt{\rho}}\end{aligned}\right\} \tag{12-14}$$

式中:

$$M=\sqrt{\rho\beta},\quad G=\sqrt{\beta}R-\frac{K}{\sqrt{\beta}},\quad H=\sqrt{\rho}B$$

对 G,H 微分有

$$\mathrm{d}G=\sqrt{\beta}\mathrm{d}R,\quad \mathrm{d}H=\sqrt{\rho}\mathrm{d}B$$

代入式(12-14)得

$$\left.\begin{aligned}\frac{\mathrm{d}H}{\mathrm{d}t}&=-MG\\\frac{\mathrm{d}G}{\mathrm{d}t}&=-MH\end{aligned}\right\} \tag{12-15}$$

式(12-15)与兰彻斯特平方律有着极相近的形式,利用平方律中判定取胜的条件,类似的可有:当 $H_0^2 > G_0^2$ 时,蓝方取胜;当 $H_0^2 < G_0^2$ 时,红方取胜;当 $H_0^2 = G_0^2$ 时,势均力敌。

对该方程组计算可得到与平方律中相类似的作战过程状态方程

$$H_0^2 - H^2 = G_0^2 - G^2$$

当 $G_0 = H_0$ 时,有 $G = H$。结果表明,G、H 同时趋于零。因此在战斗中红方除与蓝方基本兵力作战外,也能消灭蓝方的补充兵力,且消灭速度恰好等于补充速度。

2)当 $\rho = \beta, \delta = \alpha$ 时,即双方的兵力损失率相等,非战斗减员的损失率也相等,则推广型方程有如下形式的解。

$$\left. \begin{array}{l} R(t) = \dfrac{K\beta - L\alpha}{\beta^2 - \alpha^2} - E e^{(\beta-\alpha)t} + F e^{-(\beta+\alpha)t} \\[3mm] B(t) = \dfrac{L\beta - K\alpha}{\beta^2 - \alpha^2} + E e^{(\beta-\alpha)t} + F e^{-(\beta+\alpha)t} \end{array} \right\} \qquad (12-16)$$

式中:

$$E = \frac{1}{2}\left[\left(B_0 + \frac{K}{\beta-\alpha}\right) - \left(R_0 + \frac{L}{\beta-\alpha}\right)\right]$$

$$F = \frac{1}{2}\left[\left(B_0 - \frac{K}{\beta+\alpha}\right) + \left(R_0 - \frac{L}{\beta+\alpha}\right)\right]$$

从解析中可以看到:当 $E > 0$ 时,蓝方胜;当 $E < 0$ 时,红方胜;当 $E = 0$ 时,双方势均力敌。

例 12.4 已知红、蓝双方的平均损耗率都为 2 名/min,非战斗损耗率都为 0.5 名/min。另外红方兵力补充速度为 5 名/min,蓝方兵力补充速度为 18 名/min,红、蓝双方初始兵力分别为 300 名和 200 名。问谁能取胜?若每方都只有战斗损失,蓝方可以用炮火阻止红方的一切补充,谁会取胜?

解: 先求常数 E,即

$$E = \frac{1}{2}\left[\left(B_0 + \frac{K}{\beta-\alpha}\right) - \left(R_0 + \frac{L}{\beta-\alpha}\right)\right] \approx -45.67 < 0$$

所以战斗结束时红方取胜。

第二个问题 $\delta = \alpha = L = 0$ 的特殊情况,计算

$$H_0 = \sqrt{\rho} B_0 = \sqrt{2} \times 200 \approx 282.84$$

$$G_0 = \sqrt{\beta} R_0 - K/\sqrt{\beta} = \sqrt{2} \times 300 - 18/\sqrt{2} \approx 411.54$$

由于 $H_0^2 < G_0^2$,因此战斗最后结局仍是红方取胜。

兰彻斯特平方律更加符合现代战争的特点,具有广泛用途。凡满足以下条件的作战过程都可用兰彻斯特平方律描述。

1)作战双方中的每一方都拥有大量使用同类武器的成员参加。

2)作战双方的任何一个作战单元都处于暴露状态且在对方的视线和武器射程之内。

3)每一个作战单元射击对方任何一个作战单元的机会大体相等。

习　　题

1.简述作战模拟的概念。

2.简述作战模拟的分类。

3.作战模拟的基本过程包括哪些内容？

4.兰彻斯特方程线性律和平方律中,ρ 和 β 的含义是什么？

5.如何借助兰彻斯特方程来理解集中兵力的原则？

6.在某次推演中,已知甲方 1 000 人向乙方进攻,甲方武器效力可视为乙方的 2 倍,乙方若要能够抵抗甲方的入侵,乙方至少派出多少兵力投入战斗？

7.蓝方 500 人与红方 400 人在一次对阵作战中遭遇,双方的平均战斗力相等,战斗环境适合平方律,请问：

(1)哪一方将获胜？ 胜方的剩余兵力是多少？

(2)如果红方采取某种策略迫使蓝方分为 200 人和 300 人进行两场战斗,双方的战斗结局如何？

第十三章　遗传算法简介

要解决复杂决策问题,往往需要建立问题的数学模型。而建立的模型有时比较复杂,如目标函数、约束条件非线性,或者决策变量多个、目标函数不唯一等。近年来,虽然运筹学、军事运筹学得到了巨大的发展,但普通算法解决这些复杂问题还有一定的困难。

20 世纪 70 年代,美国密歇根州(Michigan)大学的霍兰(J. Holland)教授及其学生受到生物进化机理的影响,创造了一种借助于计算机解决复杂问题的通用技术——遗传算法(Genetic Algorithm,GA)。遗传算法是一种人工智能算法,其起源于对生物进化机理所进行的计算机模拟研究。它最大的特点是模拟生物进化过程——优胜劣汰、适者生存,解决普通算法难以解决的复杂问题。

遗传算法是计算机仿生算法,是随着计算机技术的发展而形成的,同差分进化(DifferentialEvolution,DE)算法、免疫算法(Immune Algorithm,IA)、蚁群优化(Ant Colony Optimization,ACO)算法、粒子群优化(Particle Swarm Optimization,PSO)算法、模拟退火(Smulated Annealing Algorithm,SAA)算法、禁忌搜索(Tabu Search or Taboo Search,TS)算法以及人工神经网络(Artificial Neural Network, ANN)算法是 20 世纪产生的重要智能优化算法。其解决问题的优越性,为借助于计算机解决复杂问题,特别是军事决策问题提供了方法基础。

第一节　遗传算法概述

一、遗传算法发展概述

1859 年达尔文出版《物种起源》一书,书中所阐述的生物进化论是 19 世纪自然科学的三大发现之一。其主要观点:一切生物都是进化而来的;自然选择,是适者生存、不适者被淘汰的过程;遗传、变异和自然选择是进化的基础,若环境条件发生改变时引起变异,自然选择使物种朝着一个方向积累和进化。

遗传算法是依据生物进化机理而提出来的一种搜索算法,其起源于 20 世纪 40 年代学者借助于计算机对生物进化过程的模拟以及遗传过程的模拟,形成于 20 世纪 70 年代美国密歇根州(Michigan)大学的霍兰(J. Holland)受到借助于计算机进行生物模拟技术的启发,以及基于生物遗传和进化机制优化算法的建立。

遗传算法诞生初期有三个关键性人物:巴格利(J. D. Bagley)、郝世特(R. B.

Hollstien),以及他们的老师霍兰(J. Holland)。首次提出"遗传算法"(Genetic Algorithms)一词的是巴格利(J. D. Bagley)。1971 年,郝世特(R. B. Hollstien)在其论文中首次把遗传算法用于函数优化。最具里程碑意义的是,1975 年霍兰(J. Holland)出版的专著《自然系统和人工系统的自适应》,该书的出版标志着遗传算法作为一门学科的诞生。该书是遗传算法的首本专著,其对遗传算法的最基本的理论和方法进行了系统的阐述,并提出选择、交叉、变异等基本概念以及模式理论等。由于此时遗传算法解决实际问题还有不足,依据遗传算法的阶段,称为遗传算法发展的初始阶段。

在遗传算法发展中另一个里程碑是将遗传算法理论与计算机科学进一步相结合,使遗传算法解决实际问题的操作性进一步增强。推动遗传算法发展具有代表性的人物是学者戴荣(K. A. De Jong)。1975 年,戴荣在其博士学位论文中将模式理论与他的计算实验结合起来,对遗传算法的操作算子具体操作进行了总结与完善,提出了新的遗传操作技术。其所作的研究工作使遗传算法理论进一步发展,解决实际问题的能力进一步提高。

随着遗传算法在学界的深入认识和广泛研究,20 世纪 80 年代后,遗传算法进入繁荣时期,有关新算法被提出,大量专著被出版,遗传算法相应专刊被创立,学者学术交流也异常活跃,有影响的学术交流会议也不断召开。

1984 年,谢弗(J. D. Schaffer)在其论文中首次提到将遗传算法与多目标寻优结合起来,提出了多目标遗传算法(Multi-Objective Genetic Algorithm,MOGA)。1985 年,在美国召开了第一届遗传算法国际会议(International Conference on Genetic Algorithms,ICGA),并且成立了国际遗传算法学会(International Society of Genetic Algorithms,ISGA)。1989 年,戈德堡(D. E. Goldberg)出版了《搜索、优化和机器学习中的遗传算法》,是遗传算法发展进程中又一个里程碑。该书对遗传算法及其应用进行了全面而系统的论述,并附有程序。1991 年,戴维斯(L. Davis)出版了《遗传算法手册》,对遗传算法在工程技术和社会生活中的大量应用实例进行了介绍和阐述。同年,瓦特(D. H. Whitey)注重将遗传算法与进化规划以及进化策略等多进化计算相结合,对选择、交叉和变异操作进行了进一步完善,在他的论文中提出了基于领域交叉的交叉算子;阿克利(D. H. Ackley)在其论文中提出了随机迭代遗传爬山法(Stochastic Iterated Genetic Hill Climbing,SIGH),以此避免算法局部收敛。

科扎(J. R. Koza)于 1990 年以及 1994 年,分别出版了专著《遗传程序设计:基于自然选择法则的计算机程序设计》以及《遗传程序设计:第二册　可重用程序的自动发现》,深化了遗传程序设计的研究。1993 年,麻省理工学院创刊了杂志 *Evolutionary Computation*。1995 年,斯瑞内沃斯(N. Srinivas)和德布(K. Deb)提出了经典的非支配排序遗传算法(Nondominated Sorting Genetic Algorithm,NSGA),便于遗传算法对多目标问题进行优化。1997 年,电气电子工程师学会(IEEE)创办了 *Transactions on Evolutionary Computation*,*Advanced Computational Intelligence* 等杂志。1997 年,英国的格拉斯哥大学的李耘(Yun Li)开发了世界上最受欢迎的遗传/进化算法程序。

进入 21 世纪,遗传算法研究主要集中在避免算法早熟以及局部收敛上,众多遗传策略被提出,形成了许多经典算法。2001 年,陈晓峰等受"鲇鱼效应"启发,设计了周期性自适应杂交算子和变异算子;2002 年,德布等对经典的非支配排序遗传算法——NSGA 进行了改进,使用了精英选择策略以及拥堵距离,提出了经典的 NSGA Ⅱ;2002 年,戴晓明等受多种群遗传并行进化的思想启发,提出了对不同种群基于不同的遗传策略;2004 年,为求解组合优化问题,赵宏立等提出了一种用基因块编码的并行遗传算法;2006 年,张瑞军等提出了保持最佳适应度的值与平均适应度的值的比率是恒定的通用采样策略,以及线性可变交叉和变异算子;2007 年,张青富等将切比雪夫方法应用到多目标优化问题中,提出了著名的基于分解的多目标进化算法(Multi-objective Evolutionary Algorithm Based on Decomposition, MOEA/D)。大量关于遗传算法的学术论文不断地在 *Artificial Intelligence*, *Machine Learning*, *Transactions on Neural Networks*, *Transactions on Evolutionary Computation*, *Transactions on Cybernetics*, *Management Science*, *Applied Soft Computing* 等刊物上发表。2013 年 *Journal of the Operations Research Society of China* 创刊。2014 年,德布等对 NSGA Ⅱ 进行了改进,使用了参考点来保持种群的多样性,提出了著名的 NSGA Ⅲ。

近年来,我国对于遗传算法理论和应用研究异常活跃,其主要体现在编码技术的改进,操作算子的改进,自适应算子的引入,免疫学原理的引入,混沌理论的引进,多种群方式的改进算法,小生境技术的引入,多种智能计算理论、方法相互融合等方面。另外,我国出版了众多有关遗传算法的专著和教材。例如:2008 年,戴文华出版了《基于遗传算法的文本分类及聚类研究》;2010 年,刘勇等出版了《非数值并行算法:第二册 遗传算法》;2014 年,张屹等出版了《元胞遗传算法及应用》;2015 年,鱼滨、张善文等出版了《基于 MATLAB 和遗传算法的图像处理》;2018 年,包子阳等出版了《智能优化算法及其 MATLAB 实例》;2019 年,汪乐民等出版了《先进遗传算法及其工程应用》;2020 年,包子阳等出版了《基于 MATLAB 的遗传算法及其在希布阵列天线中的应用》;等等。

较早运用遗传算法解决军事决策问题的是美国海军研究实验室,1992 年其利用遗传算法来确定作战策略。据有关资料披露,2018 年,针对复杂多变战场环境,西班牙阿滕西亚(R. Atencia)等针对复杂多变战场环境,将多目标遗传算法应用于无人机和地面联合军事系统中,规划了地面车辆位置和行动;2018 年,加拿大罗贝热(V. Roberge)等采用遗传算法,实时快速调整了军用固定翼型无人机最优安全路径轨迹,最大限度降低了能耗和平均飞行高度,避免被敌方雷达探测到;2019 年,美国穆萨维(S. Mousavi)等采用量子遗传算法对无人机的任务和最短路径进行了规划,达到资源消耗减少的目的。

近年来,我军也对遗传算法进行了广泛的研究。例如:2004 年,王君、娄寿春以及陈绍顺在《系统工程》上发表了《基于遗传算法的兵力分配模型》;2009 年,钟晓声以及李应歧在《兵工学报》上发表了《一种基于遗传算法的防空导弹火力分配优化方法》;2015 年,李绍斌等在《物流技术》上发表了《基于遗传算法的多军事物流配送中心选址研究》;2020 年,程泽华以及杜德平在《舰船电子工程》上发表了《基于遗传算法的军队被装物质货位优化研究》;2021 年,杜小敏以及胡远新在《物流技术》上发表了《灾时军队应急运输车辆调度优化》;等等。这样借助于遗传算法解决军事决策问题的研究还有很多。

我军关于遗传算法作战应用的披露较少。无人机是一种由无线电遥控设备或自身程序控制装置操纵的无人驾驶飞行器,在现代战争中有着极其重要的作用。2012 年,中国海军研究人员透露了他们如何利用舰射无人机猎杀潜艇的计划。经披露该计划就是利用遗传算法来选择最佳无人机猎杀模式。2017 年,有作战部队针对日益复杂的战场环境,采用遗传算法在探测到敌方雷达的最小停留时间内进行了最短路径组合优化,以此实现了不同基地多无人机协同侦察。以上种种可见遗传算法对于作战的重要作用。

二、遗传算法的特点

与传统优化算法比较,遗传算法有以下不同之处。

(一)全局优化

遗传算法同传统优化算法最大的区别在于,解空间的多点搜索。传统算法从单点出发,在选定方向上迭代得到最优解,由于搜索方向固定,易陷入局部最优。遗传算法从多个初始可行解出发,通过选择、交叉、变异算子对初始可行解进行遗传操作:其一,可以找到更好适应度的解;其二,可以维持解的多样性,保持算法的多点搜索,通过多点搜索使得全局择优,实现全局优化。

(二)隐形并行性

算法在搜索过程中,需要的信息是适应度。依据群体个体适应度,借助于遗传算子将一个群体变为另一个群体。算法运行的过程中,群体中的多个个体选择、交叉、变异并行执行,防止陷入局部最优,缩短算法运行时间。

(三)易操作性

遗传算法是解决决策优化问题的通用框架。遗传算法解决决策问题,主要是对问题解进行编码以及对遗传算子相关参数进行确定,而不需要太多的辅助信息。

(四)智能性

应用遗传算法求解决策优化问题时,主要借助的工具是计算机。在确定了编码方案、适应值函数和遗传算子以后,算法将利用进化过程中获得的信息自行搜索,并依据算法终止条件自行终止,自行输出运行结果。

三、遗传算法的应用领域

遗传算法是解决决策优化问题的通用框架,其广泛应用于众多领域。遗传算法的主要应用领域如下。

(一)函数优化

函数优化是遗传算法的主要应用领域。决策往往和函数优化相关。复杂决策问题建立的模型可能具有目标函数、约束条件非线性,或者决策变量多个、目标函数不唯一等情况,用普通算法往往不易解决,而可以借助于遗传算法通过计算机求得用传统算法难以求得的结果。

(二)组合优化

组合优化是遗传算法的另一重要应用领域。对于组合优化问题,组合优化的特点是可行解集合为有限点集。求组合优化问题的最优解可将问题可行解的有限个点逐一比较目标值的大小,通过比较大小可以得到问题最优解。但是枚举是以时间为代价的,有的枚举时间还可以接受,有的情况花费时间较长。利用传统算法求组合优化问题的最优解具有一定的局限性:其一是计算量大,其二就是容易陷入局部最优。而遗传算法是一种智能算法,可以克服以上缺点,借助于遗传操作算子通过解空间的多点搜索,可以较为快速地得到问题的最优解。对于一些多目标的作战兵力分配问题,其可能既是一个组合优化问题又是一个多目标优化问题,对于此类型的问题可以借助于遗传算法加以解决,得到兵力分配的方案。

(三)生产调度

生产调度是遗传算法的又一重要应用领域。生产调度是在满足一定条件的情况下,合理安排分配和组织生产过程的活动。常见的生产调度问题为对对象的工作顺序和时间进行合理安排。对于简单的生产调度问题,可以借助于传统算法,如约翰逊法、快速进入启发算法加以解决。随着生产调度问题约束条件的增加,传统算法求解生产调度问题显得不足。由于其独特的优势,遗传算法已广泛应用于解决复杂生产调度问题。

遗传算法除以上应用领域外,还有机器人学、人工生命以及图像处理、机器学习等领域,其体现了遗传算法广泛的适应性和通用性,也体现了其解决问题的有效性。

第二节　遗传算法的主要因素

遗传算法是依据生物进化机理而提出来的一种模拟仿真搜索算法:首先,将解决问题的可行解转化成计算机可以识别的编码,形成一定规模的初始种群(可行解集或染色体集);其次,依据算法控制参数对初始种群进行选择、交叉、变异使种群不断进化;最后,依据算法终止条件使种群收敛,得到问题的最优解。遗传算法涉及遗传编码、初始种群的生成、适应度函数的设计、遗传算子的设计、控制参数的选择等因素。

一、遗传编码

编码是遗传算法解决实际问题的第一步。要借助于遗传算法解决实际问题,首先是计算机能够识别,对具体问题采用具体编码技术进行编码。一般来说,在遗传算法中,遗传编码要解决的问题就是把待求解问题解空间中的每个点(可行解)看作一个染色体,并用编码的方式来表示(通常编码中的每一位都看作一个组成该染色体的基因),编码的时候要考虑的因素很多,比如解空间的完全覆盖性和便于后续遗传步骤中遗传操作的设计等。

(一)常用的编码方式

对于一个决策优化问题,设计一种好的编码方案是遗传算法的应用难点,也是遗传算法的一个重要研究方向。当前对于遗传算法遗传编码的研究众多,提出了众多编码方式。

常用的编码方式有如下几种:

1)二进制编码。二进制编码是将可行解表示为基于 0,1 的二进制字符串,染色体用二进制字符表示。二进制编码的遗传算法具有简单易行、符合最小字符集编码规则和便于采用模式定理进行分析的特点。

2)实数编码。实数编码直接使用问题变量进行编码,在这种编码方式中,染色体 X 的形式为 $X = \{x_1, x_2, \cdots, x_n\}, x_i \in \mathbf{R}, i = 1, 2, \cdots, n$,实数编码的遗传算法具有精度高、便于大空间搜索等特点。

3)整数或字母排列编码。整数或字母排列编码即染色体每一位用整数或字母来表示。由于组合优化问题关键的是要寻找满足约束条件的最佳排列或组合，因此其对于组合优化问题是最为有效的。如对于将我方 m 个作战单元分配给 n 个据点的兵力分配问题，其可行解的编码可以采用整数或字母排列编码，即基于位置的表示方法，也就是按作战单元的分配关系进行编码。在基于位置的表示方法中，基因的位置表示作战单元，基因的值表示该作战单元分配的据点位置。基因段的编码是 m 位十进制数的生成，按此方法生成基因段后，由 m 个不同基因段随机组成完整的染色体，这样便于遗传操作。例如，据点数 $n=6$，作战单元数 $m=7$，染色体 5432641 就是一个可行解，其中第 1 个作战单元分到第 5 个据点上去，第 2 个作战单元分到第 4 个据点上去，第 3 个作战单元分到第 3 个据点上去，第 4 个作战单元分到第 2 个据点上去，第 5 个作战单元分到第 6 个据点上去，第 6 个作战单元分到第 4 个据点上去，第 7 个作战单元分到第 1 个据点上去。

作战单元分配方案编码示意图如图 13 - 1 所示。

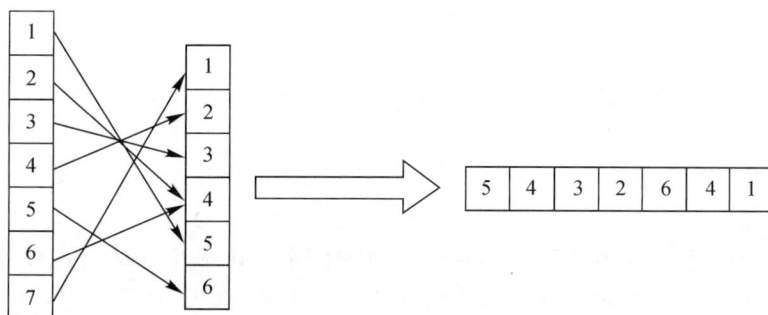

图 13 - 1 作战单元分配方案编码示意图

4)一般数据结构编码。对于复杂的实际问题，用合适的数据结构来表示基因的等位基因，可以有效地抓住问题的本质。在有些复杂的情况下，基因可能是数组或者更为复杂的数据结构。

(二)编码原则

编码一般应满足以下 3 个原则：

1)完备性(Completeness)：问题空间中的所有点都能以遗传算法搜索空间中的点表现。

2)健全性(Soundness)：遗传算法搜索空间中的点能对应问题空间中的所有点。

3)非冗余性(Non-redundancy)：遗传算法搜索空间的点和原问题空间的点必须一一对应。

二、初始种群

一定数量的个体组成了群体(Population，也称为种群)，群体中个体的数目称为群体规模(Population Size)。初始种群是遗传算法中模拟生物进化的初始群体（Initialing Population)，它是问题的一组可行解或假设解，这些解的数量和分布对于遗传算法的运行有着很大的影响，所以针对不同的问题的具体要求，如何得到一个有着较好的平均适应度和分布的初始化种群是一个重要的问题。一般群体规模在几十到几百之间，根据问题的复杂程度不同而规模取值不同。问题越难,维数越高,种群规模越大,反之则越小。

初始种群的设定可采取以下策略:先随机产生一定数目的个体,然后从中选出最好个体加入种群中,不断重复该过程,直到达到种群规模,在问题的解空间的分布范围中均匀产生初始种群。

三、适应度函数

度量个体适应度的函数称为适应度函数(Fitness Function)。适应度函数也称为评价函数,是根据目标函数确定的,用于区分群体中个体好坏的标准,是算法演化过程的驱动力,也是进行遗传算法选择的依据。在遗传算法中使用适应度(Fitness)这个概念来度量群体中各个个体在优化计算中能达到或找到最优解的优良程度。适应度较高的个体遗传到下一代的概率较大,而适应度较低的个体遗传到下一代的概率相对小一些。

适应度函数的设计主要应满足以下条件:

1)单值、连续、非负。

2)合理、一致性。要求适应度值反映对应解的优劣程度。

3)计算量小。适应度函数设计应尽可能简单,这样可以缩短计算时间和降低空间的复杂性,进行降低运算成本。

4)通用性强。适应度对某类具体问题应尽可能通用,最好无需使用者改变适应度函数中的参数。

在遗传算法中,个体遗传到下一代的群体中的概率是由该个体的适应度来确定的。应用实践表明,如何确定适应度对遗传算法的性能有较大的影响。在遗传过程中,也要将适应度进行放大或缩小,称为适应度函数的尺度化。在遗传初期,若个体适应度值大小差别很大,一些好的个体竞争优势明显,很易充满整个种群,而导致未成熟收敛;在遗传后期,若个体适应度值大小差别较小,各个体竞争力差异不明显,很易使算法成为随机漫游而不收敛或收敛很慢。为了克服上述问题,需要在遗传初期缩小个体适应度的差异,避免未成熟收敛,而在后期加大个体适应度的差异,加快算法收敛。

四、遗传算子

遗传算子是模拟生物基因遗传的操作,遗传操作的任务是对种群的个体按照它们对环境的适应的程度施加一定的算子,从而实现优胜劣汰的过程。

遗传操作通常包括选择(Select)、复制(Copy)、交叉(Crossover)和变异(Mutation)。现在的遗传算法中每一代的进化通常都有一个局部搜索的过程,从优胜劣汰的意义上来讲,也可以把它看作一种遗传操作。

(一)选择算子

选择就是从群体中选择出较适应环境的个体,这些选中的个体用于繁殖下一代,故有时也称这一操作为再生(Reproduction)。由于在选择用于繁殖下一代的个体时,是根据个体对环境的适应度来决定其繁殖量的,故而有时也称为非均匀再生(Differential Reproduction)。

目前,选择主要有适应度比例选择(Fitness-proportional Selection)、排序选择(Rank

Selection)、联赛选择（Tournament Selection）、精英选择（Elitist Selection）、稳态选择（Steady-state Selection）等。

（二）交叉算子

交叉操作是遗传算法中最主要的遗传操作，交叉运算是遗传算法区别于其他进化算法的重要特征。在选中用于繁殖下一代的个体中，对两个不同的个体相同位置的基因进行交换，从而产生新的个体，也即对两个父染色体的部分结构进行重组，以产生新一代子染色体。

在遗传算法中，交叉与概率相关，通过概率设定实现对种群中个体进行交叉的比例，概率越高，发生交叉的个体越多，反之相反。交叉增加种群的多样性，避免算法陷入局部收敛。

常用的交叉操作包括一点交叉（One-point Crossover）、多点交叉（Multi-point Crossover）、一致交叉（Consistent Crossover）、均匀交叉（Uniform Crossover）、算术交叉（Arithmetic Crossover）、部分匹配交叉（Partially Matched Crossover）等形式。

对于将我方 m 个作战单元分配给 n 个据点的兵力分配问题可行解的交叉，可以采用部分匹配交叉（Partially Matched Crossover），即对两个染色体部分位置进行匹配交叉。它的目的是通过两个个体进行交叉，首先产生新个体，提高算法局部搜索能力，其次是维持种群的多样性，防止出现早熟收敛。

对于交叉算子，可以应用部分匹配交叉，具体操作如下：

1）随机选两个交叉点 $k_1 < k_2$，介于 k_1 与 k_2 之间的位置称为匹配区，列出匹配区内两个个体基因的对应关系：

$$A = 54 \vdots_{k_1} 326 \vdots_{k_2} 41 \quad B = 62 \vdots_{k_1} 534 \vdots_{k_2} 41$$

匹配区内对应关系为 $3 \rightarrow 5, 2 \rightarrow 3, 6 \rightarrow 4$。

2）交换匹配区内对应基因串：

$$A' = 54 \vdots_{k_1} 534 \vdots_{k_2} 41 \quad B' = 62 \vdots_{k_1} 326 \vdots_{k_2} 41$$

3）按照染色体各位上的要求，如果合法即结束交叉；否则，根据匹配区内，父串各位上的关系换掉匹配区外的基因，使其成为合法染色体：

$$A'' = 24 \vdots_{k_1} 534 \vdots_{k_2} 61 \quad B'' = 52 \vdots_{k_1} 326 \vdots_{k_2} 41$$

（三）变异算子

变异（Mutation）是指将染色体编码串中的某些基因位上的值用其他的等位基因来替换，从而形成新的染色体。交叉操作决定了遗传算法的全局搜索能力；而变异操作只是产生新染色体的辅助方法，它决定遗传算法的局部搜索能力，维持群体的多样性，防止出现早熟现象。

当种群规模较大时，在交叉操作的基础上引入适度的变异，能够提高遗传算法的局部搜索效率。交叉算子和变异算子相配合，共同完成对搜索空间的全局搜索和局部搜索，从而使得遗传算法能够以良好的搜索性能完成最优化问题的寻优过程。

在遗传算法中，变异与概率相关，通过概率设定实现对种群中个体进行变异的比例，概率越高，发生变异的个体越多，反之相反。变异增加种群的多样性，避免算法陷入局部收敛。

常用的变异算子有基本位变异、均匀变异、边界变异、非均匀变异、高斯近似变异、对换变异等。

对于将我方 m 个作战单元分配给 n 个据点的兵力分配问题可行解的变异,可以采用对换变异,即对染色体某两个位置进行相互对换的方法,以较小的概率对个体编码串上的某个位置的值进行改变。它的目的是首先产生新个体,提高算法局部搜索能力,其次是维持种群的多样性,防止出现早熟收敛。

对于变异算子,可以应用对换变异,具体操作如下:

随机选择两个位置 $k_1 < k_2$,交换此两位置的基因:

$$A = 5\underset{k_1}{4}32\underset{k_2}{6}41 \Rightarrow A = 5\underset{k_1}{6}32\underset{k_2}{4}41$$

五、参数选择

在利用遗传算法求解决策优化问题时,要确定种群规模 N、交叉概率 P_c、变异概率 P_m 以及终止代数 T 等参数的值。

1)N:初始群体大小,即群体中所含个体的数量,根据具体问题来选择,一般为 20～150 个。

2)T:算法的终止的代数,一般为 100～500 代。

3)P_c:交叉概率,它体现了被选择出来进行杂交的个体的比例,一般为 0.3～0.9。

4)P_m:变异概率,它体现了发生变异的个体的比例,一般为 0.1～0.3。

六、终止条件

利用遗传算法求解决策优化问题时,需确定算法终止条件。终止条件是遗传算法的重要因素。

遗传算法终止的条件分为 5 种。

1)进化代数:遗传算法整体运行终止的代数。

2)进化时限:算法运行终止的时间。

3)适应度限:适应度函数值不大于当前种群的最优点的一个上限或下限设定。

4)停滞代数:算法运行过程中,目标函数连续时间内无改进的代数。

5)停滞时限:目标函数在连续无改进的时间。

任何一个条件满足,则算法停止。

一般终止条件规定为进化代数,即规定的最大迭代次数,迭代次数达到,则算法停止,输出结果,一般迭代的次数为 100～500。

在遗传算法涉及的 6 个因素之中,通常最为重要的是编码和遗传操作的设计。

第三节　遗传算法的流程和求解实际问题的步骤

对于要解决的实际问题,如果问题建立的目标只有 1 个,则称此问题为单目标优化问题(Single-objective Optimization Problem,SOP),而实际上,遇到的实际问题往往由多个目标组成且相互冲突,这样的问题,称其为多目标优化问题(Multi-objective Optimization Problem,MOP)。多目标优化是最优化领域的一个重要的研究方向,在科学研究和工程实践中,许多优化问题实质上就是一个多目标优化问题。

多目标优化也称为多指标优化，多属性、多准则优化或矢量优化。简要的定义为：寻找一组由决策变量构成的向量，使其能够既满足所有的约束条件又满足目标函数组成的向量函数。这些目标函数是对性能指标的数学描述，而且它们之间一般是彼此冲突的。对于单目标优化问题，其最优解只有一个，而对多目标优化问题的最优解对于某个目标来说可能是较好的，而对于其他目标来说可能是较差的，它是对问题目标的折中解。对于多目标优化问题而言，其与单目标优化问题的本质区别在于，多目标优化问题的最优解不是一个，而是一组解的集合，这些解互相是无法比较的，把这样的集合称为非劣最优解集，即 Pareto 最优解集。Pareto 最优解就是，当对所有目标函数考虑时，在搜索空间中不存在比其中至少一个目标好而其他目标不劣的更好的解，Pareto 最优解集中的元素就所有目标而言是彼此不可比较的。

依据优化问题的分类，遗传算法的流程略有不同，可分为单目标遗传算法流程和多目标遗传算法流程。

一、遗传算法流程

遗传算法其求解过程，从任意一个初始种群（Population）出发，通过选择、交叉和变异操作，产生一群更适应环境的个体，使群体进化到搜索空间中越来越好的区域，这样一代一代地不断繁衍进化，最后收敛到一群最适应环境的个体（Individual），求得问题的最优解。遗传算法流程图如图 13-2 所示。

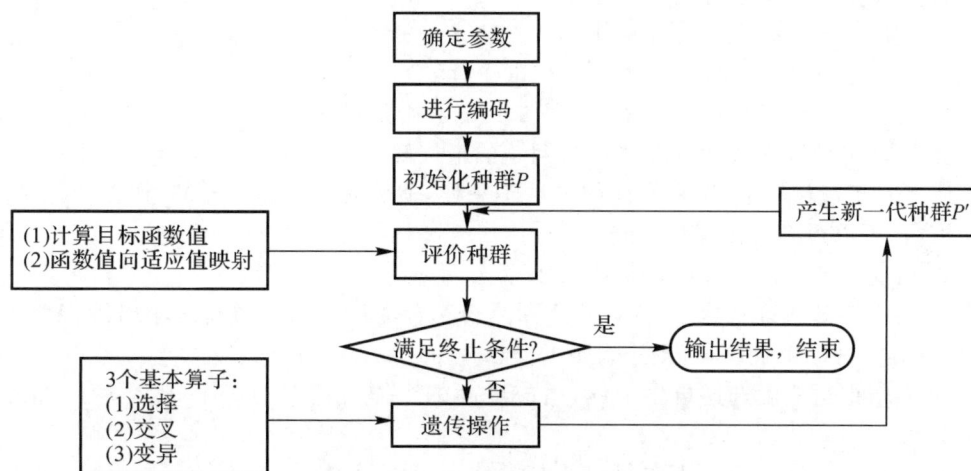

图 13-2　一般遗传算法流程图

多目标遗传算法求解多目标问题就是要求多目标问题的 Pareto 最优解。多目标遗传算法（Multi-Objective Genetic Algorithm，MOGA）种类较多，所采用的方法有较大差异，虽符合遗传算法流程，但和单目标遗传算法相比，算法框架略有不同。

多目标遗传算法：首先产生一个初始种群 P，接着利用遗传算法对 P 执行遗传操作（如选择、交叉和变异），得到新的进化群体 P'；然后采用某种策略构造 $P \cup P'$ 的非支配解集 R，一般情况下在设计算法时已设置了非支配解集的大小，需要按照某种策略对 R 进行调整，

一方面使 R 满足大小的要求,同时也必须使 R 满足分布性的要求;之后判断是否满足终止条件,若满足终止条件,则结束,否则将 R 中的个体复制到 P 中并继续下一轮的进化。在设计多目标遗传算法时,一般用进化代数来控制算法的运行。

在多目标遗传算法中,保留上一代非支配解,并使之参加新一代的多目标进化操作是非常重要的,从而使新一代的非支配解集不比上一代差,这也是算法收敛的必要条件。这样,一代一代地进化下去,进化群体的非支配解集不断地逼近真正的最优边界,最终得到满意的解。

多目标遗传算法设计必须考虑到以下两个关键问题:

一是如何设计适应值分配策略来比较解的优劣,采取何种选择策略使得所获取的非支配前沿与 Pareto 前沿充分接近。

二是如何保持群体的多样性,避免算法早熟收敛,并且获得分布均匀、范围宽广的非支配解集。

二、遗传算法求解实际问题的步骤

(一)遗传算法的基本步骤

遗传算法的基本步骤如下:

步骤1:初始化种群,生成一定规模个体。

步骤2:评价当前种群中个体的性能。

步骤3:按交叉概率进行交叉操作。

步骤4:按变异概率进行变异操作。

步骤5:按个体性能选择将进入下一代的个体。

步骤6:若没有满足某种停止条件,则转步骤2,否则进入下一步。

步骤7:输出种群中最优的个体作为问题的最优解。

实质上对于遗传算法,选择个体的方法不一样,遗传算法是不一样的,根据选择算子,用轮盘赌策略,可以得到遗传算法的步骤:

步骤1:随机产生初始种群,个体数目一定。

步骤2:用轮盘赌策略确立个体,并判断是否符合优化准则,若符合,输出最佳个体及其代表的最优解,并结束计算,否则进入下一步。

步骤3:依据适应度选择再生个体,适应度高的个体被选中的概率高,适应度低的个体可能被淘汰。

步骤4:按照一定的交叉概率和交叉方法,生成新的个体。

步骤5:按照一定的变异概率和变异方法,生成新的个体。

步骤6:由交叉和变异产生新一代的种群,返回到步骤2。

步骤7:输出种群中最优的个体作为问题最优解。

(二)遗传算法求解实际问题的步骤

利用遗传算法来求解实际问题一般分为两步:

第一步:根据所提出的实际问题,建立问题的数学模型。

第二步:根据遗传算法的框架,编写程序,借助于计算机来求解。

编写程序要掌握一定的计算机知识,特别要熟悉计算机的编程语言,以及其计算机程序的运行环境。当前编程仿真的语言较多，有 C，C++，Java 以及 MATLAB。由于 MATLAB 是第四代语言，是一种高级的矩阵语言，它是基于 C++的，因此易于使用。

例 13.1　用遗传算法求解函数 $f(x)=x^5-x^3+x^2+x+20(20{\leqslant}x{\leqslant}30)$ 的最大值，个体数目取 90，最大进化代数为 200，离散精度为 0.01，交叉概率为 0.9，变异概率为 0.1。

解:首先，用 MATLAB 编写如下程序，形成 M 文件，将其命名为"GGA. M"。

```
function main()
NM=90;
gmax=200;    %maximum number of iterations
bu=30;
Bd=20;
c=1;
pc=0.9;%the probabilty of crossover
pm=0.1;%the probabilty of mutation
EPOP=rand(NM,c). * (ones(NM,1) * bu－ones(NM,1) * bd)＋ones(NM,1) *
bd;%Initialization
Epa=OVcom(EPOP);%compute objective values
[NPOP]=select(Epa,EPOP,NM);
[NPOP,SBt]=SBXcross(NPOP,bu,bd,pc);%crossover
[NPOP,PNmt]=PNmutation(NPOP,bu,bd,pm);%mutation
it=0;
while it<gmax
    POP=[NPOP;EPOP];%combine parent and offspring population
Npa=OVcom(NPOP);%compute objective values
pa=[Npa;Epa];%
[EPOP,Epa]=update(POP,pa,NM);
[NPOP]=select(Epa,EPOP,NM);
[NPOP,SBt]=SBXcross(NPOP,bu,bd,pc);%crossover
[NPOP,PNmt]=PNmutation(NPOP,bu,bd,pm);%mutation
30^5－Epa(1)
it=it+1;
end
EPOP(1,:)
30^5－Epa(1)
function [bu,bd,testfunction]=getbud(NO)
%－－－－－－－－－－－－－－－－－－－－－－－－－－－－－－－－－－
function [pa]=OVcom(v)
        pa=v. ^5－v. ^3＋v. ^2＋v+20;
end
```

```
function [NPOP]=select(Epa,EPOP,NM)
NPOP=[ ];
[N,M]=size(Epa);
C=zeros(1,N);
Epa=1. /Epa;
C(1)=Epa(1);
for i=2:N
    C(i)=C(i-1)+Epa(i);
end
C=C/C(N);
for i=1:NM
    a=rand;
    l=find(C>=a);
    NPOP(i,:)=EPOP(l(1),:);
end
function [EPOP,Epa]=update(NPOP,Npa,NM)
[N,M]=size(Npa);
[l,k]=sort(Npa);
Npa=Npa(k,:);
NPOP=NPOP(k,:);
EPOP=NPOP(1:ceil(NM/2),:);
Epa=Npa(1:ceil(NM/2),:);
t=randperm(N-ceil(NM/2));
EPOP=[EPOP;NPOP(ceil(NM/2)+t(1:NM-ceil(NM/2)),:)];
Epa=[Epa;Npa(ceil(NM/2)+t(1:NM-ceil(NM/2)),:)];

function [NPOP,time]=SBXcross(POP,bu,bd,pc)
tic;
eta_c=15;
[N,C]=size(POP);
NPOP=POP;
y=1;
for i=1:N/2
    r1=rand;
    if r1<=pc
        for j=1:C
            par1=POP(y,j);par2=POP(y+1,j);
            yd=bd(j);yu=bu(j);
```

```
            r2=rand;
            if r2<=0.5
                if abs(par1-par2)>10^(-14)
                    y1=min(par1,par2);y2=max(par1,par2);
                    if (y1-yd)>(yu-y2)
                        beta=1+2*(yu-y2)/(y2-y1);
                    else
                        beta=1+2*(y1-yd)/(y2-y1);
                    end
                    expp=eta_c+1;beta=1/beta;alpha=2.0-beta^(expp);
                    r3=rand;
                    if r3<=1/alpha
                        alpha=alpha*r3;expp=1/(eta_c+1.0);
                        betaq=alpha^(expp);
                    else
                        alpha=1/(2.0-alpha*r3);expp=1/(eta_c+1);
                        betaq=alpha^(expp);
                    end
                    chld1=0.5*((y1+y2)-betaq*(y2-y1));
                    chld2=0.5*((y1+y2)+betaq*(y2-y1));
                    aa=max(chld1,yd);NPOP(y,j)=min(aa,yu);
                    bb=max(chld2,yd);NPOP(y+1,j)=min(bb,yu);
                end
            end
        end
    end
    y=y+2;
end
time=toc;

function [NPOP,time]=PNmutation(POP,bu,bd,pm)
tic;
[N,C]=size(POP);
eta_m=20;
NPOP=POP;
for i=1:N
    for j=1:C
        r1=rand;
```

```
        if r1<=pm
            y=POP(i,j);
            yd=bd(j);yu=bu(j);
            if y>yd
                if (y-yd)<(yu-y)
                    delta=(y-yd)/(yu-yd);
                else
                    delta=(yu-y)/(yu-yd);
                end
                r2=rand;
                indi=1/(eta_m+1);
                if r2<=0.5
                    xy=1-delta;
                    val=2*r2+(1-2*r2)*(xy^(eta_m+1));
                    deltaq=val^indi-1;
                else
                    xy=1-delta;
                    val=2*(1-r2)+2*(r2-0.5)*(xy^(eta_m+1));
                    deltaq=1-val^indi;
                end
                y=y+deltaq*(yu-yd);
                NPOP(i,j)=min(y,yu);NPOP(i,j)=max(y,yd);
            else
                NPOP(i,j)=rand*(yu-yd)+yd;
            end
        end
    end
end
time=toc;
```

其次,在 MATLAB 命令窗口中输入其文件名,然后按回车键;或直接按快捷键 F5 即可得结果。

最大值为 24273950,最优解为 30。

除了直接利用遗传算法求解之外,还有更简便的方法,如直接利用 MATLAB 的 Optimtool工具箱求解。

这是利用遗传算法求最优解。从求解程序可以理解整个算法、算法的流程以及其包含的主要因素。遗传算法的流程和主要因素基本是一样的。利用遗传算法来解决实际问题,除了学习算法理论,更重要的是依据算法编程,因此要利用遗传算法解决实际问题,需要有一定的计算机编程基础。

第四节 遗传算法在军事上的应用

遗传算法是解决复杂问题的工具。随着遗传算法研究的不断深入,遗传算法已广泛应用于军事领域,可以解决兵力分配、目标搜索、路径规划等问题。遗传算法在军事上的应用着重讲述在兵力分配上的应用。

作战兵力分配问题作为军事运筹学的一个基本问题,存在于各类作战任务分配中,传统的指派问题模型仅适用于简单的单目标兵力分配,在实际作战兵力分配中,需要考虑多个因素、多个目标。这就要求必须以多目标优化的思想解决兵力优化部署问题,以适应复杂多变的战场环境和现代化作战的要求。

作战兵力分配问题一般提法:我方有作战单元 m 个,敌方有据点 n 个,将 m 个作战单元兵力分配给 n 个据点,将我方 m 个作战单元分配给 n 个据点,战斗结束后要求:我方作战资源消耗要少,作战后敌方剩余兵力对我方的威胁估计值要小。

一、数学模型建立

(一)假设

1)各作战单元分配到各据点后,作战单元不能相互支援。

2)战斗开始后,作战单元分配到据点时间上不分先后。

3)作战中,敌我双方都比较理智,不存在冒险行为。

作战兵力分配不仅要考虑我方弹药消耗的多少,而且要考虑作战后敌方剩余兵力对我方的威胁估计值(威胁度)大小。据此可建立兵力分配的多目标模型,目标函数有两个:作战后敌方的威胁度函数、我方弹药消耗函数。

设 x_{ij} 表示第 i 个作战单元部署到第 j 个据点上;$x_{ij}=1$ 或 0 表示第 i 个作战单元是否分配给第 j 个据点,$i=1,2,\cdots,m,j=1,2,\cdots,n$;$m$ 个我方作战单元分配给 n 个据点,兵力分配方案如下:

$$\boldsymbol{x}=\begin{bmatrix} x_{11} & \cdots & x_{1n} \\ \vdots & & \vdots \\ x_{m1} & \cdots & x_{mn} \end{bmatrix}$$

(二)作战兵力分配模型构建

1.作战后敌方的威胁度函数 $f_1(\boldsymbol{x})$

$$f_1(\boldsymbol{x})=\sum_{j=1}^{n}\sum_{i=1}^{m}T_{ji}x_{ij}\left[\prod_{i=1}^{m}(1-P_{ij})^{x_{ij}}\right]$$

式中:T_{ji} 表示第 j 个据点敌方对我方第 i 个作战单元的威胁度;P_{ij} 表示我方第 i 个作战单元对第 j 个据点敌方的毁伤概率。

2. 我方弹药消耗函数 $f_2(\boldsymbol{x})$

$$f_2(\boldsymbol{x}) = \sum_{i=1}^{m} \sum_{j=1}^{n} C_{ij} x_{ij}$$

式中: C_{ij} 表示我方第 i 个作战单元对第 j 个敌方据点的弹药消耗量。

综上所述, 作战兵力分配模型为

$$\min_{x \in X} \{f_1(\boldsymbol{x}), f_2(\boldsymbol{x})\}$$

$$\text{s. t.} \begin{cases} \sum_{i=1}^{m} \sum_{j=1}^{n} x_{ij} - m = 0 \\ \sum_{j=1}^{n} x_{ij} - 1 \leqslant 0 \\ x_{ij} = 1 \text{ 或 } 0 \\ i = 1, 2, \cdots, m; \quad j = 1, 2, \cdots, n \end{cases}$$

二、基于遗传算法的模型求解

从建立的模型看, 作战兵力分配问题是一个多目标优化问题, 但同时又是一个典型的组合优化问题。

组合优化问题的可行解为有限点集。对于组合优化问题, 可以通过问题的有限点集, 借助于枚举法通过有限点比较, 确定问题最优解。然而, 由于作战兵力分配问题是多目标问题, 同时当我方作战单元较多以及据点较多时, 作战兵力分配问题可行解的数量较多, 借助于枚举法求解最优解花费时间较长。

由于仿生算法在求解组合优化问题和多目标优化问题的优势, 因此可以将基于分解的多目标进化算法(MOEA/D)应用于作战兵力分配问题上, 依据设定的遗传算子, 通过交叉概率、变异概率等参数, 求得作战兵力分配问题的 Pareto 最优解——作战兵力分配方案。

(一)算法设计

1. 编码

编码是多目标遗传算法优化问题可行解的形式。对于作战兵力分配问题, 其可行解使用基于位置的表示形式, 以作战单元的分配位置表示作战兵力分配问题的解。编码中, 基因的位置表示分配的作战单元, 作战单元分配的据点位置用基因的值来表示。对于作战兵力分配问题其解的形式用十进制数来表示, 易于操作使用。例如: 据点数 $n = 6$, 作战单元数 $m = 7$, 可行解为 4352641, 其中第 1 个作战单元分到第 4 个据点上去, 第 2 个作战单元分到第 3 个据点上去, 第 3 个作战单元分到第 5 个据点上去, 第 4 个作战单元分到第 2 个据点上去, 第 5 个作战单元分到第 6 个据点上去, 第 6 个作战单元分到第 4 个据点上去, 第 7 个作战单元分到第 1 个据点上去。作战单元分配方案编码示意图如图 13-3 所示。

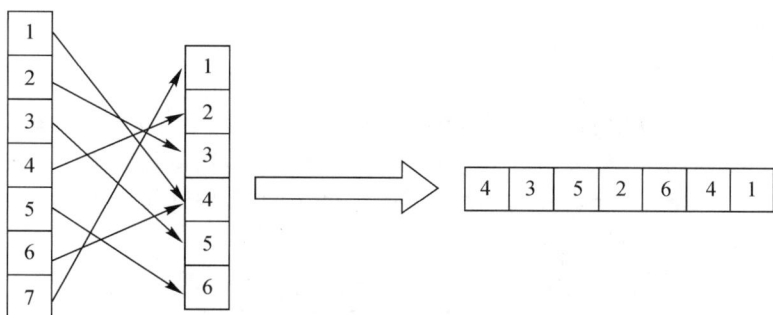

图 13 - 3　作战单元分配方案编码示意图

2.遗传算子

(1)选择算子

选择算子在遗传算法中对个体优胜劣汰,一般利用个体的适应度值来确定,个体的适应度值越大越易被遗传到下一代,否则相反。在基于分解的多目标进化算法(MOEA/D)中,由于利用 Tchebycheff 方法进行分解,所以在第 i 个权向量指定的附近的邻域 $\lambda^{B(i)}$ 内,利用 $j \in B(i)$,如果 $g^{te}(y'/\lambda^j, z^*) \leqslant g^{te}(x^j/\lambda^j, z^*)$,将把 y' 传到下一代。这样可以避免有效的进化信息丢失,从而更新种群。

(2)交叉算子

对于交叉算子,可以应用部分匹配交叉,具体操作如下:

1)任选两个个体中两个点 $k_1 < k_2$,将 k_1 与 k_2 之间的部分作为匹配区:

$$A = 43\underset{k_1}{\vdots}526\underset{k_2}{\vdots}41, \quad B = 62\underset{k_1}{\vdots}534\underset{k_2}{\vdots}41$$

2)交换两个个体中 k_1 与 k_2 之间的部分:

$$A' = 43\underset{k_1}{\vdots}534\underset{k_2}{\vdots}41, \quad B' = 62\underset{k_1}{\vdots}526\underset{k_2}{\vdots}41$$

3)依据兵力必须被分完,各个据点必须被分到,如果满足要求,交叉算子操作即完成;否则,需在 k_1 与 k_2 外,进行调换操作:

$$A'' = 42\underset{k_1}{\vdots}534\underset{k_2}{\vdots}61, \quad B'' = 32\underset{k_1}{\vdots}526\underset{k_2}{\vdots}41$$

(3)变异算子

变异,亦称突变,即以较小的概率对个体编码串上的某个位置的数字进行更改和变换。变异操作的目的:其一,实现搜索能力的提高;其二,实现种群多样性的保持。对于作战兵力分配问题,可用编码串上位置对换,实现变异操作。

随机选择两个位置 $k_1 < k_2$,交换此两位置的基因,如:

$$A = 56\underset{k_1}{3}254\underset{k_2}{1} \Rightarrow A = 55\underset{k_1}{3}264\underset{k_2}{1}$$

3.终止条件

遗传算法可以通过进化代数、进化时限、适应度限、停滞代数、停滞时限等来终止算法计算。一般进化代数为 100~500。算法终止时,计算结果输出。

(二)实验结果及分析

1. 实验结果

假设我方有 7 个作战单元 $p_i(i=1,\cdots,7)$，有待分配的 6 个敌方据点 $o_j(j=1,\cdots,6)$，现需对我方作战单元进行分配，分给这 6 个敌方据点，具体作战单元对于据点的毁伤概率、弹药消耗以及据点对作战单元的威胁程度等已给出，其中弹药消耗单位为吨，求满足表 13-1～表 13-3 数据的最优分配方案。

表 13-1　P_{ij}（第 i 个作战单元对第 j 个据点毁伤概率）

P_{ij}	o_1	o_2	o_3	o_4	o_5	o_6
p_1	0.29	0.35	0.1	0.2	0.45	0.25
p_2	0.2	0.35	0.41	0.28	0.25	0.3
p_3	0.33	0.42	0.2	0.34	0.31	0.41
p_4	0.32	0.3	0.24	0.25	0.25	0.26
p_5	0.38	0.48	0.2	0.5	0.6	0.65
p_6	0.23	0.3	0.4	0.5	0.4	0.35
p_7	0.3	0.4	0.3	0.35	0.42	0.49

表 13-2　C_{ij}（第 i 个作战单元对第 j 个据点的弹药消耗）

C_{ij}	o_1	o_2	o_3	o_4	o_5	o_6
p_1	3	4	2	3	5	2.8
p_2	3	5	5	3	4	2.5
p_3	2.5	4.5	2	3	4	4.5
p_4	2	3	2.5	4.5	5.5	6
p_5	2.7	3	3	4.5	4	2.5
p_6	2.5	3.5	3.5	4	3	2.5
p_7	2.5	3	3.9	2.8	3.6	4.5

表 13-3　T_{ji}（第 j 个据点对第 i 个作战单元的威胁程度）

T_{ji}	p_1	p_2	p_3	p_4	p_5	p_6	p_7
o_1	0.5	0.4	0.4	0.5	0.4	0.4	0.4
o_2	0.43	0.4	0.4	0.35	0.42	0.41	0.4
o_3	0.3	0.55	0.4	0.51	0.4	0.4	0.3
o_4	0.3	0.3	0.4	0.61	0.6	0.5	0.4
o_5	0.55	0.35	0.4	0.5	0.4	0.4	0.5
o_6	0.4	0.3	0.5	0.5	0.5	0.5	0.6

设定初始种群个体为 100,交叉概率为 0.9,变异概率为 0.1,进化代数取 500,借助于 MATLAB R2020a 编程仿真,通过计算机仿真,用时 54 s,求得 6 个 Pareto 解。对据点的兵力分配方案见表 13 - 4。

表 13 - 4　最优解

	最优解	$f_1(x)$	$f_2(x)$
解 1	4532164	5.88×10^{-1}	20
解 2	3624541	5.36×10^{-1}	24
解 3	5421634	5.39×10^{-1}	23.3
解 4	2143654	5.82×10^{-1}	20.8
解 5	3412465	5.74×10^{-1}	21.1
解 6	4541623	5.48×10^{-1}	21.9

2. 实验分析

6 个 Pareto 解,即为满足表 13 - 1～表 13 - 3 数据的作战兵力分配问题最优分配方案。第 1 个分配方案 4532164,其含义为我方第 1 个作战单元分配到第 4 个据点,第 2 个作战单元分配到第 5 个据点,第 3 个作战单元分配到第 3 个据点,第 4 个作战单元分配到第 2 个据点,第 5 个作战单元分配到第 1 个据点,第 6 个作战单元分配到第 6 个据点,第 7 个作战单元分配到第 4 个据点。通过此分配方案,可以得到兵力分配后、战斗结束时,敌方剩余对我方的威胁估计值是为 5.88×10^{-1},我方的弹药消耗为 20。

作战兵力分配问题的第 2 个分配方案 3624541,兵力分配后、战斗结束时,敌方剩余对我方的威胁估计值是为 5.36×10^{-1},我方的弹药消耗为 24。同样第 3 个分配方案 5421634,兵力分配后、战斗结束时,敌方剩余对我方的威胁估计值是为 5.39×10^{-1},我方的弹药消耗为 23.3。第 4 个分配方案 2143654,兵力分配后、战斗结束时,敌方剩余对我方的威胁估计值是为 5.82×10^{-1},我方的弹药消耗为 20.8。通过各分配方案比较,可以看出对敌方威胁度与我方毁伤以及弹药消耗成反比。其与实际作战相符,也印证了作战兵力分配方法的科学性以及分配方案的正确性。

对于遗传算法在其他问题上的应用,其过程类似于作战兵力分配问题。

习　　题

1. 遗传算法的遗传算子有哪些?
2. 遗传算法的基本步骤有哪些?

附　录

Lingo 是 Linear Interactive and General Optimizer 的缩写,即"交互式的线性和通用优化求解器",可以用于求解非线性规划,也可以用于一些线性和非线性方程组的求解等,功能十分强大,是求解优化模型的最佳选择。

一、Lingo 简介

在 Windows 下开始运行 Lingo 时,会看到如图 F-1 所示窗口,其功能说明如图 F-2 所示。

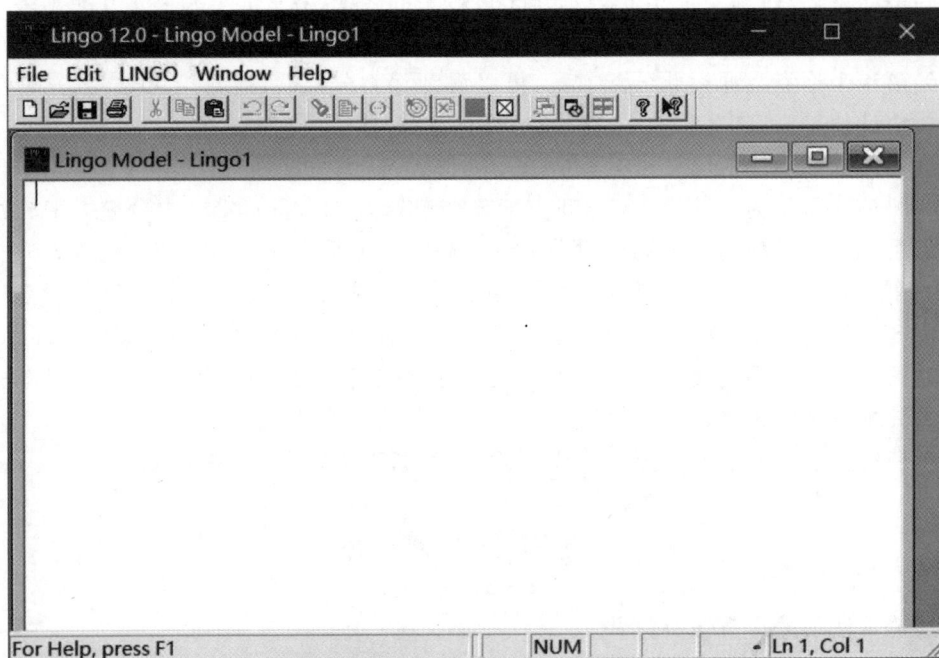

图 F-1　Lingo 窗口图

外层是主框架窗口,包含了开始、编辑等命令和工具条。在主窗口内的标题为 Lingo Model-Lingo1 的窗口是 Lingo 的默认窗口,要建立的模型应在此窗口中进行编码。窗口功能按键如图 F-3 所示。

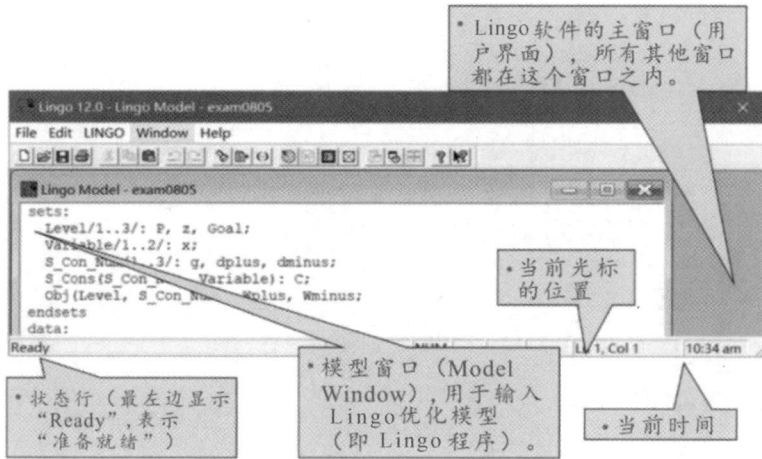

图 F‑2　Lingo 窗口功能说明图

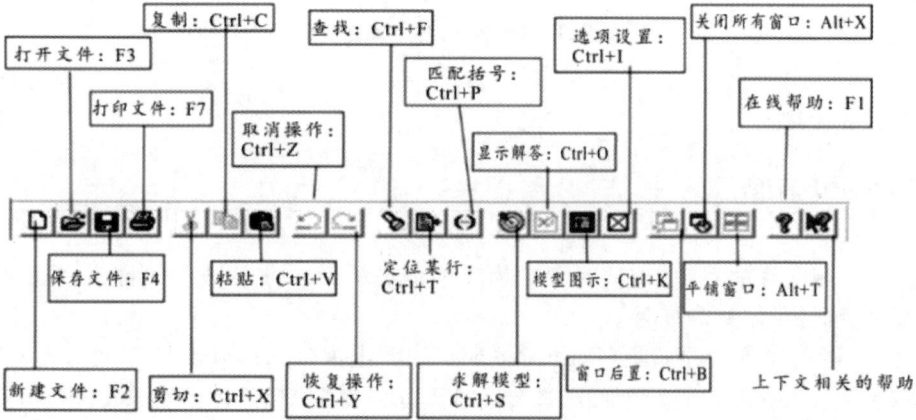

图 F‑3　Lingo 窗口功能按键说明图

例 F.1　在 Lingo 中求解如下的 LP 问题：

$$\max f = 8x_1 + 6x_2$$

$$\text{s. t.} \begin{cases} x_1 \leqslant 5 \\ x_2 \leqslant 4 \\ x_1 + 2x_2 \leqslant 9 \\ x_j \geqslant 0, \quad j = 1, 2, 3 \end{cases}$$

解：

启动 Lingo 软件，在编辑器内输入：

max 8x1＋6x2

s. t.

x1＜＝5

x2＜＝4

x1＋2x2＜＝9

end

然后点击工具条上的按钮  即可求解。求解结果如图 F-4 所示。

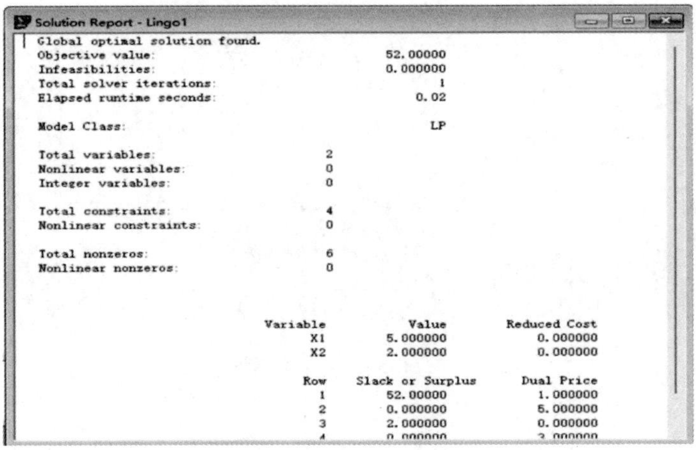

图 F-4　例 F.1 求解结果

二、Lingo 建模

(一)Lingo 中的集

什么是集?

集是一群相联系的对象,这些对象称为集的成员。每个集的成员可能有一个或多个与之有关联的特征,我们称为属性。

Lingo 一般可以分为原始集(Primitive Set)和派生集(Derived Set)。

集部分是 Lingo 模型的一个可选部分。在 Lingo 模型中,集部分以关键字"sets:"开始,以"endsets"结束。

例 F.2　定义一个名为 soldier 的原始集,它具有成员 Liming,Wangqiang,Zhangsan 和 Zhaosi,属性有 sex 和 age:

sets:

Soldier/Liming,Wangqiang,Zhangsan,Zhaosi/:sex,age;

endsets

(二)Lingo 中的函数

1.Lingo 中的函数类型

1)基本运算符:包括算术运算符、逻辑运算符和关系运算符。

2)数学函数:三角函数和常规的数学函数。

3)集循环函数:遍历集的元素,执行一定的操作的函数。

4)数据输入/输出函数:这类函数允许模型和外部数据源相联系,进行数据的输入/输出。

2.几种函数的重点介绍

(1)基本运算符

Lingo 提供了 5 种二元运算符:加、减、乘、除以及乘方。

(2)逻辑运算符

在 Lingo 中,逻辑运算符主要用于集循环函数的条件表达式中,来控制在函数中哪些集成员被包含,哪些被排斥。

高　♯not♯

　　♯eq♯　　♯ne♯　　♯gt♯　　♯ge♯　　♯lt♯　　♯le♯

低　♯and♯　　♯or♯

(3)数学函数

Lingo 提供了大量的标准数学函数:

@abs(x):返回 x 的绝对值。

@sin(x):返回 x 的正弦值,x 采用弧度制。

@cos(x):返回 x 的余弦值,x 采用弧度制。

(三)Lingo Windows 命令

1.文件菜单(File Menu)

(1)新建(New)

从文件菜单中选用"新建"命令,就可以创建一个新的"Model"窗口中,即可在窗口中输入所要求的模型。

(2)打开(Open)

从文件菜单中选用"打开"命令,就可以打开一个已经存在的文本文件。

(3)保存(Save)

从文件菜单中选用"保存"命令,就可以保存当前活动窗口中的模型结果、命令等。

(4)打印(Print)

在文件菜单中选用"打印"(Print)命令,就可以将当前活动窗口中的内容发送到打印机。

(5)提交 Lingo 命令脚本文件(Take Commands)

从文件菜单中选用"Take Commands"命令就可以将 Lingo 命令脚本(Command Script)文件提交给系统进程来运行。

(6)退出(Exit)

从文件菜单中选用"Exit"命令或直接按 F10 键可以退出 Lingo。

2.编辑菜单(Edit Menu)

(1)剪切(Cut)

从编辑菜单中选用"剪切"(Cut)命令或按 Ctrl+X 组合键可以将当前选中的内容剪切至剪贴板中。

(2)复制(Copy)

从编辑菜单中选用"复制"(Copy)命令,可以将当前选中的内容复制到剪贴板中。

(3)粘贴(Paste)

从编辑菜单中选用"粘贴"(Paste)命令,可以将粘贴板中的当前内容复制到当前插入点的位置。

3. Lingo 菜单

（1）求解模型（Slove）

从 Lingo 菜单中选用"求解"命令，可以将当前模型送入内存求解。

（2）求解结果…（Solution…）

从 Lingo 菜单中选用"Solution…"命令，可以打开求解结果的对话框。这里可以指定查看当前内存中求解结果的那些内容。

三、Lingo 模型求解

用鼠标单击工具栏中的 ⊚ 图标，或从菜单中选择 Solve—Solve（Ctrl＋S）命令，Lingo 首先开始编译这个模型，编译没有错误则开始求解；求解时会首先显示如图 F－5 所示的 Lingo"求解器运行状态"对话框。

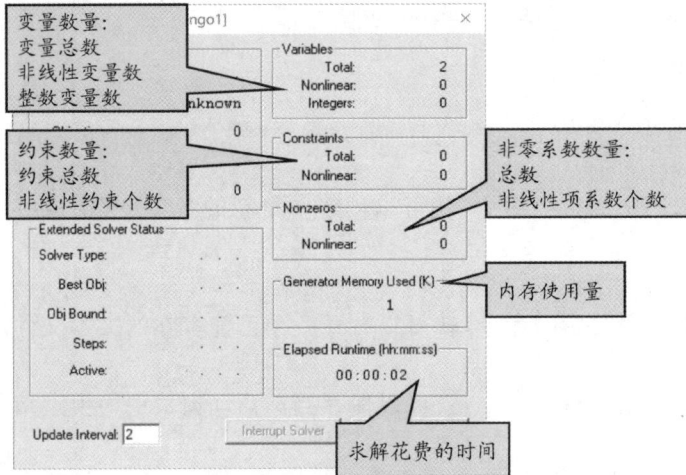

(a)

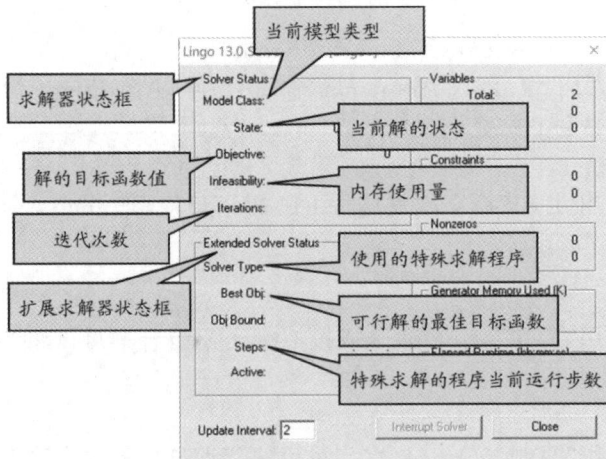

(b)

图 F－5　Lingo"求解器运行状态"对话框

Lingo 运行后的最终结果在报告窗口(Reports Window)中,如图 F-6 所示。其中:"Total solver iterations:2"表示单纯形法在两次迭代后得到最优解;"Objective value:800"表示最优值为 800。"Value"给出最优解中各变量(Variable)的值 $x_1 = 250$, $x_2 = 100$; "Reduced Cost"给出最优的单纯形表各变量对应的检验数。基变量的 Reduced Cost 值一定为 0,"Slack or Surplus(松弛或剩余)"给出约束对应的松弛变量的值。"Dual Price"给出对偶价格值。

```
Solution Report - Lingo1                                        □  ▣  ✖
 Global optimal solution found.
 Objective value:                           800.0000
 Infeasibilities:                            0.000000
 Total solver iterations:                           2

 Model Class:                                      LP

 Total variables:                2
 Nonlinear variables:            0
 Integer variables:              0

 Total constraints:              4
 Nonlinear constraints:          0

 Total nonzeros:                 7
 Nonlinear nonzeros:             0


          Variable          Value        Reduced Cost
               X1        250.0000            0.000000
               X2        100.0000            0.000000

              Row   Slack or Surplus         Dual Price
                1        800.0000            -1.000000
                2        0.000000            -4.000000
                3        150.0000             0.000000
                4        0.000000             1.000000
```

图 F-6　Lingo 最终结果报告

参 考 文 献

[1]　夏征农,陈至立.大辞海:军事卷[M].上海:上海辞书出版社,2015.

[2]　陈至立.辞海[M].7 版.上海:上海辞书出版社,2022.

[3]　司光亚.军事运筹学[M].北京:国防大学出版社,2022.

[4]　但琦,吴松林.军事数学模型[M].北京:国防工业出版社,2019.

[5]　周赤非.新编军事运筹学[M].北京:军事科学出版社,2010.

[6]　余滨,张耀鸿,余博超.军事运筹学方法与应用[M].长沙:国防科技大学出版社,2018.

[7]　韩中庚.数学建模方法及其应用[M].北京:高等教育出版社,2017.

[8]　卫生保.孙子兵法·三十六计[M].北京:中国城市出版社,2010.

[9]　董树军,张庆捷.军事运筹学教程[M].北京:蓝天出版社,2006.

[10]　张最良.军事战略运筹分析方法[M].北京:军事科学出版社,2009.

[11]　胡运权.运筹学基础及应用[M].4 版.哈尔滨:哈尔滨工业大学出版社,2006.

[12]　希利尔,利伯曼.运筹学导论:第 9 版[M].胡运权,麦强,等译.北京:清华大学出版社,2022.

[13]　胡运权.运筹学基础及应用[M].5 版.北京:高等教育出版社,2014.

[14]　胡运权.运筹学习题集[M].5 版.北京:清华大学出版社,2019.

[15]　张明智.军事定量分析方法[M].北京:国防工业出版社,2015.

[16]　孔造杰.运筹学[M].北京:机械工业出版社,2017.

[17]　弗兰奇,莫尔,帕米歇尔.决策分析[M].李华旸,译.北京:清华大学出版社,2012.

[18]　马俊,王政.决策分析[M].北京:对外经济贸易大学出版社,2011.

[19]　郭文强,孙世勋,郭立夫.决策理论与方法[M].3 版.北京:高等教育出版社,2020.

[20]　赵新显,彭勇行.管理决策分析[M].北京:科学出版社,2008.

[21]　林齐宁.运筹学[M].北京:北京邮电大学出版社,2003.

[22]　刘承平.数学建模方法[M].北京:高等教育出版社,2002.

[23]　盛聚,谢式千,潘承毅.概率论与数理统计[M].4 版.北京:高等教育出版社,2008.

[24]　徐光辉.运筹学基础手册[M].北京:科学出版社,1999.

[25]　申卯兴,曹泽阳,周林.现代军事运筹[M].北京:国防工业出版社,2014.

[26]　张野鹏.作战模拟基础[M].北京:高等教育出版社,2004.

[27]　张野鹏.军事运筹基础[M].北京:高等教育出版社,2006.

[28]　玄光男,程润伟.遗传算法与工程优化[M].于歆杰,周根贵,译.北京:清华大学出版社,2004.

[29]　王小平,曹立明.遗传算法:理论、应用与软件实现[M].西安:西安交通大学出版社,2002.

［30］ 雷英杰,张善文,李续武,等.MATLAB遗传算法工具箱及应用［M］.西安:西安电子科技大学出版社,2005.

［31］ 张文修,梁怡.遗传算法的数学基础［M］.西安:西安交通大学出版社,2003.

［32］ 周明,孙树栋.遗传算法原理及应用［M］.北京:国防工业出版社,1999.

［33］ 崔逊学.多目标进化算法及其应用［M］.北京:国防工业出版社,2006.

［34］ 刘勇,康立山,陈毓屏.非数值并行算法:第二册 遗传算法［M］.北京:科学出版社,1995.

［35］ 胡运权.运筹学教程［M］.5版.北京:清华大学出版社,2018.

［36］ 玄光男,林林.网络模型与多目标遗传算法［M］.梁承姬,于歆杰,译.北京:清华大学出版社,2017.

［37］ 刘军伟,沙基昌,陈超.搜索理论研究综述［J］.舰船电子工程,2010,30(5):10-14.

［38］ 张建强,刘忠,汪厚祥.基于搜索理论的反舰导弹机动搜捕策略建模方法［J］.海军工程大学学报,2015,27(3):33-37.

［39］ 李加祥.编队综合集成作战指挥系统及在搜索潜艇中应用的研究［D］.大连:大连理工大学,2004.

［40］ 刘军伟.基于战争设计工程的潜艇规避搜索策略研究［D］.长沙:国防科学技术大学,2010.

［41］ 熊义杰.趣味运筹学:从田忌赛马到囚徒困境［M］.北京:科学出版社,2017.

［42］ 凯尔斯,小迪克曼.无人系统军事运筹学［M］.屈耀红,邢小军,赵金红,译.北京:机械工业出版社,2021.

［43］ 何晓光.武警捕歼战斗兵力分配问题的多目标优化模型与算法［D］.西安:西安电子科技大学,2012.

［44］ 李焱.基于加权平均法和均匀设计的多目标进化算法［D］.西安:西安电子科技大学,2011.